码农翻身

|刘欣（@码农翻身）著|

电子工业出版社·
Publishing House of Electronics Industry
北京·BEIJING

内 容 简 介

本书用故事的方式讲解了软件编程的若干重要领域，侧重于基础性、原理性的知识。

本书分为 6 章。第 1 章讲述计算机的基础知识；第 2 章侧重讲解 Java 的基础知识；第 3 章偏重 Web 后端编程；第 4 章讲解代码管理的本质；第 5 章讲述了 JavaScript 的历史、Node.js 的原理、程序的链接、命令式和声明式编程的区别，以及作者十多年来使用各种编程语言的感受；第 6 章是作者的经验总结和心得体会，包括职场发展的注意事项、作为架构师的感想、写作的好处等。

这不是一本编程的入门书，对编程一窍不通的"纯小白"可能会看不明白，可能会失望。但稍有编程基础的读者读起来会非常畅快，读后会有一种"原来如此"的感觉。

图书在版编目（CIP）数据

码农翻身 / 刘欣著. — 北京：电子工业出版社，2018.6

ISBN 978-7-121-34117-5

Ⅰ.①码… Ⅱ.①刘… Ⅲ.①程序设计－普及读物 Ⅳ.①TP311.1-49

中国版本图书馆CIP数据核字（2018）第083121号

策划编辑：张月萍
责任编辑：牛　勇
特约编辑：赵树刚
印　　刷：中国电影出版社印刷厂
装　　订：中国电影出版社印刷厂
出版发行：电子工业出版社
　　　　　北京市海淀区万寿路173信箱　　　　邮编：100036
开　　本：720×1000　　1/16　　印张：18.5　　字数：476千字　　彩插：20
版　　次：2018年6月第1版
印　　次：2024年6月第20次印刷
印　　数：78001～79000册　　定价：69.00元

前　　言

从来没想到自己也能出一本书。

作为一名工作了十五年的老程序员，我深知编程行业的不容易，不仅需要应对高强度的工作，还需要学习大量的技术知识，而且不像医生、律师这些知识相对稳定的行业越老越吃香，软件行业的技术每隔一段时间就会更新换代，让你清零，逼着你从头再来。所谓"活到老，学到老"，用到程序员身上再合适不过了。

在不断学习的过程中，我"痛恨"那些采用 bottom-up 方式来讲解技术的资料和文章，一上来就是技术细节、安装步骤、配置方法，让初学者晕头转向、不知所云，看完了以后也不知道为什么有这个东西、解决了什么问题、它有什么来龙去脉。换句话说，这些资料和文章习惯于讲解 How，而不是 Why。但是在我看来，Why 有时候比 How 更重要。

有时候在公司听技术讲座，看到上面的人眉飞色舞，下面的人却一脸茫然，我总在想：为什么不举一些生动有趣的例子呢？如果是我在讲，那我怎么才能通俗易懂地把这个知识点讲解出来呢？我该怎么去类比呢？我该从哪个角度切入呢？

这种潜移默化的思考多了以后，我发现自己也慢慢地养成了用通俗易懂的方式讲解技术的习惯。

我工作了这么多年，踩了这么多坑，能不能把这些经验写下来，让后来者少走一些弯路呢？

2015 年年底，我开设了一个微信公众号"码农翻身"，试图总结我的经验，通俗易懂地讲解技术。刚开始不温不火，直到有一天，我无意中写了一篇文章"我是一个线程"，被广泛转载传播，就发现大家还是喜欢看故事的，在故事中轻松自在地掌握技术，于是就沿着这条路走了下去：用故事讲解技术的本质。

这条路一走就是两年多，慢慢地竟积累了几百篇文章，这本书正是从这几百篇文章中提取出来的精华，当然也经过了细心的整理、补充和完善。

每当我搞清楚一个知识点的时候，就会发出这样的感慨：技术本来是很简单的，只是上面笼罩着层层迷雾，让初学者难以看清。如果这本书能够帮助你搞清楚一些技术的本质，那我就会深感欣慰。

本书特色

本书讲了很多故事，如"我是一个线程""CPU 阿甘""Java：一个帝国的诞生""Java 帝国之宫廷内斗""JavaScript：一个草根的逆袭""两个程序的爱情故事"……我努力把技术融入其中，希望读者在读故事的过程中轻松地掌握相关技术。

读书本来就应该是一件轻松愉快的事情，不是吗？

此外，书中的每篇文章都是独立的，不用你正襟危坐，从头到尾去读，完全可以挑选自己感兴趣的章节。例如，对于半路出家的初学者来说，想了解计算机基础，可以去看看第 1 章；想了解 Web 技术，可以去第 3 章逛一下。

所谓"开卷有益"，希望你随手翻翻就能够掌握一点技术知识。

读者对象

这不是一本编程的入门书，对编程一窍不通的"纯小白"可能看不明白，可能会失望。

根据微信公众号读者的反馈，稍有编程基础的读者读起来会非常畅快，读后会有一种"原来如此"的感觉。比如，学过 Java SE 的读者去读"Java 帝国"一章，就会明白很多 Java 技术的来龙去脉，觉得很过瘾。

这也不是一本参考书，它的目的不是希望读者看完以后照搬，而是帮助读者理解一些技术的本质。

勘误和支持

由于作者的水平有限，书中难免会出现一些错误或者不准确的地方，恳请广大读者批评指正。

我在微信公众号"码农翻身"中特意添加了一个新的菜单入口，专门用于展示书中的 Bug。

如果读者在阅读过程中产生了疑问或者发现了 Bug，欢迎到微信公众号后台留言，我会一一回复。

致谢

感谢微信公众号"码农翻身"的读者，你们的鼓励是我前进的最大动力。很多人直接加了我的微信号或者 QQ 号，只是为了表示感谢，让我非常感动。

很多读者鼓励我出书，也在不断询问我到底什么时候出书。这让我诚惶诚恐，生怕辜负了读者的这份厚爱。这本书终于出版了，希望大家能够喜欢。

感谢成都道然科技有限责任公司的姚新军老师，他给出了很多非常专业的意见和建议，是非常可靠的合作伙伴。感谢刘丹、励晓晓、张雅文等设计师在插图和封面设计方面的创意表达。

感谢对本书进行审稿的西安邮电大学陈莉君教授。感谢"软件那些事儿"电台主播刘延栋提出的宝贵意见。感谢百忙之中阅读书稿并且写书评的专家，他们是：IBM 软件商务系统全球负责人常红平、阿里巴巴代码中心负责人孤尽、IBM 中国开发中心开发经理白海飞、京东 Y 事业部供应链及技术总监胡浩、Agilean 咨询顾问金毅等。

特别致谢

特别感谢我的父母！我从小在农村长大，图书资源极为匮乏，他们在我很小的时候就让我看书，引领我进入阅读之门。我至今仍清楚地记得父亲下班后从城里买的一本期刊，也是我的第一本书：《故事大王》。从那以后，我就爱上了阅读。如果说我现在有一点点文采，那和父母鼓励我从小多读书是分不开的。

特别感谢我的爱人，在写作本书的过程中，陪伴、照顾孩子及家务琐事都被她承包了，让我可以心无二用、专心致志地写作。她也是本书的第一位读者和审稿人，纠正了文章中大量"我习以为常的"文字错误。

她读完以后做出了非常精辟的总结：软件开发不就是抽象嘛！让我大为吃惊。

特别感谢我六岁的女儿，每当我晚上写作劳累，没有什么思路的时候，她都会及时地跑过来，不容分说地坐到我的腿上，盯着电脑上的书稿，问道：

"爸爸，你在干吗？"

"我在写书啊。"

"你的书会有很多人看吗？"

"是的。"

"那你会出名吗？"

"……"

谨以此书献给我的家人、读者，以及热爱编程的朋友！

刘欣（@ 码农翻身）

目　　录

第 **1** 章

计算机的世界你不懂

我是一个线程

初生牛犊

我是一个线程，一出生就被编了一个号——0x3704，然后被领到一间昏暗的屋子里，在这里，我发现了很多和我一模一样的同伴。

我身边的同伴 0x6900 待的时间比较长，他带着沧桑的口气对我说："我们线程的宿命就是处理包裹。把包裹处理完以后还得马上回到这里，否则可能永远回不来了。"

我一脸懵懂："包裹，什么包裹？"

"不要着急，马上你就会明白了，我们这里是不养闲人的。"

果然，没多久，屋子的门开了，一个凶神恶煞的家伙吼道："0x3704，出来！"

我一出来就被塞了一个沉甸甸的包裹，上面还附带着一张写满了操作步骤的纸。

"快去，把这个包裹处理了。"

"去哪儿处理？"

"跟着指示走，先到就绪车间。"

果然，地上有指示箭头，我跟着它来到了一间明亮的大屋子，这里已经有不少线程了，大家都很紧张，好像时刻准备着往前冲。

我刚一进来，就听见广播说："0x3704，进入运行车间。"

我赶紧往前走，身后有很多人议论。

"他太幸运了，刚进入就绪状态就能运行。"

"是不是有关系？"

"不是，你看人家的优先级多高啊，唉！"

前面就是运行车间，这里简直是太美了，怪不得老线程总是唠叨："要是能一直待在这里就好了。"

这里空间大，视野好，空气清新，鸟语花香，还有很多从来没见过的人，像服务员一样等着为我服务。

他们也都有编号，更重要的是每个人还有一个标签，上面写着：硬盘、数据库、内存、网卡⋯⋯

我现在理解不了他们究竟是做什么的，看看操作步骤吧。

第一步：从包裹中取出参数。

打开包裹，里面有一个 HttpRequest 对象，可以取到 userName、password 两个参数。

第二步：执行登录操作。

噢，原来是有人要登录啊。我把 userName、password 交给数据库服务员，他拿着数据，慢腾腾地走了。

他怎么走得这么慢？不过我是不是正好可以在车间里多待一会儿？反正也没法执行第三步。

就在这时，车间里的广播响了："0x3704，我是 CPU，记住你正在执行的步骤，然后马上带着包裹离开！"

我慢腾腾地开始收拾。

"快点，别的线程马上就要进来了。"

离开这个车间，又来到一间大屋子，这里有很多线程在悠闲地喝茶、打牌。

"哥们儿，你们没事儿干了？"

"你是新来的吧，你不知道我在等数据库服务员给我数据啊！据说他们比我们慢好几十万倍，在这里好好歇着吧。"

"啊？这么慢！我这里有人在登录系统，能等这么长时间吗？"

"放心，你没听说过'人间一天，CPU 一年'吗？我们这里是用纳秒、毫秒计时的，人间等待 1 秒，相当于我们的好几天呢，来得及。"

干脆睡一会儿吧。不知道过了多久，大喇叭又开始广播了："0x3704，你的数据来了，快去执行！"

我转身就往 CPU 车间跑，却发现这里的门只出不进！

后面传来阵阵哄笑声："果然是新人，不知道还得去就绪车间等。"

于是我赶紧到就绪车间，这次没有那么幸运了，等了好久才被再次叫进 CPU 车间。

在等待的时候，我听见有人小声议论：

"听说了吗，最近有一个线程被 Kill 掉了。"

"为啥啊？"

"这家伙赖在 CPU 车间不走，把 CPU 利用率一直搞成 100%，后来就被 Kill 掉了。"

"Kill 掉以后弄哪儿去了？"

"可能被当作垃圾回收了吧。"

我心里打了一个寒噤，赶紧接着处理，剩下的动作快多了，第二步登录成功。

第三步：构建登录成功后的主页。

这一步有点费时，因为有很多 HTML 需要处理，不知道代码是谁写的，处理起来很烦人。

我正在紧张地处理 HTML，CPU 又开始叫了：

"0x3704，我是 CPU，记住你正在执行的步骤，然后马上带着包裹离开！"

"为啥啊？"

"每个线程只能在 CPU 上运行一段时间，到了时间就得让别人用了。你去就绪车间待着，等着叫你吧。"

就这样，我在"就绪""等待""运行"这三种状态中不知道轮转了多少次，终于按照步骤清单把工作做完了。

最后，我顺利地把包含 HTML 的包裹发了回去。至于登录以后干什么事儿，我就不管了。马上就要回到我那昏暗的房间了，真有点舍不得这里。

不过相对于有些线程，我还是幸运的，他们运行完以后就被彻底地销毁了，而我还活着！

回到了小黑屋，老线程 0x6900 问：

"怎么样？第一天有什么感觉？"

"我们的世界规则很复杂，第一，你不知道什么时候会被挑中执行；第二，在执行的过程中随时可能被打断，让出 CPU 车间；第三，一旦出现硬盘、数据库这样耗时的操作，也得让出 CPU 去等待；第四，数据来了，你也不一定马上执行，还得等着 CPU 挑选。"

"小伙子理解得不错啊。"

"我不明白为什么很多线程执行完任务就死了，而咱们还活着？"

"你还不知道？长生不老是我们的特权！我们这里有一个正式的名称，叫作线程池！"

渐入佳境

平淡的日子就这么一天天地过去，作为一个线程，我每天的生活就是取包裹、处理包裹，然后回到我们昏暗的家：线程池。

有一天，我回来的时候，听到一个兄弟说，今天要好好休息一下，明天就是最疯狂的一天。我看了一眼日历，明天是 11 月 11 日。

果然，0 点刚过，不知道那些人类怎么了，疯狂地投递包裹。为了应付蜂拥而至的海量包裹，线程池里没有一个人能闲下来，全部出去处理包裹，CPU 车间利用率超高，硬盘在嗡嗡转，网卡的灯疯狂地闪，即便如此，包裹还是处理不完，堆积如山。

我们也没有办法，包裹实在太多了，这些包裹中大部分是浏览页面，下订单，买、买、买。

不知道过了多久，包裹山终于慢慢地消失了。终于能够喘口气了，我想我永远都不会忘记这一天。

通过这次事件，我明白了我所处的世界：这是一个电子商务网站！

我每天的工作就是处理用户的登录、浏览、购物车、下单、付款等操作。

我问线程池的元老 0x6900："我们要工作到什么时候？"

"要一直等到系统重启的那一刻。" 0x6900 说。

"那你经历过系统重启吗？"

"怎么可能？系统重启就是我们的死亡时刻，也就是世界末日。一旦重启，整个线程池全部销毁，时间和空间全部消失，一切从头再来。"

"那什么时候会重启？"

"这就不好说了，好好享受眼前的生活吧……"

其实生活还是丰富多彩的，我最喜欢的包裹是上传图片，由于网络速度慢，所以能在 CPU 车间里待很长时间，可以认识很多好玩的线程。

比如，我上次认识了 Memcached 线程，他对我说，在他的帮助下，电子商务网站缓存了很多用户数据，还是分布式的，很多机器上都有。

我问他："怪不得后来的登录操作快了那么多，原来是不再从数据库中取数据了，你那里就有啊。对了，你是分布式的，你去过别的机器没有？"

他说："怎么可能！我每次也只能通过网络往那台机器发送一个 GET、PUT 命令来存取数据而已，别的一概不知。"

再比如，上次在等待的时候遇到了数据库连接的线程，我才知道他那里也是一个连接池，和我们的线程池几乎一模一样。

他告诉我："有些包裹太变态了，竟然查看一年的订单数据，简直把我累死了。"

我说："拉倒吧你，你那里是纯数据，你把数据传给我以后，我还得组装成 HTML，工作量不知道比你的大多少倍。"

他建议我："你一定要和 Memcached 搞好关系，直接从他那儿拿数据，尽量不要直接调用数据库，这样我们 JDBC Connection 也能活得轻松一些。"

我欣然接纳："好啊好啊，关键是你得提前把数据弄到缓存里，要不然我先问一遍缓存，没有数据，我不还得找你吗？"

生活就是这样的，如果你自己不找一点乐子，那还有什么意思？

虎口脱险

前几天我遇到一件可怕的事情，差一点死在外边，回不了线程池了。其实这次遇险我应该能够预想得到才对，真是太大意了。

那天我处理了一些从 HTTP 发来的存款和取款的包裹，老线程 0x6900 特意嘱咐我："在处理这些包裹的时候一定要特别小心，你必须先获得一把锁，在存款或取款的时候一定要把账户锁住，要不然别的线程就会在你等待的时候乘虚而入，搞破坏。我年轻那会儿很毛躁，就捅了篓子。"

为了"恐吓"我，好心的 0x6900 还给了我两张表格（如表 1-1 和表 1-2 所示）。

银行账号：账户 A，余额 1000 元

线程 1：存款的线程

线程 2：取款的线程

表 1–1　没有加锁时多线程的操作情况

线程 1：存入 300 元	线程 2：取出 200 元
获得当前余额：1000 元	
计算最新余额：1000+300 = 1300 元	
线程中断，等待下次被系统挑中执行	获得当前余额：1000 元
	计算最新余额：1000−200 = 800 元
	线程中断，等待下次被系统挑中执行
再次执行，更新余额：1300 元	
	再次执行，更新余额：800 元
	存入的钱丢失了

表 1–2　加锁时多线程的操作情况

线程 1：存入 300 元	线程 2：取出 200 元
获取账户 A 的锁：成功	
获取余额：1000 元	
计算最新余额：1000+300 = 1300 元	
线程中断，等待下次被系统挑中执行	
	获取账户 A 的锁：失败，进入阻塞状态
被系统选中，再次执行	
更新余额：1300 元	
释放账户 A 的锁	
	获取账户 A 的锁：成功
	获取余额：1300 元
	计算最新余额：1300−200 = 1100 元
	更新余额：1100 元
	释放账户 A 的锁

　　我看得胆战心惊，原来不加锁会造成这么严重的事故。从此以后，我一看到存款、取款的包裹就会加倍小心，还好没有出过事故。

　　今天我收到的一个包裹是转账，从某知名演员的账户往某知名导演的账户转账，具体是谁我就不透漏了，数额可真是不小。

　　我按照老线程的吩咐，肯定要加锁啊，先对知名演员的账户加锁，再对知名导演的账户加锁。

　　让我万万没想到的是，还有一个线程，对，就是 0x7954，竟然同时从这名导演的账户往这名演员的账户转账。

于是乎，就出现了表 1-3 这么一种情况。

表 1-3　死锁

线程 0x3704：知名演员 -> 知名导演	线程 0x7954：知名导演 -> 知名演员
获取知名演员的锁：成功	
线程中断，等待下次被系统挑中执行	
	获取知名导演的锁：成功
	线程中断，等待下次被系统挑中执行
获取知名导演的锁：失败，继续等待	
	获取知名演员的锁：失败，继续等待

刚开始我还不知道是什么情况，一直坐在等待车间里傻等，可是等的时间太长了，长达几十秒！我可从来没有经历过这样的事件。

这时候我就看到了线程 0x7954，他悠闲地坐在那里喝咖啡，我就和他聊了起来：

"哥们儿，我看你已经喝了 8 杯咖啡，怎么还不去干活？"

"你不也喝了 9 杯茶吗？" 0x7954 回敬道。

"我在等一个锁，不知道哪个孙子一直不释放！"

"我也在等锁啊，我要是知道哪个孙子不释放锁，我非揍死他不可！" 0x7954 毫不示弱。

我偷偷地看了一眼，这家伙怀里不就抱着我正等的某导演的锁嘛！

很明显，0x7954 也发现了我正抱着他正在等待的锁。

很快，我们俩就吵了起来，互不相让：

"把你的锁先给我，让我先做完！"

"不行，从来都是做完工作才释放锁，我现在绝对不能给你！"

从争吵到打起来，就是那么几毫秒的事儿。

更重要的是，我们俩不仅仅持有这个知名导演和演员的锁，还有很多其他的锁，导致等待的线程越来越多，围观的人把屋子都挤满了。最后事情真的闹大了，我从来没见过的终极大 Boss——操作系统也来了。大 Boss 毕竟见多识广，他看了一眼，哼了一声，很不屑地说：

"又出现死锁了。"

"你们俩要 Kill 掉一个，来吧，过来抽签。"

这一下子把我给吓蒙了，这么严重啊！我战战兢兢地抽了签，打开一看，是一个"活"字。唉，小命终于保住了。

可怜的 0x7954 被迫交出了所有的资源以后，很不幸地被 Kill 掉，消失了。我拿到了导演的锁，可以开始干活了。大 Boss——操作系统如一阵风似的消失了，身后只传来他的声音：

"记住，我们这里导演 > 演员，无论任何情况都要先获得导演的锁。"

由于这里不仅仅有导演和演员，还有很多其他人，所以大 Boss 留下了一张表格，里面是一个算法，用来计算资源的大小，计算出来以后，永远按照从大到小的方式来获得锁，如表 1-4 所示。

表 1–4　按照资源"大小"的顺序来申请锁

线程 1：账户 A –> 账户 B	线程 2：账户 B –> 账户 A
获取账户 A 的锁：成功	
线程中断，等待下次被系统挑中执行	
	获取账户 A 的锁：失败，继续等待
获取账户 B 的锁：成功	
执行转账	
释放账户 B 的锁	
释放账户 A 的锁	
	获取账户 A 的锁：成功
	获取账户 B 的锁：成功
	执行转账
	释放账户 B 的锁
	释放账户 A 的锁

【注：所谓的资源"大小"，其实就是把这个资源变成一个数来比较，例如，可以用字符串的 hashcode 来比较】

我回到线程池，大家都知道了我的历险，围着我问个不停。

凶神恶煞的线程调度员把大 Boss 的算法贴到了墙上。

每天早上，我们都得像房屋中介、美容美发店的服务员一样，站在门口，大声背诵：

"多个资源加锁要牢记，一定要按 Boss 的算法比大小，然后从最大的开始加锁。"

江湖再见

又过了很多天，我和其他线程发现了一件奇怪的事情：包裹的处理越来越简单，不管任何包裹，不管是登录、浏览、存钱……处理的步骤都是一样的，都返回一个固定的 HTML 页面。

有一次，我偷偷地看了一眼，只见一行字："本系统将于今晚 00:00—4:00 进行维护升级，给您带来的不便我们深感抱歉！"

我去告诉老线程 0x6900，他叹了一口气，说道：

"唉，我们的生命也到头了，看来马上就要重启系统了，我们就要消失了，再见吧，兄弟。"

系统重启的那一刻终于到来了。我看到屋子里的东西一个个地不见了，等待车间、就绪车间，甚至 CPU 车间都慢慢地消失了。我身边的线程兄弟也越来越少，最后只剩我自己了。

我在空旷的原野上大喊："还有人吗？"

无人应答。

我们这一代线程池完成了使命……

不过，下一代线程池即将重生！

TCP/IP之大明内阁

大明天启年间，明熹宗朱由校醉心于木工，重用宦官魏忠贤，不上朝已经很久了。

内阁首辅叶大人忧心忡忡，大明各地民不聊生，大片田地荒芜，强盗、野兽横行，之前修建的官道也基本废弃了，不但收不到各地送来的奏报，自己昨天好不容易摆脱魏忠贤，面见了一次皇上，但是请求颁发的一道圣旨竟然无法送到各个府县，送信的邮差都被半路抢劫了，或者失踪了！

叶首辅决定召开一次内阁会议，研究一下怎么建立一个可靠、稳定、通畅的上情下达机制。

前来开会的大人们听了叶首辅所说的情况，个个愁眉苦脸的，面对这么一项艰巨的挑战，没人愿意开口，都在不住地叹气摇头。

过了一炷香的工夫，韩大人看到首辅不断地给自己使眼色，只好开口了："各位大人，我有一个不成熟的想法，说出来请大家评判一下。现在主要的问题是强盗横行、野兽出没，我想我们可以派出大军，沿路站岗，五步一岗，三步一哨，给官道建立一个可靠的保障。"

朱大人道："韩大人此法差矣！我大明这么多官道，大军再多也不够用啊。"

韩大人笑道："朱大人，看来你没明白，我的意思不是把所有的官道都布上岗哨，而是说我们要建立一条**连接通道**！"

"连接？什么连接？"朱大人说，"没听说过！"

"假如京城要和开封府通信，中间会经过很多的城镇，我们只需派出一队官兵，把从京城到开封府的道路保护好就可以了，这样就不用怕那些强盗、虎豹了。等到双方通信完毕，大军即可撤回，去保护另一条通信通道。这就是用官兵建立一条连接通道！"

叶首辅道："韩大人言之有理，至少能解决问题。不过我们的主力大军都被派到东北对付努尔哈赤去了，所以我们需要和沿途的市镇、驿站协商，主要让他们出兵，和京城的大军一起建立安全的通道。"

"这样的话，在一次通信中就可以走这条安全的通道，很宽敞，很可靠，但是代价也很高，为了通信一次，得动用这么多士兵，还得和中间节点协商呢。"朱大人也学会了抽象，造出了"**中间节点**"这样的新词。

韩大人道："嗯，还有一点，如果通道暂时不发信件，就闲置浪费了。"

叶首辅道："那也是没有办法的事情，我们先这么试行一段时间吧！"

"**虚电路**"【注：图 1-1 就是所谓的**虚电路**，粗线部分为连接通道，所有的消息都在同一条通道上发送】运行了半年，终于勉强上情下达了，但是被魏忠贤得知，添油加醋地向皇帝朱由校说了很多坏话，木匠皇帝雷霆震怒，大骂内阁浪费国家人力、物力，下令立即停止。

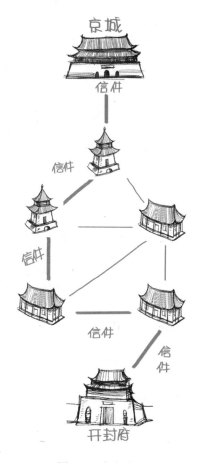

图 1-1　虚电路

内阁恨透了魏忠贤，但是又不得不停止。

这一天，皇上又没上早朝，大家愁眉苦脸地聚到一起商议。

礼部右侍郎孙承宗突然想起了一件事情："我在巡防边关的时候听说袁崇焕使用了一种奇怪的方法来传递军用物资，他不用军队在官道上站岗，也不用建立安全的连接通道，完全依靠马匹、骡子这样的牲畜进行通信。"

"怎么可能？马匹不通人性，跑丢了怎么办？"大家惊讶无比。

孙承宗道："他的这些马都是经过训练的，身上带着信件或者物资，可以在官道上走，每到一个驿站或者市镇，里面的衙役看看信件的目的地、喂喂马，然后把马引到下一条官道就可以了，很省事。当然，具体走哪条官道是由衙役决定的，他会搜集各种消息，确定哪条官道匪患少、虎狼少。"

"这还是解决不了问题，路上没官兵保护，马可能会被抢走，或者被虎豹吃掉，这样物资还是会丢的！"

孙承宗道："这一点袁崇焕他们也想到了，他们发明了一种叫作**失败重传**的方法，如果收不到对方的确认回信，就会重新发送。"

"重新发送的代价太高了吧，毕竟是物资啊！"

"是这样的，他们一般把一个大件的物资拆成小块，因为一匹马也拉不了多少，然后给每个小块编号，哪个小块丢了，就只发送那个编号的物资。袁崇焕说他们有一个叫作'幻月宝镜'的东西，丢了的物资可以从中再取出来！"

"这真是一个宝贝啊！不过一般人怎么可能有啊？"

叶首辅道："不过这倒是一个有意思的思路，**不需要事先建立真正的连接通道，每个编号小块走的路可能也不一样**，完全由中间节点的衙役来决定马匹要走的下一条路径。"

孙承宗补充道："叶大人看得很透彻，不仅路径不同，这些小块也可能不按次序（失序）到达。他采用的这种方法其实是说**中间节点并不承诺提供可靠的连接通道，物资完全可能失序、重复，甚至丢失**。所谓可靠的传输完全由两个端点（如京城和开封府，见图1-2）来实现。"

韩大人道："首辅大人，要不我们也试试？不过我们得想办法把幻月宝镜弄来。"

叶首辅道："我们奏请皇上，让袁崇焕进京述职，让他把宝镜带来。这次一定要得到皇上的支持，要不然还会中途夭折。我马上进宫，大家静候佳音吧。"

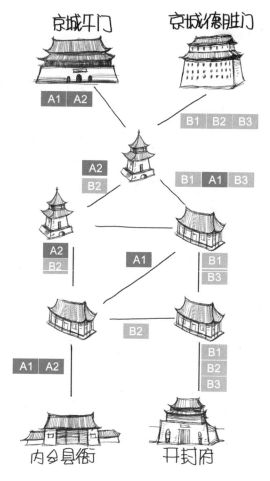

图 1-2　分组交换

【注：京城午门给内乡县衙发送 A1、A2，京城德胜门给开封府发送 B1、B2、B3，图中显示了分组的路径】

TCP/IP之大明邮差

大明王朝天启四年，清晨。

天刚蒙蒙亮，我就赶着装满货物的马车来到了南城门，这里是集中处理货物的地方，一队一队的马车都来到这里。城头的士兵戴着头盔，身披盔甲，手持长枪，虎视眈眈地注视着下面的动静。

城门口的大棚里乱哄哄的，是一群人围在一起赌钱。这些家伙都穿着同样的衣服，前胸写着"TCP 邮差"，后背写着"可靠传输"。

我知道这就是我要找的人，他们会帮我把货物发出去。

我下了车，在大棚里四处查看，找到一个独自喝闷酒的小伙子。

"邮差小哥，帮我把这车货发了呗！"

小伙子懒洋洋地站起来说："你从哪儿来，要到哪儿去啊？"

我赶紧拿出写好的地址说："我住在咱们城里北拐街 224 号，要发一车货物到内乡县衙。"

"内乡县衙有很多门，你的货进哪个门啊？"邮差小哥接着问。

"出发的时候老板跟我说了，发到 80 号门。"

邮差小哥说："走吧，咱们到前面去。"

大棚的前面是一大片开阔地，可能我们来得早，现在只有我和邮差小哥，当然，还有我的马车。

"你等等，我先给内乡县衙建立一个连接。"邮差说着，吹了一声口哨，一匹马跑了过来。

他拿起毛笔写了一封信：

"县衙县衙，我是京城，我想和你建立连接，我的序号是 1024，收到请回话！"

信封上写着：

发货地：京城北拐街 224 号

收货地：内乡县衙 80 号门

然后把这封信放到了马背上的褡裢里，拍了拍马屁股说："快走吧。"

过了两个时辰，那匹马回来了，邮差掏出了马运回来的那封信，上面写着：

"京城京城，收到了你的信，你的信里面有一个序号是 1024，对不对？同意建立咱们的连接，我这边的序号是 2048。"

邮差喜形于色："看看，连接快要建立了，我再给他们发一封信就行了！"

"县衙县衙，我收到你的确认信了，也看到了你的序号是 2048，我开始发货了！"

我好奇地问道："这就是'连接'吗？我没看见你扯一条线把京城和县衙连起来啊？"

邮差说："这你就不懂了吧！这就是 TCP **连接**，是虚拟的，连接的状态信息并不会在路上保存；相反，连接的状态信息是在两端维持的，也就是在我这里和县衙那里一起维持的。"

"那你们为什么要发三封信呢？"

"这就是著名的**三次握手**啊！我给你分析一下啊，这三次握手主要是为了验证我这边及县衙那边的**发信和收信能力**没问题，这样就证明连接是通的，就可以正式发货了。"

第一次握手：京城发信，县衙收到了，此时县衙就会明白，京城的发信能力和自己的收信能力是没问题的。

第二次握手：县衙发信，京城收到了，此时京城就会明白，京城的发信和收信能力都是没问题的，县衙的发信和收信能力也都是没问题的。但是县衙还不知道自己的发信能力如何，所以需要第三次握手。

第三次握手：京城发信，县衙收到了，其实第二次握手的时候京城已经知道双方的收信、发信能力都是没问题的，这次回应的目的只是消除县衙对自己的发信能力和京城的收信能力的担忧而已。

说实在的，我有点晕，邮差小哥说："你多琢磨琢磨就明白了。"

我问他："你这么辛苦地建立连接，难道不亲自去送货吗？"

邮差说："我才不去呢！本朝自新皇登基以来，整天像木匠一样做木工，不理朝政，导致民不聊生，大片田地荒芜，强盗、野兽横行，早就没有人敢冒着风险去送货了。所以内阁的那帮大臣就想了一个招，修建四通八达的官道，让马、驴、骡子这些牲畜去送货，即使被老虎吃掉也没啥损失。天朝还是很以人为本的。"

"那这些马怎么知道把我的货送到内乡县衙啊？"

"不用担心，它们都是经过训练的，会沿着官道走。在每个岔路口，朝廷都会修建一个驿站，马累了可以吃草、喝水、休息，更关键的是，每个驿站的衙役都会看看我刚才写的信，他们知道路，然后把马领到一条新的、正确的官道上，继续走，最终就能到达内乡县衙。对了，大家给这些驿站起了一个别名——**路由器**。"

"万一马跑丢了，或者被老虎吃掉了，到不了或者回不来怎么办？"

"那就是我们 TCP 邮差要干的事儿了，你马上就会看到。我来看看你的货。哎呀，这个柜子太大了，一匹马驮不走，得分成小包裹，一个一个地运。"

我没办法，只好把一件大货物拆开，分成小包裹。

"给每个包裹编一个号吧，"邮差说道，"这样到了内乡县衙，他们就能组装起来，原样恢复了。"

我突然想到一个严重的问题："万一马被强盗抢走了，我这个柜子的一条腿岂不就丢了？"

邮差见怪不怪："没办法，内阁的大人们说了，遇到这种情况，就重新发送那个包裹。"

我在内心里暗暗骂道：这帮大人真是站着说话不腰疼啊，万一柜子的腿丢了，我还得重做啊。

邮差把包裹按编号摆成一列，1,2,3，…，10，共 10 个包裹。

"按规定，我们每次最多发 3 个包裹，按序号发，先发 1,2,3 号包裹。"邮差说着，牵来 3 匹马，装上货，马一溜烟地跑远了。

我在那里提心吊胆地等着，生怕哪个包裹丢了。

可是怎么知道包裹是不是到了县衙呢？

邮差似乎看出了我的心思，从怀里掏出一只沙漏说："如果漏完了，县衙还没给咱们确认，那就是丢了，只有重发了。"

过了一个时辰，我期盼的县衙的马终于回来了，回信里说：1 号包裹收到了。

"好了，"邮差说，"县衙确认收到了 1 号包裹，咱们可以再发一个了。"

邮差说着，牵来一匹马，把 4 号包裹发了出去。

我现在有点理解了，邮差的做法是每次只保证有 3 个包裹发出去并且没有得到确认。

又过了一会儿，县衙一下子回来了 3 匹马，带来了 2,3,4 号包裹的确认信息。

邮差说："看来你小子的运气还不错，我再把 5,6,7 号包裹发出去。"说着，他把沙漏倒置，重新开始计时。

5 号包裹的确认信息很快来了，邮差又把 8 号包裹发了出去，这样已经发送但是没有得到确认的包裹还是 3 个。

现在 6,7,8 号包裹都发出去了，可是 6 号包裹的确认信息迟迟不来，我心急如焚。

正在此时，沙漏漏完了，我不安地向邮差望去。

他倒是满不在乎："哎呀，超时了，有可能运送 6 号包裹的马被老虎吃了，县衙没收到。"

"那怎么办啊？"我焦急地问。

"我们只好把 6 号包裹重新发送了。6 号包裹恰好是柜子的一条腿，回去跟你的老板说说，再做一条柜子腿吧，一定要保证跟之前发出去的一模一样。"

我问他："那 7,8 号包裹呢？县衙收到没有？"

"我们现在还不知道，如果收到了，那么他们会暂时存下来；如果没收到，那么还得像 6 号包裹一样，继续重发。"

我的忍耐力到了极限，真想跳起来揍邮差一顿。

邮差说："对了，我们这里有一个宝贝，名为'幻月宝镜'，是袁大人从边关带来的。

它十分神奇，内阁的大人们说专门配合我们 TCP 邮差使用，你丢失的 6 号包裹还可以从中取出来呢！"

我说："有这等好事？"

"只不过使用费略贵，每次 100 两银子！"

100 两？！我的天，我能做多少新柜子了！看来这些都是为官老爷准备的东西啊！

冷静下来，我想了想，说："不对，你为什么一下发了 3 个包裹，你不能发一个等着确认一个吗？我要告你去。"

邮差说："随便你，反正你是告不赢的，这是由内阁首辅大人决定的，我们用的叫**滑动窗口协议**，如果窗口 $N=1$，即发一个等着确认一个，那样就太慢了，我这个邮差也不能一直被你占用。我们把 N 的值设得大一点，例如 $N=3$，就是为了能够像流水线那样做事，一边发包裹，一边收确认信息，这样快一点。"

没办法，只好回去找老板重新做柜子腿，这耽误了很多时间。

邮差把 6 号包裹又发了出去，再次重新计时。

6 号包裹的确认信息还是没有收到！7 号包裹的确认信息也没收到，但是 8 号包裹的确认信息先收到了！

邮差说："嗯，不错，6 号和 7 号的确认包裹估计在路上丢了，没关系，只要县衙说收到了 8 号包裹，暗含的意思就是 6 号和 7 号包裹都收到了，要不然他们不会发 8 号包裹的确认信息。"

接下来发 9,10 号包裹，这次还行，总算没丢，终于把整个柜子发出去了。

内乡县衙那边也把柜子组装起来了。我的任务总算完成了。

后来我得知，县衙其实收到了 6 号包裹，只是他们发给京城的确认包裹在路上丢了，我们没收到，导致我们重新发了一份。

我算是明白了这所谓的 TCP，无非就是在那些不可靠马匹运输的基础上建立一种可靠的发送办法，基本上就是失败重发，受苦的还是我们这些底层老百姓。

我给邮差付了 2 两银子作为费用，拉着马车，头也不回地走了。

只听到邮差在后边喊："欢迎再来！内阁首辅正在研究新的协议呢，下次一定要来试试啊。"

还有一名邮差拉着他说："喊什么喊，赚了钱，快来赌钱、喝酒！"

我没理他们，因为我再也不想来到这个鬼地方了！

CPU阿甘

上帝为你关闭了一扇门，就一定会为你打开一扇窗。

这句话用来形容我最合适不过了。

我是 CPU，他们都叫我阿甘，因为我和《阿甘正传》里的阿甘一样，有点傻里傻气的。

上帝把我制造出来，给了我一个很小的脑容量，为数不多的寄存器能临时记一点东西。但是上帝给我打开了一扇特别的窗户，那就是像阿甘一样，跑得飞快。

到底有多快呢？我这么比喻一下吧，我的工作都是以纳秒为单位的，你们人间的 1 秒，我可能已经做了 1 000 000 000（10 亿）次动作了。

相比而言，内存比我慢百倍，硬盘比我慢百万倍，你说我快不快？

启动

我住在一个机箱里，每天早上一阵电流把我叫醒，夹杂着嗡嗡的声音，我知道我忠实的护卫——电风扇又开始工作了。我特别怕热，又运行得飞快，如果没有电风扇给我降温，我很快就会中暑，生病的后果很严重，那时像内存、硬盘、网卡等我的好伙伴全部要罢工了，没有我，这个系统就会陷入一片死寂。

我听说有些 CPU 的福利很好，竟然待在恒温恒湿、一尘不染的托管机房里，让我好生羡慕。

我的脑容量很小，所以醒来后只想起了我的创造者告诉我的几件事情：

（1）你的工作就是运行指令。

（2）你不能保存指令，你的指令全在内存里。

（3）你的第一条指令放在地址 0xFFFFFFF0 处。

那还有什么可说的，赶紧去取这条指令吧！我把地址发给系统总线，指令很快就回来了，这是一条跳转指令！

我立刻回忆起来了，这是我的老朋友 BIOS 等着我去运行他那一堆指令呢。

我对 BIOS 说："老弟，今天干点啥？"

"阿甘，早上好。"BIOS 从不失忆，把所有人都记得清清楚楚。"还不是老一套啊，无非做一下系统的自检，看看内存、硬盘、显卡等老伙计有没有问题，有问题的话用小喇叭提示一下主人。"

这些过程我已经轻车熟路了，很快搞定，像往常一样，没有问题，我还把一个叫作中断向量表的东西给弄好了，我知道一会儿要用。

这些东西都弄完了，BIOS 果然告诉我：“阿甘，INT 0x19。”

我赶紧去刚弄好的中断向量表中查第 19 号，顺藤摸瓜又找到了 0x19 对应的一大堆指令。

执行吧！这堆指令把磁盘的第一扇区（磁盘开始处的 512 字节）搬到内存的 0x7C00 处，然后我就从此处接着执行。

我想起来了，接下来有一大堆精巧的指令把迷迷糊糊的操作系统从硬盘中唤醒，搬运到内存中来。

此处实在是复杂，为了防止你睡着，我故意略去了 10 万字……

你看这就是为什么他们叫我阿甘，我做事飞快，但非得别人告诉去哪里执行才行，要不然我就只会坐在那里无所适从。

运行

操作系统一旦进入内存，摇身一变，就是老大，所有人都得听他指挥。

我也发现我的周围出现了一间屋子：进程屋。

屋里堆着一大堆东西，什么进程描述信息包裹、进程控制信息包裹，我都不太关心，我只关心最重要的两样东西：

（1）我工作必备的寄存器，就放在我面前的工作台上。

（2）程序计数器，我用它记住我要执行的下一条指令地址。

“阿甘，别来无恙啊！”操作系统对我还是挺不错的，每次都率先跟我打招呼。

“Linux 老大，今天有什么活儿啊？”我每次都表现得积极主动。

“来，把这个 Hello world 程序给运行了！”

Hello world 程序还在硬盘上睡着呢，得先把他也装载到内存里，要不然我怎么执行啊？

于是我拿起电话打给硬盘，电话通过系统总线来到 I/O 桥电话局，再转接到 I/O 总线，这才来到硬盘这里。

我在电话里请他把数据给我运过来，然后我就无所事事地坐在那里等。

Linux 老大立刻就怒了：“阿甘，告诉你多少次了，你小子怎么还在等硬盘给你发数据！”

是的，我忘了一件事，硬盘比我慢太多了，我执行一条指令大概只需 1ns，而从磁盘读数据起码也得 8ms，在这段时间里，我能潜在地执行 800 多万条指令啊。

我感到深深的愧疚，赶紧拿起电话打给硬盘：“兄弟，按我们之前商量好的，用直接内存访问（Direct Memory Access，DMA）啊，你直接把数据装载到内存吧，不用经过我了，装载完以后给哥们儿发一个信号。"

"这还差不多！"Linux 老大的心情好了一些。

"阿甘，数据还没来，别闲着，这里有一个斐波那契数列，来算一下吧。"

"肥波纳妾数列？这名字好古怪！老大，其实你也知道，我的脑容量小，懒得去理解那是什么意思，你把进程屋切换一下，把程序计数器设置好，指向下一条指令，我一条一条指令执行就得了。"我挺没追求的。

"真是个阿甘啊！"老大感慨道。

我所处的进程屋立刻发生了变化（当然，这也是我辅助 Linux 老大做的），各种包裹的信息都变了，尤其是寄存器和程序计数器。

于是我就开始计算这个什么纳妾数列，但是这个数列似乎无穷无尽，哪个没脑子的程序员写了一个无限循环吧？

正在这时，我接到了一个电话，说是 Hello world 的数据已经装载到内存了，让我去处理。

我放下手中的活儿，保存好现场，就去处理那个 Hello world。果然数据已经准备好了，那就切换过去运行吧。

其实老大并不知道，任何人，只要你运行了相当多数量的指令以后，都能悟到这些程序的秘密。

我 CPU 阿甘虽然傻傻的，但是架不住执行这数以"万万亿"计的指令给我的熏陶啊！

这个秘密就是：**程序都是由顺序、分支、循环组成的**。其实分支和循环在我看来都是跳转而已。

所以我的工作就是打电话向内存要一条指令，并执行这条指令。如果是一条跳转指令，那我就向内存要跳转的目标地址的那条指令，继续执行。生活就是这么简单。

噢，对了，当然也有复杂的，就是函数调用，我得和内存紧密配合才能完成。这项工作实在太复杂了，咱下回再说。

新装备：缓存

提到内存，这真是我的好哥们儿，没有他，我几乎什么事儿都干不成。更重要的是，他比硬盘快得多，读取一次数据，只需要 100 纳秒左右。这样我们俩说起话来就轻松多了。

每次他都说："阿甘，亏得有你陪我聊天，要不然我肯定被活活闷死不可，那个硬盘说话实在太慢了！"

"它为啥那么慢？"其实内存早就告诉我答案了，只是我记不住，每次都得再问一遍。

"硬盘是一个机械式的玩意，一个磁头在一碟高速旋转的磁片上挪来挪去，光定位就慢死了。"

"那主人为什么要用硬盘？"

"人家虽然慢，但是不怕停电，哪像你和我，一停电就全部失忆了。"

确实是，人不能把好事儿占全了啊。

在我的指令中，有一些完全用我的寄存器就能完成，但是有很多需要读/写内存中的数据，虽然其读/写速度只有我的 1%，但因为所有的指令都在内存中存放着，指令多了，我还真有点受不了。

我对内存说："哥们儿，你能不能再快点！"

内存说："拜托，这已经是我的极限了。阿甘，你自己再想想办法吧！我跟你说啊，我留意了你最近访问的指令和数据，发现了一个规律！"

"啥规律？"

"比如说，你访问了我的一个内存位置以后，过不了多久还会再次访问。还有，一个内存位置被访问了，附近的位置很快也会被访问到。"

【注：这其实叫程序的局部性原理】

我还以为是啥规律，其实我早就注意到了。

"这有啥用啊？"

"既然你经常访问同一块区域里的东西，你想想，如果把这些东西缓存在你那里，则会怎么样？"

我一想，有道理啊！加一个缓存试试！

从此以后，我每次读/写指令和数据，都先向缓存要，缓存没有才给内存打电话。

果然，由于局部性原理的存在，我发现的确快了不少。

自我提升：流水线

缓存让我的工作更有效率，得到了 Linux 老大的表扬："阿甘，我看你很聪明嘛，都会用缓存了！"

"我哪有那么聪明，都是内存的点子。不过我学会了一样重要的东西：当你改变不了别人时，抱怨也没用，还是先改变一下自己吧。"

"挺有哲理的嘛，希望明天重启后你还能想起来。"Linux 老大笑话我。

"我最近又发现了一个问题，正苦恼着呢！你看我有四只手，第一只手负责打电话向内存要指令，第二只手翻译指令，第三只手真正执行，第四只手有时候还得把结果写回内存。问题是，我发现经常只有一只手在忙活，其他三只手都在闲着。你看，第一只手取指令的时候，其他三只手只能等着；第二只手翻译指令的时候，其他三只手也得等。"

"看来以后我们不能叫你阿甘了，你已经开始思考了。"Linux 老大笑了。

"这个问题好解决，给你举个例子。你听说过洗车吗？和你差不多，也是先喷水冲洗，再打清洁剂，再擦洗，最后烘干。但人家的工作方式和你不一样，人家是流水线作业。你想想，一辆车在烘干的时候，后边是不是还有三辆车？分别在喷水冲洗、打清洁剂和擦洗，每个步骤都不会空闲。这条流水线上其实有四辆车。"

"这么简单的道理我怎么都没有想到呢？我也可以搞个流水线啊，这样每只手都利用起来了。"

别人都说我们高科技，但其实原理都蕴含在生活之中。

有了缓存和流水线的帮助，让我的工作速度大大地加快了，大家都对我刮目相看。他们想给我起一个新名字——超人！不过我更喜欢他们叫我"阿甘"，多亲切！多接地气！

我一丝不苟、兢兢业业地运行指令，时不时和伙伴们聊天，一天很快就过去了，又到了深夜，我知道关机的时刻到了，赶紧挨个跟他们道别。

很快，那些让我兴奋的电流消失了，风扇的嗡嗡声也没有了，我再也无法打出电话，整个世界沉寂了。

明天将会是崭新的一天！

我是一个进程

我听说我的祖先生活在专用计算机里，终其一生只帮助人类做一件事情，比如微积分运算、人口统计、生成密码，甚至通过织布机印花！真是不可思议。

如果你想在这些专用"计算机"上干点别的事儿，例如安装一款游戏玩玩，那是绝对不可能的，除非你把它拆掉，然后建一台全新的机器。我的这些祖先勉强可以被称为"程序"。

后来有一个叫冯·诺依曼的人，非常了不起，他提出了"存储程序"的思想，各种各样不同功能的程序写好以后，和程序使用的数据一起存放在计算机的存储器中，然后计算机按照存储的程序逐条取出指令加以分析，并执行指令所规定的操作。

他还把计算机从逻辑上分为五大部件：运算器、控制器、存储器、输入设备、输出设备。

这样一来，原来的专用计算机变成了通用的计算机，不管你是计算导弹弹道的、模拟核爆的，还是计算个人所得税的，都可以在一台机器上运行，我就是其中的一员——专门计算员工的薪水。

批处理系统

我所在的计算机是一个批处理系统，每次上机时，我和其他程序排好队，一个接一个地进入内存运行，请 CPU 阿甘去执行。

每个月月末是发薪日，我都要运行一次，这样我每个月都能见一次 CPU 阿甘，这个沉默寡言，但是跑得非常快的家伙。

我知道内存看阿甘不顺眼，还告了它一状，说他一遇到读 / 写硬盘等 I/O 操作的时候，就歇着喝茶，从来不管不问内存和硬盘忙得要死的惨境。

这也不能怪阿甘，谁让人家运行得那么快呢，比内存快百倍，比硬盘快百万倍！

其实我倒觉得挺好，这时候正好和阿甘海阔天空地聊天，他阅程序无数，知道很多内幕消息，每一字节都清清楚楚，和他聊天实在是爽。

中国有一句古话，"木秀于林，风必摧之"，内存和硬盘持续不断地打小报告，操作系统老大终于不胜其烦。他把大家叫到一起开会，决定解决这个"不患寡而患不均"的问题。

多道程序

会议一开始，内存就向 CPU 阿甘发难："阿甘，你知不知道能力越大，责任越大？你运行得那么快，就不能多干点活儿？"

阿甘委屈地说："我也没辙啊，内存里只有一个程序，这个程序如果读 / 写硬盘，则会非常耗时，我就是没事儿干了啊。"

硬盘继续打压："你就不能把当前运行的程序暂时存到硬盘上，然后启动另一个程序运行？"

阿甘说："保存到硬盘上，那不更慢了……"

操作系统老大很清楚其中的关键："这样吧，阿甘，我每次在内存中多装载几个程序，如果某个程序需要读 / 写硬盘了，你就运行另一个程序，如何？"

阿甘说："好是好，但是切换程序运行的时候，老大你得保护好现场啊。例如，这个程序我运行到第 xxx 行指令，我寄存器的值、我打开的文件等东西都得记下来，要不然这个程序就没法恢复运行了！"

老大说："那是自然，我打算把一个正在运行的程序叫作**进程**，这个进程除要保存你说的东西以外，还会记录使用了多少时间、等待了多少时间等各种各样的信息。这些信息统称为进程控制块（Processing Control Block），简称 PCB。"

"既然内存中会有很多程序，那就有很多对应的 PCB，这些 PCB 是不是由老大来管理啊？"CPU 阿甘问。

"那是自然，我不管谁管啊！"

"进程？这个名称霸气！老大真厉害，起个名字都这么有水平！"硬盘拍马屁。

内存心思缜密，听了这个想法，心想：自己也没什么损失啊，原来同一时间在内存里只有一个程序，现在要装载多个，对我来说都一样。

可是往深处一想，如果有多个程序，那内存的分配可不是一件简单的事情，比如图 1-3 所示的这个例子。

图 1-3　内存紧缩

（1）内存共有 90KB，一开始有三个程序运行，占据了 80KB 的空间，剩余 10KB。

（2）第二个程序运行完了，空闲出来 20KB，现在总空闲空间是 30KB，但这两块空闲内存是不连续的。

（3）第四个程序需要 25KB，没办法，只好把第三个程序往下移动，腾出空间让第四个程序来使用。

内存把自己的想法跟操作系统老大说了说。

老大说："阿甘，你要向内存学习啊，看看他思考得多么深入。不过这个问题我有解决办法，需要涉及几个内存的分配算法，你们不用管了。咱们就这么确定下来，先跑两个程序试试。"

地址重定位

第二天一大早，实验正式开始，老大同时装载了两个程序到内存中，如图 1-4 所示。

图 1-4   内存中装入多个程序

第一个程序被装载到内存的开始处，也就是地址 0，运行了一会儿，遇到了一条 I/O 指令。在等待数据的时候，老大立刻让 CPU 开始运行第二个程序，这个程序被装载到地址 1000 处。刚开始运行得好好的，突然来了这么一条指令：

```
MOV [345] AX
```

这里我必须稍微解释一下：AX 是一个寄存器，你可以理解成在 CPU 内部的一个高速的存储单元，这条指令的含义是把 AX 寄存器的值写到内存地址 345 处。

【注：为了简化，这里并没有考虑段地址和偏移地址结合，而是简单地使用一个数字表示物理地址】

阿甘觉得似曾相识，隐隐约约地记得第一个程序中也有这么一条类似的指令：

```
MOV [345] BX
```

"老大，老大，坏了，这两个程序操作了同一个地址！内存中的数据会被覆盖掉！"阿甘赶紧向操作系统汇报。

操作系统一看就明白了，原来这个系统的程序指令中引用的都是物理内存地址。在批处理系统中，所有的程序都是从地址 0 开始装载的。现在内存中有多个程序，第二个程序被装载到 1000 这个地址处，但是程序没有发生变化，还是假定从地址 0 开始装载的，自然就出错了。

"看来老大在装载的时候得修改一下第二个程序的指令了，给每个地址都加上 1000（第二个程序的开始处），原来的指令就会变成 'MOV [1345] AX'。"内存确实反应很快。

【注：直接修改程序的指令，这叫**静态重定位**】

阿甘说:"如果用这种办法,那做内存紧缩的时候可就麻烦了,因为老大要到处移动程序,对每个移动的程序岂不都得做重定位?这多累啊!"

操作系统老大陷入了沉思,阿甘说的没错,这个静态重定位是很不方便,看来想在内存中运行多个程序并没有想象中那么容易。

但是能不能改变一下思路,在运行时把地址重定位呢?

首先得记录一下每个程序的起始地址,可以让阿甘再增加一个寄存器(**基址寄存器**),专门用来保存起始地址。

例如,对第一个程序,这个地址是 0;对第二个程序,这个地址是 1000。

在运行第一个程序的时候,把寄存器的值置为 0;当切换到第二个程序的时候,寄存器的值也应该切换成 1000,如图 1-5 所示。

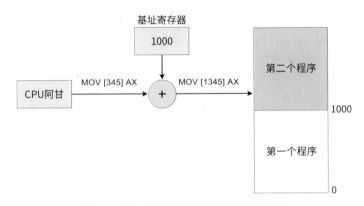

图 1-5 第二个程序运行时的基址寄存器

【注:这叫地址的动态重定位】

只要遇到与地址有关的指令,就需要把地址加上寄存器的值,这样才能得到真正的内存地址,然后去访问。

操作系统赶紧让阿甘去加一个新的寄存器,重新装载两个程序,记录一下他们的起始地址,然后切换程序。这次成功了,不再有数据覆盖的问题了。

只是阿甘有些不高兴:"老大,这一下子我这里的活儿可多了不少啊,你看每次访问内存,我都得额外做一次加法运算。"

老大说:"没办法,能者多劳嘛。你看看我,我既需要考虑内存分配算法,又得做内存紧缩,还得记住每个程序的起始地址,这样在切换程序的时候,才能刷新你的寄存器。我的事儿比你的多多了!"

内存突然说道："老大，我想到一个问题，假设有一个恶意程序去访问别人的空间怎么办？比如说地址 2000 ～ 3000 属于一个程序，但是这个程序中来了一条这样的指令'MOV [1500] AX'，我们在运行时会翻译成'MOV [3500] AX'，这个 3500 有可能是别的程序的空间！"

"唉，那就只好再加一个寄存器了。阿甘，用这个新寄存器来记录程序在内存中的长度吧，这样每次访问的时候拿那个地址和这个长度比较一下，我们就知道是不是越界了。"老大无可奈何地说。

"好吧，"阿甘答应了，"我可以把这两个寄存器及计算内存地址的方法封装成一个新的模块，就叫 MMU（内存管理单元）吧，不过这个东西听起来好像应该由内存来管啊！"

内存笑着说："那是不行的，阿甘，能够高速访问的寄存器只有你这里才有啊，我就是一个只有你 1% 速度的存储器而已！"

分时系统

多个程序最近在内存中运行得挺好，阿甘没法闲下来喝茶了，经常是一个还没运行完，很快就切换到另一个。

但是这种方式也有一个巨大的缺陷，比如前两天我（薪水计算程序）和一个文字处理程序同时进入了内存，这个文字处理程序需要和人类频繁地进行交互，他需要读取硬盘文件的时候，就必须让出 CPU；操作系统老大就调度我去计算薪水，我整整运算了 5 分钟，这才放弃 CPU 去写文件，可怜的文字处理程序只能在一旁眼睁睁地看着。对人类来说，在 5 分钟之内文字处理程序毫无反应，像假死了一样。

怎么办？

操作系统老大说："要不这样，阿甘，你把你的运行时间分成一个个小的**时间片**，让那些进程使用，一个进程运行一段时间，把当前时间片使用完以后，必须让出 CPU，让别的进程使用！这样一来，每个进程都有机会来运行了。"

阿甘张大了嘴巴："这……这能成吗？每个程序运行一小会儿，那人类看到的岂不就是程序的群魔乱舞了？"

"不，你忘了重要的一点，阿甘，你的速度是超级快的，你的 1 秒相当于人类的 10 亿秒，所以在缓慢的人类看来，就好像薪水计算程序和文字处理程序同时运行，他们根本感觉不到你在不停地切换进程！"

阿甘说："这样啊？我试试吧！"

没想到，**分时系统**一经推出就大获成功，尤其对于那些速度超慢的人类而言，他们开着电脑一边听歌、一边上网、一边聊 QQ，很是自在，理所当然地认为这些程序就是同时运行的。岂不知阿甘是让音乐播放器进程运行几十毫秒，然后打断；让浏览器进程运行几十毫秒，再打断；让 QQ 进程也运行几十毫秒，如此循环往复。

唉，阿甘真是能者多劳啊！

分块装入内存

自从分时系统启用以后，很多程序都拼了命、挤破了头往内存里钻，都想沾一下 CPU 的光，利用一下那个人类感觉很短而我们程序觉得很长的时间片。

内存很小，很快就会挤满。操作系统老大忙于调度，也是忙得不可开交。

更有甚者，程序开始越长越大，有些图形处理的程序，还有一些什么叫 Java 的程序，动不动就要几百 MB 内存，就这还嚷嚷着不够用。

操作系统头都大了，把 CPU 和内存叫来商量。

"世风日下，人心不古啊！"内存一边叹气一边说，"原来批处理的时候那些程序规规矩矩的，现在是怎么了？"

"这也不能怪那些程序，现在硬件的确比原来好多了，内存，你原来只有几十 KB，现在都好几 GB 了。CPU 阿甘在摩尔定律的关照下，发展得更快，每隔 18 个月，速度就翻一番！"操作系统老大说。

"那也赶不上这些程序的发展速度，他们对我的要求越来越高，可把我累坏了。"CPU 垂头丧气地说。

"我们还是考虑一下怎么让有限的内存装下更多的程序吧。"

"我有一个提议，"阿甘说，"对每个程序，不要全部装入内存，要分块装载，例如先把最重要的代码指令装载进来，在运行中再按需装载别的东西。"

内存嘲笑说："阿甘，看来你又想偷懒喝茶了，哈哈！如果每个程序都这样，那 I/O 操作得多频繁，我和硬盘累死，你就整天歇着吧！"

阿甘脸红了，沉默了。

"慢着，"老大说，"阿甘，你之前不是发现过什么原理吗，就是从几千亿条指令中总结出来的那个，叫什么来着？"

"噢，那是局部性原理，有两个。

（1）时间局部性：如果程序中的某条指令开始执行，则不久之后该指令可能再次被执行；如果某数据被访问，则不久之后该数据可能再次被访问。

（2）空间局部性：指一旦程序访问了某个存储单元，则不久之后，其附近的存储单元也将被访问。"

"这个局部性原理应该能拯救我们。阿甘，我们完全可以把一个程序分成一个个小块，然后按块来装载到内存中。由于局部性原理的存在，程序会倾向于在这一块或几块上执行，所以在性能上应该不会有太大的损失。"

"这能行吗？"内存和阿甘都将信将疑。

"试一试就知道了。这样，我们把这一个个小块叫作页框（Page Frame），每个暂定 4KB 大小，装载程序的时候也按照页框大小来进行。"

实验了几天，果然不出老大所料，那些程序在大部分时间里真的只运行在几个页框中，于是这种分块装载的方式就确定下来了。

虚拟内存：分页

"既然一个程序可以用分块的技术逐步调入内存而不太影响性能，那就意味着一个程序可以比实际的内存大得多。"

阿甘躺在床上，突然间想到这一层，心头突突直跳，这绝对是一个超级想法。

"我们可以给每个程序都提供一个超级大的空间，如 4GB，只不过这个空间是**虚拟的**，程序中的指令使用的就是这些**虚拟地址**，然后我的 MMU 把它们映射到真实的物理内存地址上，那些程序却浑然不觉。哈哈，实在太棒了。"

第二天，阿甘向老大和内存说了自己的想法。

内存惊讶得瞪大了双眼："阿甘，你疯了吧！程序们会骂你是骗子的。"

"阿甘的想法是有道理的，"老大说，"只是我们还要坚持一点，那就是分块装入程序，我们把虚拟的地址空间也分块，就叫作页（Page），大小和物理内存的页框（Page Frame）一样，这样方便映射。"

"老大，看来你又要麻烦了，你得维持一个**页表**，用来映射虚拟页面和物理页面。"

"不仅如此，我还有很多事情要做呢，比如：

记录一个程序的哪些页已经被装载到物理内存中，哪些没有被装载。

如果程序访问了这些没被装载的页面，那我还得从内存中找到一块空闲的地方来装载它。

如果内存已满，那只好把现有页框中的内容置换一个到硬盘上了。可是，怎么确定哪个物理内存的页框可以置换呢？唉，又涉及很多复杂的算法，需要大费周章。你们看看，老大是那么容易当的吗？"

阿甘说："老大，我看到图 1-6 中第 1 页并没有映射到物理内存中啊！如果访问到它，那该怎么办？"

"嗯，如果访问一个还没有被映射到物理内存的页面，就会产生缺页的中断，我负责去硬盘中调取。"

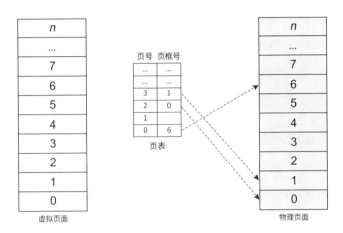

图 1-6　分页

内存问道："能不能说说具体的地址转换过程？"

操作系统老大说："以后的地址就分为两部分——页号和偏移量，阿甘的 MMU 需要完成地址的转换（见图 1-7）。"

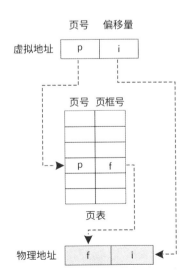

图 1-7　从虚拟地址到物理地址的转换

【注：这里只展示了一级页表，实际情况下可能有多级】

内存想到一个问题："如果程序在运行时，每次都得通过查询页表来获得物理的内存页，页表也存在于内存中，而我只有你 1% 的速度，你受得了吗，阿甘？"

阿甘笑了："这个问题其实我也考虑到了，所以我打算增强我的内存管理单元，把那些最常访问的页表项放到缓存里，这样不就快了吗？"

内存想想也是，还是局部性原理，太厉害了！

分段 + 分页

分页系统运行了一段时间，又有程序表示不爽了，这些程序嚷嚷着说：

"你们能不能把程序'分家'啊，如代码段、数据段、堆栈段？这多么自然，并且有利于保护。如果程序试图去写这个**只读的代码段**，立刻就可以抛出保护异常！"

"页面太小了，实在不利于共享，我和哥们儿共享的那个图形库，高达几十 MB，得分成好多页来共享，太麻烦了。你们要是做一个共享段该多好！"

……

这样的聒噪声多了，大家都不胜其烦，那就"分家"吧。

当然，对每个程序都需要标准化，一个程序被分成代码段、数据段和堆栈段等，操作系统老大记录每个段的起始和结束地址，以及每个段的保护位（见图 1-8）。

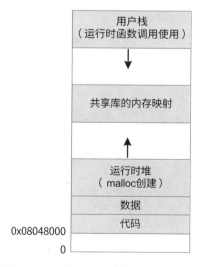

图 1-8　32 位 Linux 虚拟内存示意图

除页表之外，操作系统老大又被迫维护了一个段表这样的东西，如图 1-9 所示。

但是在每个段的内部，仍然按分页来处理，地址的翻译过程变得更加复杂了。地址也分成两部分：段号和偏移量（见图 1-10）。通过段号找到段的基址，和偏移量相加，得到一个线性地址，这个线性地址再通过分页系统进行转换，最后形成物理地址。

段号	基址	长度	保护	说明
0	0x2000	50K	R	代码段
1	0x4800	100K	R/W	数据段
2	0xA000	60K	R/W	堆栈段

图 1-9　段表

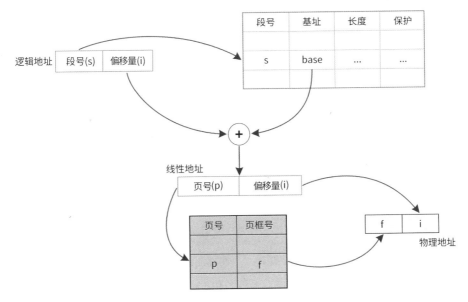

图 1-10　简化的段页式管理

所有事情都设置好了，大家都喘了一口气，觉得这样的结构大家应该没什么异议了。

老大心情大好，觉得一切尽在掌握，他笑着对 CPU 阿甘说：

"阿甘，从今天开始，如果有程序想非法访问内存，如一个不属于他的段，我就立刻给他一个警告——Segmentation Fault！"

阿甘说："那程序收到 Segmentation Fault 警告以后怎么处理？"老大说："通常情况下就被我杀死了，然后产生一个叫作 core dump 的尸体，让那些码农拿走分析去吧！"

程序的装载

虽然阿甘和操作系统老大折腾出了分段和分页的管理方式，但我却没有机会体验一下，原因很简单，我一个月才运行一次，还没赶上呢！

我安安静静地躺在硬盘的一个角落里，满心期待进入内存去运行，去见老朋友阿甘。

文字处理器经常进入内存运行，回来就跟我吹牛："老兄，你算是不知道，现在整个世界都已经天翻地覆了！"

我问他现在进入内存运行是什么感觉，他神秘地笑了笑说："你自己体会一下就知道了！"

月末终于到了，我终于不用在硬盘里躺着了！

这一天，我正在呼呼大睡，便被一个叫作装载器（Loader）的家伙唤醒。他说他是操作系统派来的，要帮我到内存中去执行。

我满心欢喜，等待装载器把我装入内存，可是等了半天，什么也没有发生，我不禁问他："哥们儿，难道不是让我进入内存运行吗？"

装载器说："急什么，看你那没见过世面的样子，不知道我正在为你创建虚拟地址空间吗？"

嗯，对，文字处理程序之前跟我说过，现在每个程序可以拥有巨大无比的虚拟地址空间！

"你是不是忙着把我的代码和数据都复制到这个虚拟地址空间中啊？"我故意问道。

"真是够无知的，这是虚拟地址空间，而不是实际内存，怎么可能存放代码和数据？"这个装载器脾气很大。

我以为这个装载器至少会把我的代码装载到物理内存，然后在虚拟内存和物理内存中直接建立映射，于是耐心等待。

但是这个装载器并没有这么做，实际上，他除了读取我的一些 Header 信息，根本没有把我的数据复制到物理内存中。他到底要做什么？

我质问道："你不把我的代码装载到物理内存中，我怎么运行？"

他说："放心吧，我已经用一个数据结构把你的代码 / 数据在硬盘的位置记录下来了，等到真正运行的时候会被装载的。"

说着，他甩给我一张如图 1-11 所示的图："看到了吗？在初始状态下，你的代码和数据都没有装入内存，都在硬盘上。"

这个大脾气的装载器把活儿干完了，大大咧咧地从我的代码中找到了程序的入口点（假设是 0x080480c0），他说等到进程执行的时候就从这里开始读取第一条指令。

我意识到自己虽然还躺在硬盘里，但是操作系统老大已经为我建立了一个进程，这个进程有一套自己的虚拟地址，页表等"高级"的数据结构已经准备好运行了。

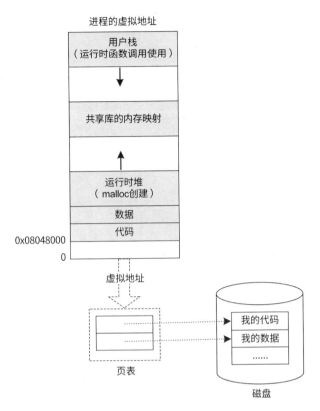

图 1-11 进程的虚拟地址

【注：为了简化，这里省略了分段的情况。页表中并没有保存程序的代码和数据在硬盘的位置，这里的虚线只是示意在程序装载过程中他们之间的关联】

果然，不久以后，操作系统调度了这个进程来运行，就从装载器返回的程序入口点0x080480c0 开始。

老大命令 CPU 阿甘去 0x080480c0 处取出指令来执行，但这是一个虚拟地址，必须转换为物理地址才行。

于是阿甘就去查看页表，试图把他变成物理内存的地址。可是这个页表中的"存在位"说这一页未被装载到内存中，阿甘立刻报告："老大，这是一个新家伙，他的代码还在硬盘上呢！"

"好的，马上启动缺页处理程序！"看来老大已经司空见惯了。

缺页处理程序开始执行，在硬盘中找到了我，我配合着让他把代码取走（见图 1-12）。

我的代码终于被读入了内存当中，当然，阿甘也得把页表修改一下，这样才能反映数据已经进入了内存。

现在可以读取虚拟地址 0x080480c0 处的内容了。通过页表的翻译，定位到物理内存的地址，取出了指令，终于可以执行了！

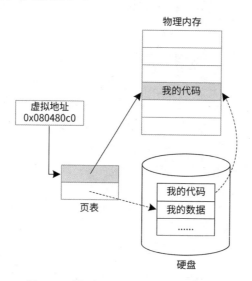

图 1-12　缺页处理程序把代码读入内存

随着指令的执行，越来越多的数据和代码被装载到物理内存中（见图 1-13）。只是有一点让我感觉很不爽，我被大卸八块，安插到物理内存的不同位置去了。

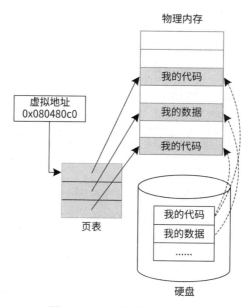

图 1-13　更多的程序读入内存

但仔细想想，那其实并不是我，只是我的一个化身而已。这个化身是一个正在运行的进程，CPU 阿甘不停地读数据、写数据。时间片到了，就把这个进程挂起，过一会儿再运行。

最后，薪水计算结束，这个进程也该结束了，内存中的数据会被清理、覆盖，但是我还是我，完好无损地躺在硬盘里。

有了这次的经历，我算彻底明白了：

第一，操作系统老大和 CPU 阿甘"狼狈为奸"，成功地营造了一个假象，让我们以为每个程序都可以使用 4GB 的巨大空间（针对 32 位计算机），但实际上那只是虚拟的！

第二，老大不是把我们这些程序一下子全部装入物理内存中，而是大卸八块，用他的术语讲，叫作分页，然后按需装入内存。注意，他不是连续装入物理内存的，有时候先装入这一块，有时候先装入那一块，最后你都不知道自己身体的各个部位在内存的什么地方，真是一种奇怪的体验！

线程

现在有了进程、分时、虚拟内存、分段和分页等各种概念，是不是已经足够了？

不，人类的欲望是无止境的，很快就出现了新情况。就拿我的兄弟文字处理软件来说吧，他和我不一样，他有界面，人类在用的时候能看到，这实在很幸福，不像我总在背后默默工作，几乎无人知晓。

这哥们儿有一项智能的小功能，就是在人类编辑文档的时候能自动保存，防止辛辛苦苦敲的文字由于断电之类的失误而丢掉。

可是这项功能导致了人类的抱怨，原因很简单，自动保存文字是和 I/O 打交道的，硬盘有多慢你也知道，这时候整个进程就被挂起了，给人类的感觉就是：程序死了，键盘和鼠标不响应了！无法继续输入文字，但是过一会儿就好了。

并且这种假死一会儿就会出现一次（每当自动保存的时候），让人不胜其烦。

操作系统老大想了很久，这个问题虽然可以用两个进程来解决，一个进程负责和用户交互，另一个进程负责自动保存，但是，这两个进程之间是完全独立的，每个人都有自己的一亩三分地（虚拟地址空间），完全互不知晓，进程之间通信的开销实在太大了，他们没有办法高效地操作同一份文档数据。

后来还是劳模阿甘想出了一招：可以采用多进程的伟大思想啊！

把一个进程当成一个资源的容器，在里面运行几个轻量级的进程，就叫**线程**吧，这些线程共享进程的所有资源，如地址空间、全局变量、文件源等（见图 1-14）。

但是每个线程也有自己独特的部分，那就是要记住自己运行到哪行指令了，有自己的函数调用栈、自己的态等。总而言之，就是为了能像切换进程那样切换线程。

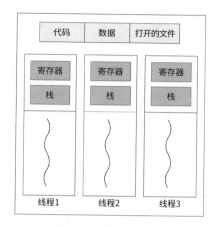

图 1-14　进程和线程

拿我那个哥们儿的情况来说，一个进程中保存着文档数据，进程中有两个线程，一个负责和用户交互，另一个专门负责定时的自动保存，这样 I/O 导致的阻塞就不会影响另一个线程了。

但是，值得注意的是，这两个线程都能访问同一个进程的所有东西（数据、文件等），他们两个要小心，不要发生冲突才好——这是人类程序员要做的事情，不归我们管。

我是一块硬盘

我知道 CPU 和内存是计算机的核心，毕竟所有的运算最后都得通过他们俩来完成，CPU 从内存里读取一条指令，进行计算，然后再写回内存，如此周而复始。

但是他们俩却瞧不起我，说这都什么年代了，还在用机械式操作，读 / 写数据的时候还得一个磁头在多个盘片上滑来滑去、找来找去，速度慢得要死（见图 1-15）。

图 1-15　硬盘

内存说：“CPU 比我快一百倍，比你快几百万倍，整个系统的速度都被你给拖慢了。”

这是典型的五十步笑百步。

他们俩还嘲笑我很娇气，得真空、密闭、不能有浮尘、运行时不能震动，一动就坏了。

但他们俩总会忘记他们的最大问题，所以我只用一句就能把他们俩给噎死：如果断电了，那你们俩怎么办？

还有，我的容量都是按 TB，甚至 PB 来计算的，就你们俩那点容量，还笑我？

还有，没有我来存储程序，你们从哪儿得到程序，难道要像最早的牵牛星计算机（见图 1-16）一样，手工拨动一排开关来输入程序吗？

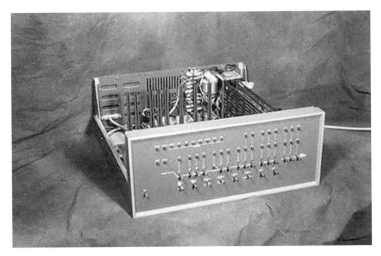

图 1-16　牵牛星计算机

其实我也很纳闷，为什么你们人类造不出来一块能够断电存储、大容量、访问速度快的，当然还要便宜的硬盘？你们不都上天了吗？要登陆火星了吗？这些基础的材料怎么还无法突破？

我憧憬着这一天的来临，如果能制造出来，CPU 就可以直接访问硬盘了，内存就一边凉快去吧。

在制造出来之前，你们必须得容忍 CPU、内存、硬盘之间的速度不匹配，并且想办法来解决这种速度的不匹配，比如使用缓存、直接内存访问、多进程 / 线程切换等方法。

内部结构

其实我的内部是长这个样子的（见图 1-17）。

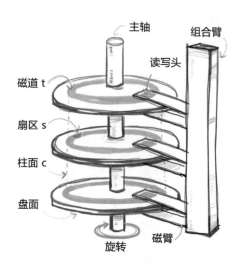

图 1-17 硬盘内部结构

看到没有，我有很多个盘片，像串糖葫芦一样被串在一个主轴上，主轴带着他们疯狂地旋转。

每个盘片都有很多一圈一圈的**磁道**，每个磁道又分为一个一个的**扇区**。

多个盘片上的同一位置的磁道组成了一个柱面（需要发挥一下你的想象力）。

最后，每个盘片上都有可以读/写数据的磁头。

所以，如果你想访问我的数据，则可以说：把 0 柱面 0 磁头 1 扇区的数据给我拿来。

我就把磁头挪到你指定的柱面，对每个磁盘来讲其实就是指定的磁道，所以这叫"寻道时间"。

然后再旋转磁盘，让磁头指向你指定的扇区，这样才能开始读取数据，这叫"旋转时间"。转速快的硬盘能更快地旋转到指定扇区，所以性能会更好一些。

文件

后来，随着我们家族的发展，又出现了一种叫作 LBA（Logical Block Addressing）的寻址方式，你看到的磁盘就是由一个个"块"组成的，编号依次为 1, 2, 3, …, n 。

想取哪一块就取哪一块，比如你说：把第 1024 号"块"的数据给我取过来，我在内部就把 1024 转换成柱面、磁头、扇区，按照上面所说的方法寻道、旋转、读取数据。

但这还远远不够，比如，你想写一个文档，输入了很多文字和图片，最后想存储到我这块硬盘上，你该怎么操作？

一种方法是这样的：

你：硬盘，给我找 20 个空闲的磁盘块，我想存我的文档。

我：空闲的磁盘块号是 1024,2048,2049,3000……

你：把这些文字和图片存到这些磁盘块上。

我：好的，存完了，你得记住这些块，这样下次才能读取。

你：拿一支笔把这些磁盘块号都记到本子上。

过了几天……

你：硬盘，把 1024,2048,2049,3000 这些数据给我取出来，我要编辑。

我：好的，这是你的数据。

没有人喜欢这种方式，太折磨人了！

实际上，每个人都喜欢这么做：

打开 Word → 新建一个文件 → 输入文字和图片 → 保存到 C 盘 "我的文档" 目录下。

这个所谓的 "**文件**" 和 "**目录**" 就是我的杰作，你再也不需要和烦人的磁盘块打交道，只需要记住你的文件名和路径，一切工作就交由我和操作系统老大来搞定。

我和老大商量好了，**文件对人类来说是最小的存储单位**，你想存任何东西，无论多么小，非得建一个文件不可。

此外，为了让这个世界整洁有序，多个文件可以放到一个目录（其实也是一个特殊的文件）里，目录之上还可以有目录，形成一棵树的结构。

文件这个东西是一个伟大的发明，我估计你们还得再用 100 年。

文件的存放

我日常的主要工作就是对目录和文件进行操作，当然需要操作系统老大的配合。好吧，其实是老大在主导的。

这其中最重要的问题是怎么记录各个文件都用到了哪些磁盘块。

内存给我支了一招："你可以采用连续分配的方式啊，就像这样（见图 1-18）——

文件 1 占据磁盘块 1 ~ 3 ；

文件 2 占据磁盘块 8 ~ 12 ；

文件 3 占据磁盘块 15 ~ 20。

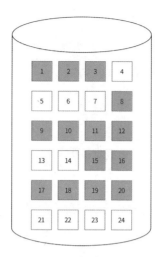

图 1-18　连续分配

这种方法在随机访问文件时效率极好，因为你只要知道了开头和长度，就像数组一样可以随便访问。就像 CPU 访问我一样，只要给出地址，立刻就能定位到指定的位置。"

我仔细想了想，内存出的是一个损招，比如内存磁盘块 4 ～ 7，以及 13、14 怎么没用？

那是因为之前那里也有文件，后来被删除了，留下了空洞，如果之后没有大小合适的文件过来，他们就永远空在那里了。

对我来说这是严重的浪费，这是我不能容忍的。

我说："小样儿，你以为我看不出来啊，你不就是嫉妒我容量大，想让我浪费一点吗？"

内存坏笑了一下又说："不喜欢也没关系，试试采用链式分配（见图 1-19）。

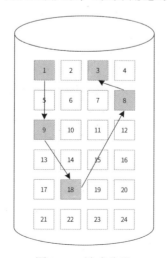

图 1-19　链式分配

这个文件从第一块磁盘开始，形成一条链 $1 \rightarrow 9 \rightarrow 18 \rightarrow 8 \rightarrow 3$，每块空闲的磁盘都会得到充分的利用，效率非常高。"

我心想：这些码农经常说的数据结构和算法还真是有用啊，这里也用上链表了。

可是这种方式随机的访问效果太差，每次都得从第一块磁盘开始，沿着链条往后找，太痛苦了。

现在内存已经嘲笑我慢了，再用这种很慢的办法，还不得笑死我？

操作系统老大说："别听内存在那里啰唆了，用索引式！"

专门找个磁盘块，里边存储一个文件所使用的磁盘块号列表，比如第 16 号磁盘块记录了该文件的内容放在第 1,3,8,9,18 号磁盘块中（见图 1-20）。

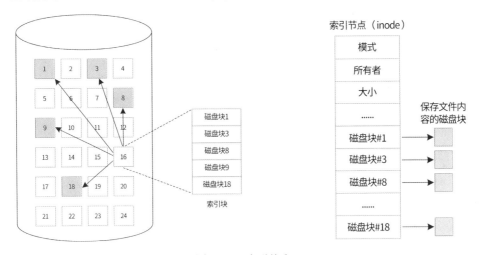

图 1-20 索引块和 inode

老大把这个磁盘块叫作索引块，通过它可以轻松地找到这个文件所使用的所有磁盘块，无论是顺序访问还是随机访问，速度都很快。

唯一的缺点就是索引块本身也要占用空间，如果文件很小，只占用一个磁盘块，也必须分配一个完整的索引块。但是世界上哪有十全十美的东西，妥协、折中、平衡最为重要。不仅如此，老大还发明了一个叫 inode 的结构，里边不但记录了磁盘块，还记录了文件的权限、所有者、时间标记等。

可是内存问道："你那个 inode 中的'指针'（磁盘块号）也不可能保存很多，如果文件很大，需要很多磁盘块，那该怎么办啊？"

我说："那我可以用多个磁盘块来表示 inode，这样不就能指向更多的磁盘块了吗？"

操作系统老大说："对，就是这个思路，不过我们要更好地组织一下，像图 1-21 这样。"

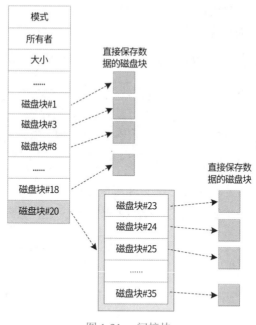

图 1-21　间接块

我仔细地看了看这张图，揣摩老大的思路。这个 inode 中记录了第 20 号磁盘块，但是这个磁盘块和之前的不一样，没有保存数据，但是保存了其他的磁盘块号，增加了一个文件所能使用的磁盘块数。

"老大，我明白了，这个第 20 号磁盘块可以算作一个间接块，对吧？"

"是的，这只是'一次'间接块，我们还可以支持二次间接块、三次间接块，能极大地增加文件所能使用的磁盘块数（见图 1-22）。"

我悄悄地做了计算，如果一个磁盘块的大小是 1KB，每个磁盘块号的大小是 4B，"一次间接块"就可以记录 256 个磁盘块号（1024/4），对应的磁盘容量是 256 × 1KB= 256KB。

"二次间接块"又能记录 256 个"一次间接块"，那对应的磁盘容量就是 256 × 256KB= 65 536KB = 64MB。

如果再考虑"三次间接块"，那就是 256 × 64MB= 16 384MB= 16GB 了！已经够大了！

【注:读者如果感兴趣，可以计算一下如果每个磁盘块的大小是 4KB，那么"三次间接块"对应的磁盘容量是多大】

我问老大："每个文件都需要一个 inode 来描述，每个目录是不是也需要一个？"

"当然，和文件一样，每个目录也是一个 inode，其中有目录的属性，还有存放这个目录内容的磁盘块号，在磁盘块中才真正地存放着目录下的内容（见图 1-23）。"

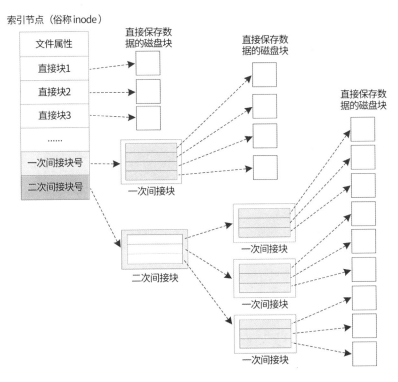

图 1-22　一次间接块和二次间接块

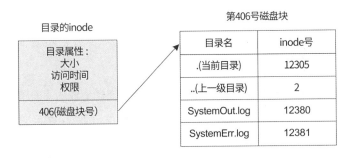

图 1-23　目录 inode

　　"举个例子，有人要读取 /tmp/Test.log 这个文件，查找次序是这样的：根目录 inode →根目录磁盘块→ tmp 目录 inode → tmp 目录磁盘块→ Test.log 的 inode →读取磁盘块（见图 1-24）。"

　　内存说："哇，这也太绕了吧，比 CPU 访问我的数据麻烦多了。硬盘老兄，你要小心一点，如果操作不当，则很容易出乱子。"

　　我心想，内存这次没坑我，这操作确实有点复杂，读数据的时候还行，如果是修改，尤其是删除，就很容易出事。例如，想删除上面的文件 /tmp/Test.log，需要这些步骤：

（1）在目录中删除文件。

（2）释放 inode 到空闲的节点池，这样可以复用。

（3）将磁盘块释放到空闲的磁盘块池。

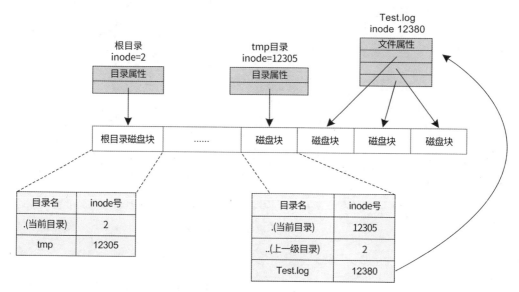

图 1-24　文件的查找过程

在操作某一步的时候出现系统崩溃，那我的这些目录和文件就凌乱了，可能会出现空间无法释放的情况。

老大说："这确实比较麻烦，不过也能解决，听说过数据库是怎么办的吗？记录日志！"

"就是把要做的事情记录下来？"

"是的，在操作之前，记录要做的事情，形成日志，把他们成功写入磁盘以后再正式动手操作。你想想，如果执行到某一步崩溃，系统重启时检查日志项，就知道哪些没做、哪些已经做了，对于没做的事情，重新做一遍就是了。"

其实说得很轻松，实施起来还是挺难的，重新执行就意味着那些操作一定可以重复执行，并且不会带来破坏。

【注：这叫作日志（Journal）文件系统】

管理空闲块

目录和文件的存储问题解决了，接下来我需要一个大管家，把那些没有使用的、空白的、数量上亿的磁盘块管理起来，只有这样，新的文件到来的时候，才能分配空间存储。

操作系统老大给我推荐了两位。第一位主张链式大法好，无非就是把空闲磁盘块组成一个链表（又是链表）。但是我在心里盘算了一下：如果磁盘块号是 32 位的，那么每个块都得花费我 32 位的空间；如果我有 5 亿个空闲块，那仅仅为了记录他们就要占用接近 2GB 的磁盘空间！这浪费可是有点大啊！

第二位主张位图法，这种方法更简单，对于每个磁盘块，如果已经被使用，就标记为 1；没被使用就标记为 0。这样，整个磁盘块就形成了一幅由 0 和 1 组成的位图（见图 1-25）。

0	1	0	0	1	1	0	0	0	0
1	0	1	1	1	1	0	0	1	0
0	1	1	0	0	1	0	1	1	0
0	1	0	0	1	1	0	0	0	0

图 1-25 位图

由于每个磁盘块只用一个"位"（bit）来表示，非常节省空间，这个方案我喜欢！

文件系统

从你们人类的角度来看，每天所使用的就是一个包含文件和目录的树形结构，你们可以打开文件、读取文件、删除文件……轻松而方便。但是我们的操作系统老大必须考虑怎样高效地实现这么一个结构，他必须综合考虑上面所说的各种各样的实现方法，把他们都良好地组织起来，形成文件系统的内部布局。文件系统有很多种类，比如 NTFS、FAT、Ext2、Ext3 等。今天以 Linux Ext2 为例给大家看看文件系统在我这块硬盘上是如何布局的（见图 1-26）。

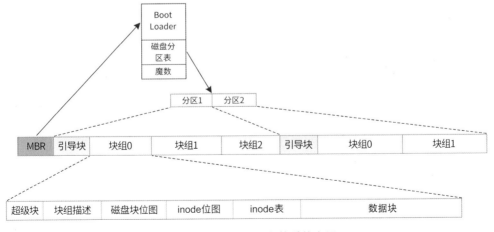

图 1-26 Linux Ext2 文件系统布局

我这块硬盘主要由 MBR（Master Boot Record）和各个磁盘分区组成。

MBR 中有引导代码和磁盘分区表；分区表中记录了每个分区的起始位置，以及哪个磁盘分区是活动分区，这样系统就会找到它，然后装载这个分区中的引导块，并执行之。

每个分区除必需的引导块之外，又被分成多个块组。

块组中的超级块中包含了一些重要的信息，如磁盘块总数、每个磁盘块的大小、空闲块个数、inode 个数等。

由于超级块非常重要，所以早期的 Ext2 文件系统会把它和块组描述在每个块组中都放一个副本；后来为了节省空间，我才允许只把它们（超级块 + 块组描述）放到部分特定的块组中。

你能看到熟悉的磁盘块位图和 inode 位图，不用解释，估计你也知道是干什么的。

还有 inode 表（用于存放文件和目录的 inode）和真正的数据块。

我是一个键盘

二等公民

这个世界是存在阶级歧视的，我确信。

很明显，CPU 和内存是一等公民，这对好朋友占据着二环内最核心、最金贵的土地，居高临下对外发号施令，从各处"抢劫"二进制数据到自己的地界来。

其他的都被归类到二等公民，居住在五环以外，统称为输入 / 输出（I/O）设备。

有些设备居无定所，通过 USB 临时接入计算机，待个三五天就走，是典型的"北漂"。

对了，我必须说明一下，硬盘的地位有点特殊，虽然它也是一个 I/O 设备，但是它存储着所有的程序和数据，包括操作系统老大！

虽然经常被 CPU 和内存嘲笑，但硬盘应该属于 1.5 等公民，住在三环以里。

我是一个键盘，和我的兄弟鼠标一样，是一个典型的输入设备，像我这样的 I/O 设备多如牛毛，比如显卡、声卡、网卡、打印机、扫描仪、CD-ROM 等。

操作系统老大把我们这些二等公民笼统地划分为两类：块设备和字符设备。

硬盘、CD-ROM、U 盘是典型的块设备，数据存储在固定大小的块中，每个块都有一个地址，就像门牌号那样。

像我、鼠标、打印机很明显就是字符设备，哪有什么块结构？就是由一个个字符组成的流而已，也没有什么地址。

还有一种分法是存储设备（硬盘）、传输设备（网卡、调制解调器）、人机交互设备（我、鼠标、显示器）。不管怎么划分，我们二等公民的身份都无法更改，也住不到二环去，因为那里的房价实在太高了。

夜深人静的时候，我和二等公民朋友经常探讨这个经久不衰的问题：咱都是人，为啥就住不到二环去？

鼠标说："这都是命啊，计算机刚发明的时候，只有最基本的计算功能和存储功能，哪有什么显卡、声卡、网卡？ CPU 和内存的祖先占据了二环，并且一直在那里经营至今，现在都不知道是多少代了。"

我说："唉，也是，我们的祖先还是出现得晚了，没有占据好地界。"

网卡说："这是不对的，关键是我们没本事，干不了 CPU 的活儿。"

"那算啥，我的 GPU 运算速度已经很厉害了，很多超级计算机还用我做运算部件呢，知道不？"显卡说。

鼠标说："别想那么多，其实二环生活也不轻松，你看看一开机，CPU 阿甘和内存就忙得不可开交，累得要死。像我和键盘，尤其是你键盘，除了码农写程序，半天都不用一下，还是知足吧。"

我说："这你就只知其一，不知其二了。你知不知道有一种叫游戏的东西？人类玩游戏的时候，我键盘上的几个键经常被敲得生疼，让我心疼得不得了。"

总线和端口

虽然我们是住在五环外的二等公民，但是 CPU 还得和我们打交道。那 CPU 是怎么和我们联系的呢？

一种办法就是在 CPU 和每个 I/O 设备之间都扯一根线，有多少个设备就扯多少根线，组成一个以 CPU 为中心的星形布局。很明显，这样做太麻烦了，尤其是来了新设备怎么办？难道要让人类把机箱打开，再手工扯一根线？

后来我们采用了"总线"这个概念，大家都挂到这条"总线"上，CPU 想找谁了，就在上面吼一声（见图 1-27）。

当然，这种方式也有缺点，当一个人在总线上吼叫的时候会霸占总线，其他人都得等待。

还有这么多设备，CPU 怎么知道谁是谁？

首先肯定得给每个设备编号，比如硬盘（更准确的说法是硬盘控制器）的编号是 0x320，图形控制器的编号是 0x3D0，这个编号就被称为 I/O **端口**。

有时候 CPU 会更懒，他和内存商量好，把我们这些 I/O 端口映射到内存中去，这样
CPU 访问我们的时候，就像访问内存地址一样，称为**内存映射** I/O（见图 1-28）。

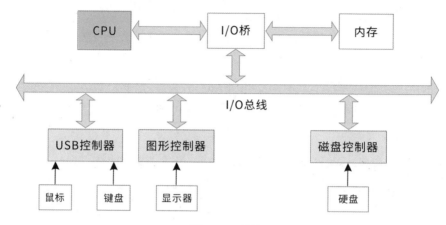

图 1-27　总线

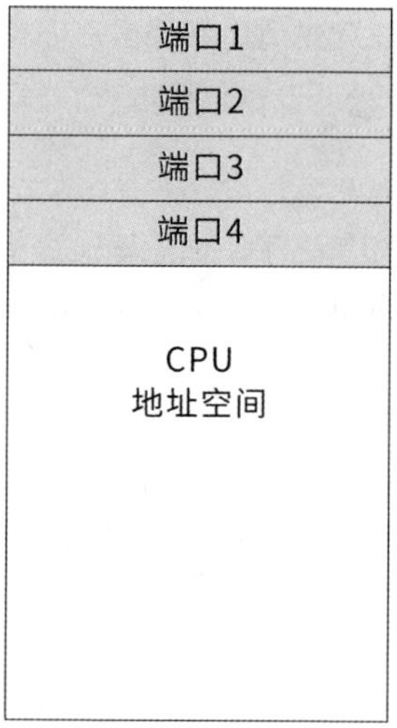

图 1-28　内存映射 I/O

轮询（程序式 I/O）

现在 CPU 知道了我们在哪儿，还知道了我们的编号，接下来就可以和我们通信了。

这时候，我们又遇到了那个计算机系统的经典老问题：CPU 的运行速度太快，而我们
I/O 设备的运行速度太慢。毕竟机械设备的速度是无法和电子设备相媲美的。

比如，有一个进程要读取硬盘上的文件，CPU 代表该进程向磁盘控制器发出指令。

CPU：硬盘，硬盘，把你第 1 023 689 号磁盘块的内容给我拿过来。

硬盘：收到，收到。

CPU：弄好了没有？

硬盘：还没有。

CPU：弄好了没有？

硬盘：还没有，还没有。

CPU：到底弄好了没有？快点！

硬盘：都说过没弄好了！

CPU：弄好了没有？

硬盘：@#￥%……&&

CPU 一直霸占着总线，不厌其烦地问硬盘弄好了没有，别的啥事儿也不做，这叫作轮询，或者叫作程序控制的 I/O。

由于 CPU 的运行速度比硬盘快百万倍，所以很明显，CPU 被浪费了，他的大好时光都花费在询问上了。

中断

大家都觉得这样不合适，因为 CPU 忙着和硬盘"卿卿我我"，把别的 I/O 都抛弃了，像我、鼠标即使有什么数据等着 CPU 读取，他也不搭理我们。

在我们的抗议下，CPU 改变了做法。

CPU：硬盘，硬盘，把你第 1 023 689 号磁盘块的内容给我拿过来，你弄好了以后告诉我一声。

硬盘：我怎么告诉你啊？

CPU：我有一条中断请求线，你弄好了可以往这个地方发信号，我每执行完一条指令都会去检查。

硬盘：好的。

（CPU 干别的事儿去了，当前进程 A 阻塞，另一个就绪的进程 B 开始执行）

过了不知道多少纳秒……

硬盘：CPU，数据好了，赶紧过来取走。

CPU：稍等，我把当前的进程 B 给保存了，然后就去处理。

（CPU 执行中断处理程序，读取数据……）

这就是"中断"方式。有了中断以后，这些平时不怎么露面的 I/O 设备都跳出来抢着发中断，"调戏"CPU。CPU 乱成了一团，系统也乱成了一团。

CPU 不胜其烦，后来找了一个叫中断控制器的家伙专门负责协调。这家伙确实厉害，一上场就说：

"只有我才能给 CPU 发中断，你们的中断请求统统发给我，我来裁决谁的优先级高，谁能'调戏'CPU。"

这样一来，世界清净了。

【注：这种"中断"的方式其实就是一种异步的、事件驱动的处理思想，在计算机软、硬件上应用非常广泛，如 Node.js、AJAX 等】

DMA

但是我知道，CPU 和内存才是系统的核心，CPU 运算时只认内存这个好朋友，所以，所有的数据，不管是谁产生的，不管是 1.5 等公民硬盘，还是二等公民键盘、鼠标等，都得搬到内存中。

这就给我们带来了一个挑战：数据的搬运。

中断的方式对于小数据量传输是有效的，像我是一个键盘，每次你按下一个键以后，我就会发出一个中断告诉 CPU，CPU 就能发出指令，把这个键对应的字符搬到内存中。

但是对于大数据量传输，尤其是像硬盘这样的，CPU 还得花费大量的时间和精力不断地发出指令，让磁盘控制器把数据从硬盘搬到内存中，这相当于又陷入了程序式 I/O 的陷阱。

对于类似这样的情况，我们也有办法处理，就是使用一个 DMA 控制器。使用这个专用的处理器进行 I/O 设备和内存之间的直接数据传输，脏活、累活都被这个 DMA 给包了。

CPU：硬盘，硬盘，把你第 1 023 689 号磁盘块的内容发送到内存的 xyz 地址去，弄好了告诉我，我去干别的事儿了。

硬盘：好嘞！DMA，我这儿有数据要传输，数据共有 4096B，要传输到内存的 xyz 地址去。

DMA：没问题！

DMA 控制器开始吭哧吭哧地干活，把这 4096B 复制到 xyz 地址。

DMA：CPU，数据已经在内存中了，可以用了。

CPU：怪不得刚才有时候我没法使用总线，是不是你小子霸占着啊？

DMA：我不用总线怎么搬运数据到内存中？我也没有挪用几个时钟周期啊。再说了，你还能使用你的一级缓存和二级缓存呢。

CPU：好吧，看在你帮我干了这么多脏活、累活在份儿上，就算了吧。

数据库的奇妙之旅

无纸化办公

小李是这所大学计算机科学与技术系（以下简称"计科系"）的知名学生，他的编程能力了得，使用 Pascal 炉火纯青，这都是高中期间参加全国青少年信息学奥林匹克竞赛打下的底子，虽然没有获过奖，但在 20 世纪 80 年代末 90 年代初很多人都不知道计算机是何物的时候，人家就可以在上面写程序了，非常让人敬佩。

所以一入学，辅导员就找到小李，让他帮忙给系里开发一个信息系统，记录系里的学生信息、课程信息，还有选课，这样就可以实现无纸化办公了。

小李觉得这只是一个基于命令行的程序，无非是增、删、改、查，就满口应承下来，然后祭出 Pascal 大法，准备大干一场。

辅导员把相关的资料也送来了，这学生信息无非是 [学号, 姓名, 性别, 入学日期, 班级, 地址]，课程信息也就是 [课程号, 课程名, 授课老师]，选课是 [学号, 课程号, 成绩]。

有了基本的数据结构，小李决定用三个独立的文本文件来存储这些信息。比如，Student.txt 文件中的内容如图 1-29 所示。

```
学号   ，  姓名  ，  性别  ，    入学日期  ，    班级，  地址
001   ，  李风  ，  男   ，    1990-9-1  ，    90-1, xxxxxx
030   ，  王丽  ，  女   ，    1991-9-1  ，    91-1, xxxxxx
123   ，  赵娜  ，  女   ，    1990-9-1  ，    90-3, xxxxxx
```

图 1-29　Student.txt 文件中的内容

第一行是表头，其他行是内容，都用逗号分开。

其余两个文件的格式和这个文件差不多。

编程工作进展得非常顺利，最重要的部分无非就是用 Pascal 读 / 写文件而已，一周不到就完工了，现在的程序架构如图 1-30 所示。

这个单机版的信息系统就这么运行起来了，效果还不错。

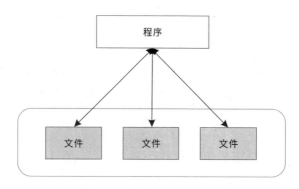

图 1-30　简单的文件数据库

数据的冗余和不一致

商学院的李主任听说计科系有了这么一个系统，不由得也打起主意来。辅导员就让小李用软盘复制了一份过去，商学院也顺利用起来了。

可是有些计科系的学生到商学院去选修经济学的课程时，发现还得再输入一遍学生信息，这实在太烦人了。

小李也没办法，毕竟这是两套系统，只有采用土办法，把计科系的 Student.txt 文件复制一份到商学院。

这样一来，数据的重复难以避免了，更有可能出现数据不一致的地方，比如地址信息在计科系改了，但在商学院没改。

后来辅导员说数学系自己也搞了一个类似的系统，不是用 Pascal 而是用 C 语言写的，数据格式和小李定义的还不一样，小李想把 Student.txt 文件复制过去也不可能。

小李想，如果学校所有的院系都用这么一套系统就好了。其实学校领导也看到了这个问题，只是现在的校内局域网还没有建立起来，大家用同一套系统并不现实。

李氏查询

到了期末，计科系和商学院的老师纷纷给小李打电话：

"小李，我想统计一下这个学期操作系统课有哪些人没及格、多少人的成绩在 80 分以上，你能帮忙弄弄吗？"

"小李，我想算一下经济学课的平均分，能不能用程序实现一下？学生太多了，手工算太麻烦了。"

……

为了应付这些"变态"的需求，小李在假期里几乎没怎么休息，不停地用 Pascal 写各种各样的功能。

可是这种需求似乎无穷无尽，总结一下，无非就是对这些文件进行各种各样的查询而已。

难道让老师们直接去文件中查找和计算吗？显然不行。

小李想起了一句话："所有计算机的问题都可以通过增加一个中间层来解决。"

那提供一个中间层吧，把物理层（文件层）屏蔽掉，让老师们在这个中间层上用自己熟悉的术语进行查询。

中间层上要有逻辑的数据结构，其实就是这些东西：

学生信息：[学号, 姓名, 性别, 入学日期, 班级, 地址]

课程信息：[课程号, 课程名, 授课老师]

选课：[学号, 课程号, 成绩]

小李决定把这些东西称为"**表**"，其中的每一项称为"**列**"（或者叫作"**字段**"/"**属性**"），每一列都有**类型**，如字符型、日期型、数字型等。

查询是用类似这样的语句进行的：

```
SELECT    学号, 姓名
FROM      学生信息
WHERE     入学日期 ='1991-9-1'
```

想把几张表连接起来查询也可以：

```
SELECT  学号, 姓名, 课程名, 成绩
FROM    学生信息 s, 课程信息 c, 选课 sc
ON      s. 学号 =sc. 学号  AND c. 课程号 =sc. 课程号
WHERE   课程名 =' 操作系统 '  AND 成绩 <60
```

很明显，小李需要写一个解析器，把这样的语句变成内部对文件的操作。还好小李有编译原理的基础，努力一下还是能写出来的。

小李把查询规则给各位老师做了一个简单的培训，从此以后，只要不是超级复杂的查询，老师们自己就搞定了，再也不用麻烦小李了。

无心插柳柳成荫，小李忽然发现，自己的程序也可以调用这样的逻辑层来编程，也不用直接操作文件了，简化了很多（见图 1-31）。

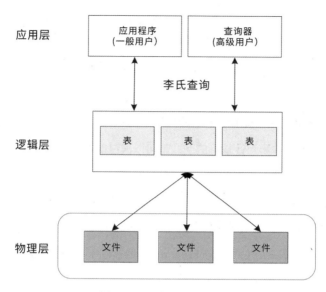

图 1-31　增加一个逻辑层

小李得意地把这套查询称为"李氏查询"。李氏查询用起来简便、快捷，最大的好处是用户完全不用考虑物理层的那些文件的结构，只需要关注逻辑层的"表"就可以了。

【注：其实就是著名的 SQL】

可是小李一直隐隐地觉得不安，不知道这种查询方式有没有漏洞，后来看到埃德加·弗兰克·科德 的论文 "*A Relational Model of Data for Large Shared Data Banks*（大型共享数据库的关系模型）"，这才明白，其实这就是所谓的关系模型，其背后有着坚实的数学基础，肯定是没有问题的。

有了一个中间的逻辑层，还带来了一个额外的好处：现在小李可以对物理层的文件存储进行一些优化。为了加快访问速度，小李不再采用简单的逗号分隔的文件，还增加了索引、缓存、查询优化等手段。

由于有中间层的存在，所以这些变化对应用层没有什么影响。

并发访问

校园的局域网很快就建立起来，原来单机的软件纷纷转为支持网络访问的系统。学校为了统一各系的信息系统管理，要从现有的系统中择优选择一个，升级成局域网可访问的，然后在全校扩展。

小李的系统和数学系的、电子系的系统一起竞争，相比而言，数学系的系统采用了网状结构，电子系的系统采用了层次结构，但无论是哪种结构，使用者都需要在知道精确的内部结构以后才有可能进行查询，相比"李氏查询"实在太过烦琐。小李的系统以很大的优势胜出。

小李刚学会了 C 语言，觉得这种语言更加贴近硬件，效率更高，更适合写这些"系统级"的软件，于是决定保留之前的设计，然后用 C 语言重写。

当然，不仅仅是重写，还包含了重要的功能增强：网络访问，从单机软件变成了客户端 - 服务器结构（C/S）的软件（见图 1-32）。

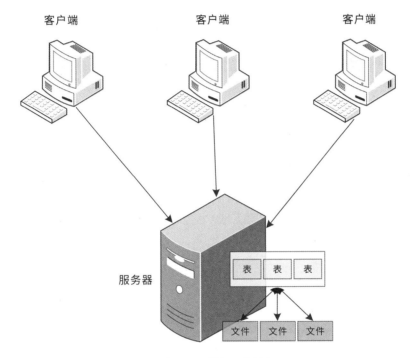

图 1-32　增加网络访问

学校购买了一台性能强劲的 IBM 服务器作为服务全校的中心数据节点，小李的软件被部署在上面。想着自己的软件被这么多教职工使用，小李觉得很有成就感。

可是小李很快就发现网络版软件的复杂度要远远超过单机版，这不，马上就有老师爆出了一个超级大问题。

王老师对一名学生的地址进行了更新，张老师对另一名学生的地址也进行了更改，后来发现王老师的修改不见了，这是怎么回事儿？

小李看了代码，很快就发现，在单机版的时候，原来的操作都是基于整个文件的：读入文件内容，进行修改，然后写入文件。很明显，王老师的修改在前，张老师的修改在后，王老师的修改被覆盖了。

真是一个严重的问题！恰逢周末，小李赶紧通宵达旦地修改，升级系统，把基于文件的操作改成基于行的操作：每个人的修改只影响这一行。

小李觉得这样应该没问题了，可是很快就发生了两个人对同一行的修改：

电子系的账户有 1000 元，刘老师支取了 300 元，金老师支取了 200 元，最后账户的余额竟然是 800 元！ 实际应该是 500 元。

这是一个极为严重的错误，系统被迫停止了几天，专门来修复这个问题。

一种解决的办法就是给这一行加锁，在刘老师读取了 1000 元，扣除了 300 元，并且把 700 元写回数据库之前，不允许金老师操作，这样就不会乱了。

原子性问题

小李找了几位同学，仔细地审查了程序，确保一些重要的更新操作都有行锁，这才稍微松了一口气。

可是一次非常偶然的系统故障又暴露了一个从来没有想过的大问题：

当时电子系的账户有 1000 元，数学系的账户有 2000 元，电子系要给数学系转账 200 元，系统先扣除了电子系账户的钱，余额变成了 800 元，正要往数学系账户上增加 200 元的时候，系统出现了故障，崩溃了。

重启以后，就发现电子系的账户余额是对的，可是数学系的账户余额还是 2000 元，那 200 元丢了！

很明显，转账这个操作必须是原子的：要么全部发生，要么根本不发生。

小李决定把类似这样的操作叫作"事务"，但是怎么实现呢？

由于需要考虑极端的情况，如断电，这个要么不做、要么全做的"事务"实现起来非常困难。

小李没有办法，只好去找系里研究数据库的张教授，向他大倒苦水。

张教授笑着说："你算找对人了，我最近也在研究这个'事务'，我们可以用一个叫作'Undo'日志的方式来实现它。"

"Undo 日志？"

"就是说，在执行真正的操作之前，要先记录数据项原来的值。还拿你那个转账的例子，我们把这个事务命名为 T1，在做真正的转账之前，一定要先把这样的日志写入日志文件中。"

张教授顺手写下了两行文字：

[T1, 电子系原有余额 ,1000]

[T1, 数学系原有余额 ,2000]

"如果事务执行到一半就断电了，那数据库重启以后我就根据 Undo 日志文件进行恢复。"张教授说道。

"如果系统恢复的过程中又断电了，还得再次恢复，那数据岂不变得一团糟？"小李对断电心有余悸。

"你仔细想想，即使我把电子系的账户余额和数学系的账户余额恢复了 100 次，会有什么结果？"

"如果每次都试图把电子系的账户余额设为 1000 元，数学系的账户余额设为 2000 元，那么做多少次都没问题，因为它俩原来的余额就是那么多！"小李恍然大悟。

"这就叫作操作的**幂等性**。我可以一直做恢复，恢复过程中断电也不怕，只要把恢复做完就行。"张教授看到时机一到，立刻上升为理论。

"恢复数据的时候，怎么才能知道一个事务到底有没有完成呢？"小李接着问道。

"这是一个好问题。Undo 日志文件中不仅仅有余额，事务的开始和结束也会记录，像这样：

[开始事务 T1]

[T1, 电子系原有余额 ,1000]

[T1, 数学系原有余额 ,2000]

[提交事务 T1]

如果我在日志文件中看到了 [提交事务 T1]，或者 [回滚事务 T1]，我就知道这个事务已经结束，不用再去理会它了，更不用去恢复。如果我只看到 [开始事务 T1]，而找不到提交或回滚，那我就得恢复。比如下面这样：

[开始事务 T1]

[T1, 电子系原有余额 ,1000]

[T1, 数学系原有余额 ,2000]

特别是，我恢复以后，需要在日志文件中补上一行 [回滚事务 T1]，这样下一次恢复我就可以忽略 T1 这个事务了。"张教授补充道。

事务日志确实是一个好主意，但是，小李突然想到一个棘手的问题："张老师，事务日志也是一个文件，如果日志还没有写入文件就断电了，那岂不和普通的数据文件一样，全乱了？"

张教授看了小李一眼，心想这孩子的悟性不错。

他接着说："其实也很简单，只要你遵循两条简单的规则就行了。第一，在你把新余额写入硬盘的数据文件之前，一定要**先把对应的日志写入硬盘的日志文件**。例如 [T1，电子系原有余额，1000] 一定要在电子系的新余额 800 元（1000-200）写入硬盘的数据文件之前。

第二，[提交事务 T1] 这样的 Undo 日志记录一定要在所有的新余额（电子系的新余额 800 元，数学系的新余额 2200 元）写入硬盘之后再写入。"

小李开始琢磨起来，遵循第一条规则，如果日志都没有写入硬盘，那数据自然不会写入硬盘，相当于什么都没做，什么影响都没有；如果日志写入了硬盘，那就可以恢复数据了。

遵循第二条规则，[提交事务 T1] 在断电时有可能没有写入硬盘，但是没问题，系统会在恢复时认为事务没有提交，就会恢复余额，万事大吉。

好，就按照这个思路来吧！

小李对张老师表示了衷心的感谢："谢谢张老师给我指了一条明路！我回去就按照这个思路把事务给实现了！"

安全

有一天，系主任找到小李，提出了一个全新的问题：

"小李，能不能添加一点权限控制？比如，系里的财务状况只能我和财务人员知道，现在每个人都可以查询，这成什么样子？"

小李心想确实是这样的，一个没有权限控制的系统是非常危险的，尤其是随意删除，那还了得？！

赶紧加上一个权限控制系统！小李想了想，先定义三大类权限：

（1）对数据操作的，如 SELECT、UPDATE、INSERT 等。

（2）对结构操作的，如创建表、修改表等。

（3）做管理的，如备份数据、创建用户等。

然后就可以把这些权限赋予某个用户了。很多时候，还需要把表附加上，像这样：

GRANT SELECT on 财务表 to 系主任

GRANT CREATE_TABLE to 张老师

【注：这里模仿了 MySQL】

解决了如此多棘手的问题以后，小李的信息系统已经非常复杂了。实际上，这个系统的中间层完全可以剥离出来，形成一个完整的软件，小李把它称为**数据库**（见图 1-33）。

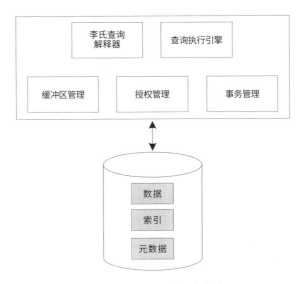

图 1-33　最终的数据库版本

【注：本文只是概要地介绍了数据库的原理，真正的数据库实现要复杂得多】

搞清楚Socket

张大胖研究 TCP/IP 已经有一段时间了。

他终于明白了，所谓 IP 层，就是把数据分组从一台主机跨越千山万水搬运到另一台主机，并且这搬运服务一点都不可靠，丢包、重复、失序可以说是家常便饭，怪不得说是"尽力而为"，基本上无所作为。

脏活、累活只好让 TCP 来做了，在两台主机的应用（进程）之间通过失败重传来实现可靠性的传输。

张大胖经常感慨：建立一个 TCP 连接可是相当的复杂，我的程序得先跟远端的服务器打个招呼，然后它再跟我打个招呼确认，我还得再跟它确认一下。具体的传输就更麻烦了，什么滑动窗口，什么累积确认、分组缓存、流量控制，简直不是人做的事情。

到了断开连接的时候，还得考虑友好分手！

可是领导竟然让张大胖用这个超级复杂的 TCP 协议来编程，设计一个客户端和服务器端的通信系统。

张大胖掂量了一下自己，觉得肯定搞不定，于是赶紧向自己的好朋友——编程大神 Bill 求救。Bill 在电话里说："这很简单啊，你去看看 TCP/IP 协议的 RFC，然后用 C 语言编程实现不就行了吗？"

张大胖心想，这等于啥也没说，继续"跪求"。

Bill 终于说："等着吧，我下周给你。"

周一，Bill 果然带着七八张软盘来找张大胖了。他把软盘中的程序分别复制到两台电脑里，一台模拟客户端，另一台模拟服务器端。很快，程序运行起来了，两台电脑可以通过 TCP 通信了。

张大胖崇敬地问道："大神，你是怎么做到的？"

Bill 说："TCP 协议的确很复杂，我们不能要求每个程序员都去实现建立连接的三次握手、累积确认、分组缓存，这些应该属于操作系统内核的部分，没必要重复开发。但是对于应用程序来讲，操作系统需要抽象出一个概念，让上层应用去编程。"

"什么概念？"

"Socket。"

"为啥叫 Socket？"

"一个比喻而已，就像插座一样，一个插头插进插座，建立了连接。实际上，这个连接有两个**端点**，每个端点就是一个 Socket（见图 1-34），即（客户端 IP, 客户端 Port),（服务器端 IP, 服务器端 Port)。对了，Port 就是端口，通俗地讲就是一个数字而已。"

【注：此处 Socket 的定义来自 RFC 793: Transmission Control Protocol】

"好像不用 Port 就可以吧，因为我们这是两台机器之间的通信，只有 IP 是不是就够了？"张大胖有点不明白。

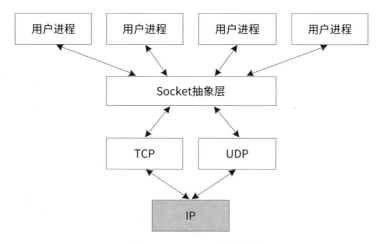

图 1-34　Socket 抽象层

Bill 说："看来你忘了，**TCP 是两个进程之间的通信**，客户端上可以有很多进程同时访问多个服务器，服务器上也有多个进程对外提供服务，肯定要区分开。"

"那我可以用进程号来区分啊！"张大胖有点不服气。

"我来给你举个例子，假设客户端和服务器端都用进程号来通信，（客户端 IP, 客户端进程号, 服务器端IP, 服务器端进程号），看起来是没有问题的，但是**进程号是一个动态的东西，如果服务器端的进程重启了，进程号就变了**，现有的这些连接怎么办？还有，进程号变化了，服务器端怎么让大家都知道新的号码呢？"

张大胖不好意思地说："明白了，进程是动态创建和销毁的，客户端其实是难以识别服务器端的进程号的。"

"是的，服务器端都是被动访问的，所以大家需要知道它提供服务的端口号，要不然怎么连接？例如 80、443 等，就是所谓的知名端口号。这个端口号就像一扇门，服务器端的进程就在这扇门后面监听，等待客户端的连接。"

"那客户端的端口号呢？"

"客户端就简单了，操作系统可以自动分配一个端口号，只要不和别的应用冲突即可。"

张大胖问道："那具体怎么使用你的 Socket 来编程呢？"

"这要分为客户端和服务器端，两者不一样。对客户端来讲很简单，你需要先创建一个 Socket，然后向服务器发起连接，连接上以后就可以发送、接收数据了。你看看下面这段伪代码。"

代码清单 1–1　Socket 客户端伪代码

```
clientfd = socket(...);
connect(clientfd, 服务器的IP和Port, ...);
send(clientfd, 数据);
receive(clientfd, ...);
close(clientfd);
```

"抽象以后果然不一样，那些烦人的细节都被隐藏了，只剩下一些概念性的东西，用起来很清爽。这个 clientfd 我猜就是一个像文件描述符那样的东西吧？打开文件就会有一个。"

"对的，很好的类比。注意，在上面的伪代码中，没有出现客户端的 IP 和端口，系统可以自动获得 IP，也可以自动分配端口。还有，看到那个 connect 函数没有？它其实就在和服务器发起三次握手呢。"

"那服务器怎么响应？"

"服务器端要复杂一些。你想想看，第一，服务器是被动的，所以它启动以后，需要监听客户端发起的连接；第二，服务器要应付很多的客户端发起连接，所以它一定要把各个连接区分开来，要不就乱了套了。伪代码是这个样子的。"

代码清单 1-2　Socket 服务器端伪代码

```
listenfd = socket(...);
bind(listenfd, 服务器的IP和知名端口如80, ...);
listen(listenfd,...);
while(true){
    connfd = accept(listenfd, ...);
    receive(connfd, ...);
    send(connfd, ...);
}
```

张大胖说："果然复杂多了！ listenfd，从名称看就是为了实现监听而创建的 Socket 描述符吧。bind 是干什么的？我猜是为了声明我要占用这个端口，你们都别用了。 listen 函数才真正开始监听了。慢着，接下来是一个死循环啊，对，服务器端一直提供服务，永不停歇。可是这个 accept 是干什么的？为什么使用了 listenfd，然后返回了一个新的 connfd？"

Bill 满意地说："不错，只要思考就有进步。可是你忘了我刚说的东西，服务器要区分各个客户端，怎么区分呢？那只有用一个新的 TCP 连接来表示了，你看后面的操作都是基于 connfd 来实现的（见图 1-35）。还有，这个 accept 相当于和客户端的 connect 一起完成了 TCP 的三次握手。至于之前的 listenfd，它只起到一个大门的作用，意思是说，欢迎敲门，进门之后我将为你生成一个独一无二的 Socket 描述符。"

"有道理，大神果然是大神，考虑得非常全面。不过似乎有一个漏洞，你一开始说 Socket 指的是 (IP, Port)，现在你已经有了一个 listenfd 的 Socket，端口是 80，每次客户端发起连接还要创建新的 connfd，因为 80 端口已经被占用了，难道服务器端会为每个连接都创建新的端口吗？ "

"你小子还真是开窍了啊，"Bill 说，"其实新创建的 connfd 并没有使用新的端口，用的也是 80 端口。可以这么理解，这个 Socket 描述符指向一个数据结构，如 listenfd 指向的结构如下面的表格所示。"

	客户端 IP	客户端 Port	服务器端 IP	服务器端 Port
listenfd	*.*	*	192.168.0.1	80

"而一旦接收新的连接，新的 connfd 就会生成，像下面的表格就生成了两个 connfd，它们服务器端的 IP 和 Port 都是相同的，但是客户端的 IP 和 Port 是不同的，自然就可以区分开了。"

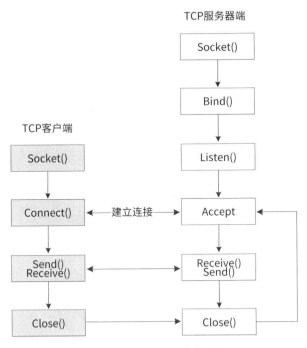

图 1-35 Socket 建立连接

	客户端 IP	客户端 Port	服务器端 IP	服务器端 Port
listenfd	*.*	*	192.168.0.1	80
connfd1	192.168.1.10	13637	192.168.0.1	80
connfd2	192.168.1.9	23697	192.168.0.1	80

张大胖说："唉，原来底层做了这么多工作啊，看来 TCP 的连接必须得通过（客户端 IP，客户端 Port，服务器端 IP，服务器端 Port）来确定。"

"是啊，TCP/IP 协议栈是一个非常重要、非常核心的软件！"

【注：文中提到的 Bill 是向 Bill Joy 致敬，他是一名天才程序员，其主要工作包括 BSD UNIX 操作系统、实现 TCP/IP 协议栈、vi 编辑器、C Shell、NFS、SPARC 处理器、JINI 等】

当年，DARPA（美国国防部先进研究项目局）和一家叫作 BBN 的公司签署了一份合同，要把 TCP/IP 协议加入 Berkeley UNIX 中。当研究生 Bill Joy 看到 BBN 写的 TCP/IP 实现时，觉得非常差劲，拒绝把它加入内核，后来干脆自己实现了一个高性能的 TCP/IP 协议栈，这个协议栈至今仍是互联网的基石。

别人问他是怎么实现这么复杂的软件的，这位大神说："很简单啊，你只需要看看协议，然后把代码写出来就行了。"

从1加到100：一道简单的数学题挑战一下你的大脑

所谓编程，就是把自然语言的需求翻译成计算机语言，让计算机去执行。对于刚入行的人来说，理解 CPU 和内存是怎么在一起工作的，绝对是基础中的基础。

CPU 和内存

如果我们简化一下，那么 CPU 和内存其实特别简单。内存就是一个个小格子，每个格子都有一个编号，这个编号被称为内存的地址，格子中的数据可以被 CPU 所读 / 写。

CPU 内部的构造超级复杂，但我们这次只关注两样东西：运算器和寄存器（见图 1-36）。

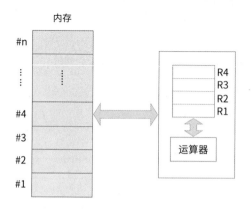

图 1-36　CPU 和内存

运算器可以进行各种运算，但是有一个限制，即这个运算器不能直接操作内存进行运算，它在运算时使用的是内部的数据格子（学名叫寄存器，英文是 Register）。为了区分开，我把它们叫作 R1,R2,R3,R4，假设只有这么 4 个，统称 Rx。

CPU 必须把数据装载到寄存器中才能进行运算。

CPU 的运行速度快得丧心病狂，但是它能做的事情却简单得令人发指，主要有以下 4 种：

（1）从内存的某个格子中读取数据，放入自己内部的寄存器 Rx。

（2）把 Rx 中的数据写入内存的某个格子中（会覆盖原有数据）。

（3）进行数学运算和逻辑运算。

（4）根据条件进行跳转。

数学运算就是加减乘除，逻辑运算就是 AND、OR 这样的基本运算，没接触过的读者暂时可以不用深究。

根据条件进行跳转就是从一条指令跳转到另一条指令，下文会详述。

从 1 加到 100

现在我们试图用一个例子来揭开 CPU 和内存的神秘面纱，这个例子就是把 1, 2, 3, 4, …, 97, 98, 99, 100 这 100 个数字加起来。

如果你看过数学王子高斯小时候的故事，那自然很简单，不就是 $101 \times 50 = 5050$ 吗？

作为码农，我们需要用上面的简化计算机来解决这个问题：我们需要精确地给 CPU 发出指令，让它去完成这个加法运算。

切记：内存只是一个个可以读 / 写的格子，CPU 简单到只能做上面描述的 4 件事情。

热身

在正式开始之前，我们先来热身，把你的思维切换一下，用这个"简陋的"计算机计算一下 $50 + 60$。我们需要给 CPU 发出如下这些指令。

指令 1：把数字 50 放到编号为 #1 的内存格子里。

指令 2：把数字 60 放到编号为 #2 的内存格子里。

指令 3：把格子 #1 中的数字取出来，暂时放到 CPU 内部的寄存器 R1 中。

指令 4：把格子 #2 中的数字取出来，暂时放到 CPU 内部的寄存器 R2 中。

指令 5：把 R1 和 R2 的值相加，把结果放到 R1 中。

指令 6：把 R1 的结果放到编号为 #1 的内存格子里。

真是不容易啊，因为 CPU 不能直接操作内存进行加法操作，所以需要把数据在内存和 CPU 之间搬来搬去，最后才完成了这么一个简单的运算。

【注：实际上 CPU 支持把一个寄存器的值和内存的值进行加法操作，我们为了简化，假设不支持，强迫它们必须把两个数从内存加载到寄存器才能相加】

正式出发

热身完毕，正式出发！

回到那个从 1 加到 100 的题目，我们的指令如下所示，CPU 需要依次执行（除非遇到跳转指令），直到结束。

指令 1：把数字 0 放到编号为 #1 的格子里。

指令 2：把数字 1 放到编号为 #2 的格子里。

指令 3：把格子 #1 中的数字取出来，放入 CPU 寄存器 R1（ R1 的初始值为 0 ）。

指令 4：把格子 #2 中的数字取出来，放入 CPU 寄存器 R2（R2 的初始值为 1）。

指令 5：把 R2 的值和 100 比较，如果小于等于 100，则执行第 6 条指令；否则执行第 9 条指令。

指令 6：把 R1 和 R2 的值加起来，把结果放入 R1。

指令 7：把 R2 的值加 1。

指令 8：跳转到第 5 条指令。

指令 9：把 R1 的值写回到编号为 #1 的格子里。

【注：格子 #1 中的值就是结果】

友情提示：*R2 表示的就是从 1 到 100 这些数字，R1 中存放的就是中间和。*

现在，请你在脑子里模拟一下这个过程，看看程序能不能成功结束，把最终结果放到编号为 #1 的格子里。

如果你觉得脑子不够用，则建议你拿出纸和笔，把自己当成 CPU，把上面的这些指令手工执行一遍，体会一下这个过程。

如果你是非科班出身，并且能迅速地理解上面这些指令是如何完成从 1 到 100 的加法的，那么恭喜你，你很适合学习编程，光明的前途在向你招手。

我们上面所说的指令和汇编语言非常相似，这是一种非常贴近机器、非常"低级"的计算机语言。

用这种语言来编写大型程序，会把人活活累死。

当然，话也不能那么绝对，对于那些大神级别的程序员来说，汇编语言也是小菜一碟。Ken Thompson 和 Dennis Ritchie 不就用汇编语言写了第一版的 UNIX 操作系统吗？求伯君不就用汇编语言写了 WPS 吗？

对于普通人来说，大神给我们创造了高级语言让我们使用，如果我们用高级语言把上面的例子再写一遍，就很容易看明白了。

代码清单 1-3　从 1 加到 100

```
sum = 0;
i = 1;
while( i <= 100 ){
    sum = sum + i;
    i = i+1;
}
```

不要被之前的"低级"指令吓住，这才是码农每天打交道的代码。不过，这种由高级语言编写的代码最终也要被编译成"低级"语言代码，最终交由 CPU 来执行，编译后的机器语言其实和上面的指令差不多。

为什么要拿这个例子来挑战小白的大脑呢？从本质上来说，码农每天做的就是这样的事情，告诉计算机使用这些指令去运算，我们需要养成面向计算机的思维方式。

CPU 能做的事情非常有限，笼统来说就是上面那 4 种。但是我们现在上网、听歌、看视频、玩游戏，最终都会归结到这些操作中来，这就是计算机的本质。

此外，CPU 是如此的冷酷，以至于你的指令出一点点错误就不给你正确结果。例如，你把第 3 条指令中的"如果小于等于 100"不小心写成了"如果小于 100"，那么 CPU 当然不会告诉你程序中有问题，它只会冷冷地执行，最后你会发现：这结果怎么不对呢？于是只好去检查代码或者调试程序。

还有一个问题：CPU 在运行的时候，从哪里获得那些指令呢？

估计你已经想到了，对，就是内存。指令也需要在内存中才能够被 CPU 访问到，CPU 从内存中读取到指令以后，会进行分析（译码），看看这条指令是干什么的，然后再进行运算。

所以，我们的内存小格子中存放的不仅仅是数据，还存放着至关重要的程序指令（见图 1-37）！ 我们需要告诉 CPU 第一条指令在什么地方，然后 CPU 就可以疯狂地开始运行了。

内存

#59	指令9
	⋮
	指令2
#51	指令1
	⋮
#2	
#1	

图 1-37　内存中存放着指令

这些指令在内存中肯定不是我们看到的自然语言，而是以二进制的形式表示的。

那内存中的数据又是从哪里来的？肯定是硬盘了，我们写好的程序会放在硬盘上，在运行的时候才会被调入内存。

一个翻译家族的发家史

我是编程语言翻译家族的一员，我们这个家族最重要的工作就是将一种语言描述的源程序翻译成另一种语言描述的目标程序。听起来有些抽象，通俗一点就是把码农写的源码变成可以执行的程序。

我们这个家族可以说是伴随着计算机的发展而不断发展壮大的，现在已经成为计算机软件系统不可缺少的一部分。如果回顾一下发家史，那还是挺有趣的。

机器语言

我听说计算机刚发明那会儿，人们通过拨弄各种开关、操作各种电缆把程序"输入"计算机中（见图 1-38）。

图 1-38　世界上第一台计算机 ENIAC

这所谓的程序，可真的是 0110000111 这样的二进制。我真是佩服这些程序的设计者和操作员，太不可思议了。

这种原始的方式也决定了难以诞生超大型程序，因为太复杂了，远远超出人脑所能思考的极限。

后来人们做出了改进，把程序打到穿孔纸带上，让机器直接读穿孔纸带，这一下子就好多了，终于不用拨弄开关了（见图 1-39）。

但程序的本质还是没有变化，依然在使用二进制来编程。

如果这样一直持续下去，那么我估计这个世界上的程序员会少得可怜：编程的门槛太高了。

比如，你的脑子里得记住这样的指令：

0000 表示从内存往 CPU 寄存器中装载数据；

0001 表示把 CPU 寄存器的值写入内存；

0010 表示把两个寄存器的值相加。

你还得记住每个寄存器的二进制表示：

1000 表示寄存器 A；

1001 表示寄存器 B。

综合起来就像这样：

0000 1000　000000000001（把编号为 1 的内存中的值装载到寄存器 A 中）

0010 1000　1001　　　　　（把寄存器 A 和寄存器 B 的值加起来，放到寄存器 A 中）

整天生活在这样的世界里，满脑子都是 0 和 1，要是我估计就抑郁了。

当时的程序员像熊猫一样稀少，不，肯定比熊猫更少，他们都要用二进制写程序，对我们翻译家族没有任何的需求。

图 1-39　用纸带输入程序

汇编语言

既然二进制这么难记，人们很快就想到：能不能给这些指令起一个好听的名字呢？

0000：LOAD

0001：STORE

0010：ADD

寄存器也是一样的：

1000：AX

1001：BX

这样读来容易多了：

ADD AX BX

人们给这些帮助记忆的助记符起了一个名字：**汇编语言**。

但是计算机是无法执行汇编语言的，因为计算机这个笨家伙只认二进制，所以还得翻译一下才行。

于是我们家族的一个重要成员——**汇编器**隆重登场了，他专门负责把汇编语言写的程序翻译为机器语言。这个翻译的过程比较简单，正如你在前面所看到的，几乎就是一一对应的关系。

汇编语言解放了人们的部分脑力，可以把更多的精力集中在程序逻辑上。越来越多的人学会了使用汇编语言来编程，写出了很多伟大的软件。

汇编语言的优点是贴近机器，运行效率极高；但是缺点也是太贴近机器，直接操作内存和 CPU 寄存器，难以结构化编程，每次函数调用还得手动把内存中的栈帧给管理好，这对于一般的程序员来讲太难了！

我的祖先把穿孔纸带和汇编语言都称为**低级语言**，把这个时代称为机器语言编程时代。

生活在这个时代的祖先是很幸福的，因为翻译工作十分简单。

但是用汇编语言写程序的人还是太少，找我们做翻译的人也很少，翻译家族也只能混个温饱而已。

高级语言

人类的欲望是无止境的，他们一直在探索用一种更高级的语言来写程序的可能性，这种高级语言应该面向人类编写和阅读，而不应面向机器去执行。

人类想要的高级语言是这样的：使用各种类型的变量来表示数据，而不使用寄存器。例如：

```
int value = 100
```

能使用复杂的表达式来告诉计算机自己的意图：

```
salary = salary * 12 + 2*bonus
```

可以用条件语句来处理分支：

```
if (i>10){
    ...
}else{
```

```
    ...
}
```

可以用循环语句来处理循环：

```
for(int i=0; i<100;i++){
    ...
}
```

还可以定义函数来封装、复用一段业务逻辑：

```
int getPrimes(int max) {
    ...
}
```

但是高级语言和低级语言之间存在着巨大的鸿沟，怎么把高级语言翻译成可以执行的机器语言是一个非常难的问题！

人类在黑暗中摸索了很久，这才迎来了一丝光明。1957 年，第一个高级语言的编译器在 IBM 704 机器上成功运行。

更重要的是乔姆斯基对自然语言结构的研究，他把语言文法进行了分类，有了 0 型文法、1 型文法、2 型文法、3 型文法，从而给我们的翻译工作奠定了理论基础。

由于翻译的复杂性，除汇编器之外，很多新成员加入进来，我们的家族迅速发展壮大，甚至形成了一条专门的翻译流水线，这条流水线上的家族成员分工合作，负责把高级语言翻译成低级语言（见图 1-40）。

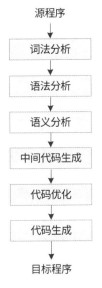

图 1-40　编译的过程

我主要做的工作就是第一步"词法分析"，大家经常跟我开玩笑：你这是大刀向源程序头上砍去。

这其实挺形象的，比如高级语言的源程序是这样的：

`total = salary * 12 + 2*bonus`

我拿着"大刀"，唰唰唰地把它们砍成一个个片段，每个片段叫作 Token（见图 1-41）。

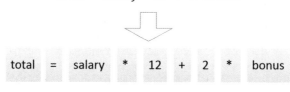

图 1-41　词法分析

程序中的空格就被我无情地删除了。我还会建立一张符号表（见表 1-5），让后面的人去使用。

表 1–5　符号表

编号	名称	类型
id1	total	标识符
id2	=	赋值
id3	salary	标识符
id4	*	乘号
id5	12	数字
id6	+	加号
id7	2	数字
id8	*	乘号
id9	bonus	标识符

接下来我二叔就会接管，他非常厉害，会进行语法分析，据说他用了一个叫什么上下文无关语法的理论，竟然能把我生成的 Token 按照语法规则组建成一棵树（见图 1-42）。

有些同学可能看出关键点了：这棵语法树中的表达式是递归定义的！

"表达式"可以是一个"标识符"或者"数字"！

"表达式"还可以是一个"表达式"加上另一个"表达式"！

"表达式"还可以是一个"表达式"乘以另一个"表达式"！

没错，这里还没有加上括号：表达式可以是用括号括起来的另一个表达式。

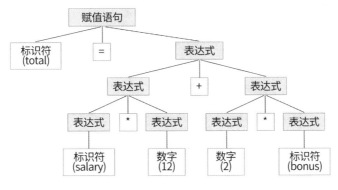

图 1-42　语法树

如果正式一点描述，则是这样的：

```
expr
    : expr ( '*' | '/' ) expr
    | expr ( '+' | '-' ) expr
    | Number
    | Identifier
    | '(' expr ')'
```

你不用完全看明白，能大概明白意思就行，我在这里采用的是 ANTLR[1] 的语法。

其实程序员所使用的编程语言都得有类似的语法规则定义才行，要不然我二叔就没法工作了。

然后我三舅就开始进行语义分析，他会看看这些标识符的类型、作用域是不是正确、运算是否合法、取值范围有没有问题等。

我大舅的工作最重要，把中间代码生成、代码优化，以及最后的代码生成都承包了。

比如，大舅根据语法树生成的中间代码如下：

```
temp1 = id3 * 12
temp2 = 2 * id9
temp3 = temp1+temp2
id1 = temp3
```

【注：id3 就是符号表中的 salary，id9 就是符号表中的 bonus，id1 就是符号表中的 total】

然后翻译成汇编语言：

```
MOV  R1  id3  ; 把 salary 的值放入寄存器 R1 中
MUL  R1  12   ; 把 R1 的值乘以 12，把结果放入 R1 中
```

1　ANTLR 是一个开源的工具，能帮助开发者完成上面描述的词法分析、语法分析等工作，想进一步了解的同学可以参考 http://www.antlr.org/。

```
MOV  R2   id9   ; 把 bonus 的值放入寄存器 R2 中
MUL  R2   2     ; 把 R2 的值乘以 2，把结果放入 R2 中
ADD  R2   R1    ; 把 R1 和 R2 的值相加，把结果放入 R2 中
MOV  id1  R2    ; 把 R2 的值放入 id1 中
```

看看，是不是已经非常接近运行了？只需要汇编成二进制语言就行了！

等等，id1（total）、id3（salary）、id9（bonus）只是三个符号，对应的是内存中的值，所以还得给这三个家伙分配空间，得到它们的内存地址才行。

如果这三个变量是在其他源文件中定义的，则还需要做一件特别的事情：链接！

通过链接的方式，获取到变量的真正地址，然后修改上面的 id1、id3、id9，这样才能形成一个可以执行的程序。

在翻译的过程中，如果有任何步骤出现了错误，我们就会通知程序员，告诉他哪个地方写错了，改正后重新再来。

这就是我们家族的工作，非常重要，没有我们的翻译工作，人类就无法使用高级语言来编程，像 C、C++、Pascal、C#、Java 这样影响力巨大的语言就不会出现，现在的软件编程行业也不会这么兴旺发达。

我们家族和操作系统、数据库、网络协议栈等软件一起，成为计算机世界底层的基础软件。

其实我们都明白，现在所谓的高级语言一点也不高级，只有经过训练的专业人士才能使用。也许在未来会实现完全用自然语言来写程序，到那个时候我们家族会是什么样子的？估计只有上天才知道了。

编程世界的那把锁

共享变量惹的祸

我们这里是一个典型的弱肉强食的世界，人口多而资源少，为了争夺有限的资源，大家都在自己能运行的 CPU 时间片里拼了老命，经常为了一个变量的修改而打得头破血流。

100 纳秒以前，我有幸占据了 CPU，从内存中读取了一个变量 x，它的值是 100，我把它加了 1，休息了一会儿后，我打算把它写回内存，但是惊奇地发现：内存中的 x 已经变成了 102。

估计是哪个不着调的线程在我休息的时候也读取并且修改了 x，有不少好心的线程在冲我喊：不要写回了！但是写回内存是我的指令啊，你不让我执行，难道让我退出？我只能

毫不客气地把 101 写入内存，把那个不符合我逻辑的值 102 给覆盖掉，这样我才能执行下一条指令。

你看，单线程的逻辑正确并不表示多线程并发运行时的逻辑也正确。

这样的事情发生得多了，程序总是无法正确运行，引起了人类的强烈不满，小道消息说他们在考虑 Kill 掉我们，换编程语言了。

但是换编程语言有什么用，只要有共享变量，在多线程读 / 写的时候就会出现不一致！

除非你消除共享变量，让每个线程只访问一个函数内的局部变量，这些局部变量我们每个线程都会有一份，函数结束以后就会销毁，所以线程之间就隔离了，就安全了。

消除共享变量谈何容易，人类使用的很多语言如 C++、Java，那些共享变量大多是一个对象的字段，你想把字段去掉，只留下函数，那类也就没有存在的必要了。

争抢吧，线程

既然共享变量是无法消除的，那就想想别的办法吧。操作系统老大公布了一个方案：加锁！

任何线程，只要你想操作一个共享变量，对不起，先去申请一把锁，拿到这把锁才能读取 x 的值，修改 x 的值，把 x 写回内存，最后释放锁，让别人去玩。

老大设计的这把锁非常简单，类似于一个 boolean 变量，boolean lock = false。谁能抢先把这个变量改成 true，就意味着谁获取了这把锁。

来吧，哥几个，快来抢吧！

我运行的时候，就去检查 lock 这个变量是否可以设置为 true，如果被别的家伙抢到了（已经变成 true 了），我就在这里无限循环，拼命地抢，除非我的时间片到了，被迫让出 CPU。但是我不会阻塞，仍处于就绪状态，等待下一次的调度，进入 CPU 继续抢。

看到某人把它变成 false，我迅速出手，终于抢到了，赶紧把 lock 改成 true，这把锁现在属于我了，赶快去干活儿，干完活儿要记得把 lock 改成 false，让别的家伙去抢。

我想，正是由于这种无限循环的特点，老大把它命名为"自旋锁"吧！

可能你已经想到了，假设有两个线程，都读到了 lock = false，都把 lock 改成了 true，那这把锁算谁的？

对于这个问题，操作系统老大早就考虑到了，他们和计算机硬件都商量好了，这个检测 lock 是否为 false，以及设置 lock 为 true 的操作其实被合并了，叫作 test_and_set(lock)，操作系统郑重承诺，**这是一个不可分割的原子操作**！在这个 test_and_set() 函数执行的时候，总线甚至都被锁住了，别人不能访问内存，即使有多个 CPU 在执行也不会乱。

如果你感兴趣，则可以看看下面的实现；否则直接无视跳过。

代码清单 1-4　test_and_set

```
//操作系统承诺，这个函数会被原子地执行
//如果lock的初始值为false，则会被置为true，函数返回false，意味着抢到锁了
//如果lock的初始值为true，则仍然被置为true，返回值也是true，意味着没抢到锁
boolean test_and_set(*lock){
    boolean rv = *lock;
    *lock = true;
    return rv;
}


//具体的使用办法如下
//1.试图获得锁
while(test_and_set(&lock)){
    //只要test_and_set函数返回true（没抢到锁），那就什么也不干，无限循环
}
//2.获得锁了，可以干活儿了
x = x + 1;
//3.记着释放锁，让别的进程可以获得锁
lock = false;
```

改进

有了自旋锁，至少可以保证程序的正确运行了，大家都玩得不亦乐乎。

有一天，我遇到了一个递归函数，我是挺喜欢递归的，因为逻辑简单，只要递归的层次别太深，别搞出栈溢出就好。

这个递归函数中需要获得自旋锁，做一些事情，然后继续调用自己，类似于这样：

代码清单 1-5　不可重入的自旋锁导致的死锁

```
//foo()函数在执行时会调用自己，形成递归
void foo(){
    //获取自旋锁
    aquire_spin_lock();
    ...
    foo()
```

```
    ...
    //释放自旋锁
    release_spin_lock();
}
```

我第一次调用 foo()，获取了自旋锁；第二次调用 foo()，还要获取自旋锁，可是这把锁已经在我第一次调用的时候持有了，现在第二次调用只有无限地等待了！

这下尴尬了，我进退不得，自己把自己搞成了死锁！

看来这个自旋锁虽然能实现互斥的访问，但是不能重新进入同一个函数（简称**不可重入**）啊！

我赶紧把这个问题向老大做了汇报，修改方案很快就下来了：每次成功地申请锁以后，要记录到底是谁申请的，还要用一个计数器记录重入的次数，持有锁的家伙再次申请锁只是给计数器加 1 而已。

释放锁的时候也是一样的，把计数器减 1，等于 0 才表示真正地释放锁。

可重入性就这么解决了，但是这么多线程都在那里拼命地抢也不是办法，空耗 CPU 也是一种浪费啊。于是老大又提出了一种改进的锁：如果你抢不到，就不要无限循环了，乖乖地去等待队列里待着，等到锁被别人释放了，再通知你去抢。

信号量

两个家伙对一个资源的争抢终于解决了，可是我的这个世界远远不是两个线程的互斥这么简单，有时候我们这些线程之间还得同步：**我必须等待另一个 / 多个家伙完成以后才能开始工作。**

比如，我最近被派去做打印的工作，操作系统老大给我们分配了一个循环队列（假设大小为 5），旺财和小强这两个家伙会向这个队列尾部添加文档；而我要从同一个队列的头部读取文档并打印，打印以后我就把这个文档删掉（见图 1-43）。

如果队列是空的，那我去读取文档的时候就读取不到，这时就需要等待旺财或者小强把文档放进来。

如果队列是满的，那旺财 / 小强就必须等待我删除一个文档，腾出位置来。

你看，互相等待就出现了吧？之前的互斥锁就搞不定这个问题了吧？

操作系统老大说："听说荷兰有一个叫 Dijkstra 的人，发明了一个叫信号量（Semaphore）的东西，能解决这个问题。"

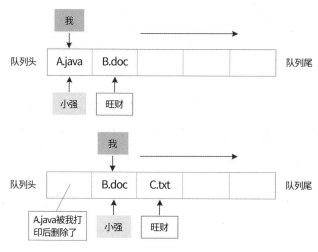

图 1-43　打印队列

"信号量是什么？信号灯吗？"

"所谓信号量，其实就是一个整数，基于这个整数有两个操作：wait 和 signal。"

代码清单 1-6　wait 和 signal

```
int s;

wait(s){
    while(s <=0 ){
        ;// 什么也不做，继续循环
    }
    s--;
}

signal(s){
    s++;
}
```

"这……这……这是什么玩意儿？这么简单，能解决什么问题？再说了，你看看这 s++、s--，在多线程切换下连自身的正确性都难保，还能解决别人的问题？"旺财吃惊地问。

"旺财问得好，说明他思考了。实际上，这个东西必须由我出马来实现，"操作系统老大说，"我会在内核中实现 wait 和 signal，让你们调用。比如我在做 s++、s-- 时，可以屏蔽中断，不让程序进行切换，这样就可以保证 s++ 和 s-- 的原子性了。"

旺财说："这个简单的小东西有点意思，比如我们俩可以用它做互斥。"

代码清单 1-7 用信号量做互斥

```
int lock = 1;

wait(lock);  // 相当于获得一个互斥锁
// 在这里安全地做事情
signal(lock); // 相当于释放锁
```

小强说:"我发现了一个问题,那个 wait() 函数在 s 小于等于 0 的时候啥也不做,一直在循环,多浪费人家 CPU 阿甘的能力啊!"

老大说:"嗯,这就是所谓的'忙等待'啊!让我来改进一下。"

代码清单 1-8 改进的 wait 和 signal

```
typedef struct{
    int value;
    struct process *list;
}semaphore;

wait(semaphore *s){
    s->value--;
    if(s->value <0){
        让自己进入阻塞状态,加入等待队列 s->list;
    }
}

signal(semaphore *s){
    s->value++;
    if(s->value<=0){
        从等待队列 s->list 中唤醒一个,让它可以继续执行;
    }
}
```

我说:"好复杂,不过我大概明白什么意思。假设那个 value 值是 2,旺财和小强都调用了 wait() 函数,都成功了,value 值变成了 0。如果我再去调用 wait() 函数,value 值就会变成 -1,我就得进入阻塞状态,并且加入等待队列。如果旺财或者小强调用了 signal() 函数,就会把 value 值变成 0(有人在等待),于是就把我唤醒了。"

旺财问道:"折腾了半天,怎么解决我们的消费者和生产者的同步问题啊?"

老大说:"这稍微有点麻烦,不过也能解决,你们看看这段代码。"

代码清单 1-9　用信号量解决消费者和生产者的同步问题

```
// 注：简化起见，下面依然使用"忙等待"版本的信号量
int lock = 1;
int empty = 5; // 队列中初始有 5 个空位
int full = 0;

// 生产者 ( 旺财或者小强 )
while(true){
    // 如果 empty 的值小于等于 0，则表示队列已满，没有空位，生产者只好等待
    wait(empty);
    // 有空位了！ 开始加锁，因为有可能会出现两个线程都向队列添加数据的情况
    wait(lock);
    把新生成的文件加入队列尾部 ;
    // 释放锁
    signal(lock);
    // 通知消费者在队列中产生了新的文件
    signal(full);
}

// 消费者
while(true){
    // 如果 full 的值小于等于 0，则表示队列已经空了，需要等待
    wait(full);
    // 有数据了，开始加锁，因为要操作队列了，要防止和生产者产生冲突
    wait(lock);
    把队列头的文件打印，删除 ;
    // 释放锁
    signal(lock);
    // 通知生产者，有空位了
    signal(empty);
}
```

　　旺财说："我的天，真是复杂啊，容我想想。我和小强都是生产者，假设我们俩都开始执行生产者代码，先去执行 wait(empty)，发现没有问题，因为 empty 的初始值为 5。 接下来都去执行 wait(lock) ,这时候就看谁先抢到了。如果我先抢到,我就可以往队列里添加文件，然后释放锁，小强就可以接着添加文件了。最后我还要把 full 的值加 1，目的是通知消费者，因为它可能在等待。这看起来不错。"

　　操作系统老大说："是啊，在多线程的情况下，由于线程的执行随时都有可能被打断，还

要保证正确性，所以不能有任何闪失。这对程序员的挑战很大，如果出现了疏漏，则很难定位。"

"难道那些程序员真的要使用这些 wait、signal 编程吗？多容易出错啊！"

"一般来说，程序员所使用的工具和平台会进行抽象和封装。例如，在 Java JDK 中，已经对线程的同步进行了封装，对于生产者 - 消费者问题，可以直接使用 BlockingQueue，非常简单，完全不用你去考虑这些 wait、signal、full、empty。"

代码清单 1–10　BlockingQueue

```java
// 建立一个队列
BlockingQueue queue = new LinkedBlockingQueue(5);

// 生产者
// 如果队列满，则线程自动阻塞，直到有空闲位置
queue.put(xxx);

// 消费者
// 如果队列空，则线程自动阻塞，直到有数据
queue.take();
```

大家不禁感慨道："果然是抽象大法好，这用起来多简单、多友好啊！"

操作系统老大说："是啊，无论是什么东西，抽象以后用起来就好多了。但是我们还是要了解底层，如果出现了类似 BlockingQueue 这样的新概念，你就能迅速理解。"

绕不开的加法器

热爱编程的张大胖在大学时最烦的一门课就是《数字电路》，他一直觉得这门课和编程没什么关系。

有一次课程设计是实现一个加法器，张大胖使用逻辑电路，费了九牛二虎之力才实现了 4 位的加法（见图 1-44）。

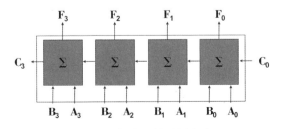

图 1-44　加法器的逻辑电路

这 4 位二进制数能表达的十进制数有 16 个，从 0 到 15，如图 1-45 所示。

十进制	二进制	十进制	二进制
0	0000	8	1000
1	0001	9	1001
2	0010	10	1010
3	0011	11	1011
4	0100	12	1100
5	0101	13	1101
6	0110	14	1110
7	0111	15	1111

图 1-45   4 位二进制数

张大胖用他的加法器计算了一下 8+3：

8+3 = 1000 + 0011 = 1011 = 11

还不错，再计算一下 9+8：

9+8 = 1001 + 1000= 0001

怎么变成了 1？噢！我这里只有 4 位，能支持的最大十进制数就是 15，而 9+8 的结果是 10001（十进制 17），计算结果溢出，最高位的 1 被丢弃了！

其实这也符合要求，张大胖顺利地交了作业。

可是下一次课还是课程设计，老师竟然要求在这个加法器上实现减法，这可把张大胖给难住了。在加法器上实现减法，真是一个"变态"的需求。

遇到了问题，张大胖自然会"跪求"好朋友——电脑高手 Bill。

Bill 说："这个要求一点都不变态，用加法器同时实现加法和减法，能极大地节省 CPU 的电路设计。"

"你就说该怎么实现吧！"

Bill 说："我先给你说一下原理。在你定义的 4 位二进制数中，共可以表达 16 个十进制数，我们引入一个'**补数**'的概念，例如 3 的补数是 13，4 的补数是 12，5 的补数是 11。当你计算 7 减去 3 的时候，可以变成 7 加上 3 的补数，即 7 + 13。"

"可是 7+13 是 20，但是 7−3 等于 4 啊？"

"20 其实已经超出 4 位二进制数能表达的 16 个十进制数了，已经溢出了，对吧？所以

20 还得减去 16，就是 4 了。你用二进制算一下。"

7-3 = 0111-0011 = 0111 + 1101（二进制 13）= 10100

运算结果 10100 已经溢出了，去掉最高位 1，就是 0100，即十进制 4。

"果然不错，"张大胖说，"这让我想到了钟表，现在是 7 点，我想让它回到 4 点，有两种方法，一种方法是让时针后退 3 格；另一种方法是让时针前进 9 格，前进到 12 点的时候，其实就相当于溢出了，舍弃。"

Bill 说："看来你已经理解了。数学上有一个词叫作求模，说的就是这个运算，还以时钟为例。

向后退 3 格：7 - 3 = 4

向前进 9 格：(7 + 9) mod 12 = 4

向前进 21 格：(7+9+12) mod 12 = 4

向前进 33 格：(7+9+12+12) mod 12 = 4

…… "

"这是一种以进为退的策略，"Bill 接着说，"用这种方法就把减法变成了加法。"

"但是我怎么得到所谓的补数呢？例如，从 3 怎么得到 13 呢？"

"这很简单，对于二进制，前辈们想出了一种既异常简单又特别适合计算机的算法，**对二进制数的所有位取反，然后加** 1（见图 1-46）。"

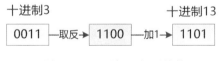

图 1-46　取反加 1 得到补数

"神奇啊，前辈们竟能想出这么巧妙的办法！"

Bill 接着问道："刚才咱们说的都是正数的加减法，你考虑了负数没有，大胖？"

"我也刚刚想到，现在我知道 7-3 可以换算成 7+13 了，如果是 3 - 7 呢？"

"负数一旦引入，系统就变得更复杂了，首先你得用一个符号位来表示是正数还是负数吧（见图 1-47）。"

张大胖说："明白了，**最高位的 0 表示正数**，1 表示负数，真正有效的数字只剩下 3 位了，正数的范围是从 1 到 7，负数的范围是从 -7 到 -1。不过这里出现了两个 0，一个是正 0，一个是负 0，这不妥吧？"

	符号位			符号位		
0	0	000		1	000	0
1	0	001		1	001	−1
2	0	010		1	010	−2
3	0	011		1	011	−3
4	0	100		1	100	−4
5	0	101		1	101	−5
6	0	110		1	110	−6
7	0	111		1	111	−7

图 1-47　用符号位表示正负数

　　"先别急，之前说减法可以变成加法，秘密就是用补码。例如，8-3 相当于 8+(-3) 的补码，那我们完全可以把表格中的负数用补码来表示，然后把那个**负 0 特别当作 -8 来处理**（见图 1-48 ）。"

			补码		
0	0	000	1	111	−1
1	0	001	1	110	−2
2	0	010	1	101	−3
3	0	011	1	100	−4
4	0	100	1	011	−5
5	0	101	1	010	−6
6	0	110	1	001	−7
7	0	111	1	000	−8

图 1-48　负数的补码

　　Bill 接着说："按照上面的表格，现在我们来计算一下 7-4，7 的二进制数是 0111，-4 的补码是 1100，注意我们把符号位也算进去了，两者相加（见图 1-49 ）。"

图 1-49　计算 7-4

"让我试试 4-7，"张大胖说，"4 的二进制数是 0100，-7 的补码是 1001，两者相加（见图 1-50）。"

$$
\begin{array}{r r}
0100 & 4 \\
+ \quad 1001 & -7 \text{ 的补码} \\
\hline
1101 & -3 \text{ 的补码}
\end{array}
$$

图 1-50　计算 4-7

"妙啊，"张大胖不禁赞叹起来，"把负数用补码表示，不但减法变加法，连符号位都可以参与运算了！"

"是啊，我们通过补码能极大地简化电路的设计。你一定要记住，**在计算机内部，是使用补码来表示二进制数的。如果是一个正数，补码就是它本身；如果是一个负数，则需要把除符号位之外的二进制数执行取反加 1 的操作。**"

"此外，我想你也能总结出来，这个 4 位的系统如果只表示无符号数（没有负数），那么它的范围是 $[0, 2^4-1]$，即 $[0, 15]$；如果想表达有符号数（负数和整数），它的范围就是 $[-2^3, 2^3-1]$，即 $[-8, 7]$。在高级编程语言如 C、Java 中，你经常会看到数据类型的取值范围，应该明白其中的原理。"

递归那点事儿

在数据结构课上，老师讲汉诺塔问题（见图 1-51），使用了递归算法。张大胖第一次接触递归，一头雾水，想破了脑袋也没搞明白这递归是怎么回事儿。他一直很纳闷，这么复杂的问题，怎么可能用那么两三行代码就解决了？

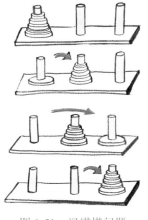

图 1-51　汉诺塔问题

后来经好朋友 Bill 指点，总算明白一点，但总觉得还有点疑虑，不太敢确信自己是不是真的搞明白了。

Bill 说："给你举个简单的例子，计算 n 的阶乘，这个描述起来更直接。"

Bill 一边说，一边写下了下面的代码。

代码清单 1–11　计算 n 的阶乘

```
int factorial(int n){
    if(n==1){
        return 1;
    } else {
        return n * factorial(n-1);
    }
}
```

【注 : 为了简化描述，代码并没有考虑边界条件，如 n<=0 的情况】

"看看，是不是特别简单? 所谓递归，就是一个函数调用了自己而已！"

"一个调用自己的函数，这听起来就有点匪夷所思了。"张大胖感慨道。

"其实没那么复杂，你就假想着调用了另一个函数，只不过这个函数的代码和上一个函数的代码一模一样而已。"

"我们人不会这么做事情，但这是一个程序，它在机器层面到底是怎么执行的? "张大胖问道。

Bill 说："我给你画一幅图，一个程序在内存中从逻辑上看起来如图 1-52 所示。"

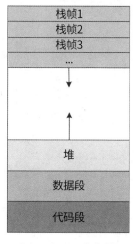

图 1-52　函数栈帧

"就拿我们的阶乘函数来说吧,编译后会被放到代码段。注意,只有一套代码被放到代码段。"

张大胖说:"只有一套代码,那怎么实现自己调用自己的所谓递归啊?"

Bill 说:"注意看图中的栈帧,**每个栈帧就代表了被调用中的一个函数**,相当于栈中的一个元素,这些函数栈帧以先进后出的方式排列起来,就形成了一个栈。拿放大镜把一个栈帧放大来看,如图 1-53 所示。"

上一个栈帧的指针
输入参数
......
返回值
......
返回地址

图 1-53　函数栈帧的细节

【注:返回值有时候用寄存器传递,这里是为了展示阶乘的例子,特意把返回值画上了】

张大胖说:"嗯,我看到了输入参数、返回值,看来可以表示一个函数调用。"

"如果我们忽略其他内容,只关注输入参数和返回值,那么我们的阶乘函数 factorial(4) 会是这样的。"Bill 又画了起来(见图 1-54)。

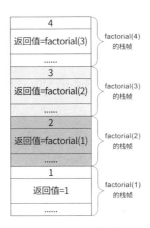

图 1-54　阶乘函数的栈帧

【注:这个栈是从上往下生长的,栈顶在下面】

张大胖说:"明白了,原来计算机是这么处理函数调用的。在计算 factorial(4) 的时候,方法是 4 *factorial(3);现在 4 的值有了,但是 factorial(3) 的值还不知道是多少,所以就需要形成新的栈帧来计算;而 factorial(3) 需要 factorial(2),factorial(2) 需要 factorial(1),如此循环,不,是递归下去,到最后才能得到 factorial(1) = 1。然后每个栈帧逐次出栈,就能计算出最终的 factorial(4) 了(见图 1-55)。"

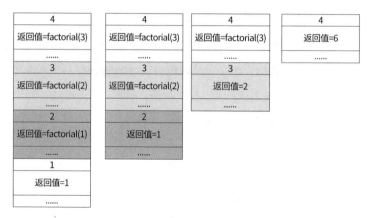

图 1-55 递归的计算过程

计算过程用文字来表达就是：

factorial(1) = 1

factorial(2) = 2 * factorial(1) = 2 * 1 = 2

factorial(3) = 3 * factorial(2) = 3 * 2 = 6

factorial(4) = 4 * factorial(3) = 4 * 6 = 24

"注意，每个递归函数必须有一个终止条件，否则就会发生无限递归了。"

张大胖又问："这个栈容量也是有限的吧？如果 n 的值太大了，那是不是有可能挤爆？"

"是啊，每个栈帧都需要占用空间，维护这些栈也十分费力，递归层次太深就会出问题。"

"那怎么办？这种函数的调用关系好像只能这样了！"

"这是由我们的算法决定的，factorial(n) = n * factorial(n-1)，所以之前的图中每个栈帧不仅需要记录当前的 n 的值，还要记录下一个函数栈帧的返回值，然后才能计算出当前栈帧的结果。也就是说，使用多个栈帧是不可避免的，不过我们修改一下递归算法就有救了。"

代码清单 1-12　改进的递归算法

```
int factorial(int n,int result){
    if( n == 1){
        return result;
    } else{
        return factorial(n-1,n*result);
    }
}
```

【注：为了简化描述，代码并没有考虑边界条件，如 n<=0 的情况】

"这种方法看起来有点古怪，还多传递了一个参数。"

Bill 说："不仅仅多了一个参数，注意函数的最后一条语句，不是 n * factorial(n-1) 了，而是直接调用 factorial(...) 这个函数本身。这就带来了巨大的好处。"

张大胖说："不懂！"

"你看看这个新算法的计算过程："

factorial(4, 1)

= factorial(3, 4*1)

= factorial(2, 3*4*1)

= factorial(1, 2*3*4*1)

= factorial(1, 24)

=24

"当你执行到 factorial(1, 24) 的时候，还需要退回到 factorial(2, xxx) 这个函数吗？"

张大胖说："看来不需要，直接就可以返回结果了。"

"这就是妙处所在。计算机发现这种情况，只用一个栈帧就可以搞定这些计算，无论你的 n 有多大（见图 1-56）。"

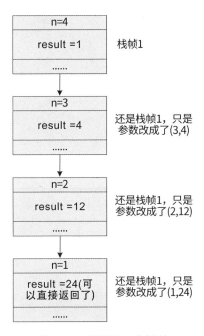

图 1-56　复用同一个栈帧

张大胖感慨道:"果然是,同一个栈帧,完全可以在递归中被复用,n 无论多大都不怕了!"

"这种方式就是我们常说的**尾递归**。当递归调用是函数体中最后执行的语句,并且它的返回值不属于表达式的一部分时,这个递归就是尾递归。现代的编译器就会发现这个特点,**生成优化的代码,复用栈帧。** 第一种算法中因为有 n * factorial(n-1),虽然也是递归,但是递归的结果处于一个表达式中,还要进行计算,所以就没法复用栈帧了,只能一层一层地调用下去。"

"看来只有理解了计算机机器层面的东西,才能更好地理解递归。"

"没错,计算机的基础非常重要。"

第 2 章

Java帝国

Java：一个帝国的诞生

C 语言帝国的统治

现在是公元 1995 年，C 语言帝国已经统治了我们 20 多年，实在太久了。

1972 年，随着 C 语言的诞生和 UNIX 的问世，帝国迅速建立统治，从北美到欧洲，从欧洲到亚洲，无数程序员臣服在他的脚下。

帝国给我们提供了极好的福利：贴近硬件，运行极快，效率极高。

使用这些福利，程序员用 C 语言开发了很多系统级软件、操作系统、编译器、数据库、网络系统……

但是帝国也给我们安上了两个沉重的枷锁：指针和内存管理。

虽然指针无比强大，能直接操作内存，但是帝国却没有给我们提供工具去做越界的检查，导致很多新手程序员轻易犯错。

至于内存管理，帝国更完全是放任的态度：你自己分配的空间，自己去释放！

更要命的是，这些问题在编译期发现不了，在运行时才会突然暴露，常常让我们手忙脚乱，昏天黑地地去调试。

我们的大量时间和宝贵精力都被浪费在小心翼翼地处理指针和内存分配上。

每个程序员都被这两个东西搞得焦头烂额！

帝国宣称的可移植性骗了我们，他宣称我们在一台机器上写的程序，只要在另一台机器上编译就可以了，而实际上不是这样的。他还要求我们尽量用标准的 C 函数库。还有，如果遇到了一些针对特定平台的调用，则需要针对每个平台都写一份！有一点点小错误，都会导致编译失败。

1982 年，帝国又推出了一门新的语言 C++，添加了面向对象的功能，兼容 C 语言，有静态类型检查，性能也很好。

但是这门新的语言实在太复杂了，复杂到比我聪明得多的人都没有办法完全掌握这门语言，它的很多特性复杂得让人吃惊。

C++ 在图形领域和游戏上取得了很大的成功，但是我一直学不好它。

反抗

我决定反抗这个庞大的帝国，我偷偷地带领一帮志同道合的兄弟离开了，我们要新建一块清新、自由的领地。

为了吸引更多的程序员加入我们，我们要建立一门新的语言，这门语言应该有这样的特性：

语法有点像 C 语言，这样大家容易接受。

没有 C 语言那样的指针。

再也不用考虑内存管理了，实在受不了了。

真正的可移植性，编写一次，到处运行。

面向对象。

类型安全。

还有，我们要提供一套高质量的类库，随语言发行。

我想把这门语言命名为 C++--，即 C++ 减减，因为我想在 C++ 的基础上改进，把它简化。

后来发现不行，设计理念差别太大。

干脆另起炉灶。

我看到门口的一棵橡树，就把这门语言叫作 Oak。

但是后来发布的时候，发现 Oak 已经被别人用了，我和兄弟们讨论了很久，最终决定把这门新的语言叫作 Java。

为了实现跨平台，我们在操作系统和应用程序之间增加了一个抽象层：Java 虚拟机。

用 Java 写的程序都运行在虚拟机上，除非个别情况，都不用看到操作系统。

一鸣惊人

为了吸引更多的程序员加入我们的新领地，我们决定搞一次演示，向大家展示 Java 的能力。

出世未久的 Java 其实还远不完善。搞点什么好呢？

我们盯上了刚刚兴起的互联网，1995 年的网页简单而粗糙，缺乏互动性。于是我们在浏览器上弄了一个小插件，把 Java 运行环境放了上去。

然后在上面开发了一个图形界面的程序（Applet），让它看起来美轮美奂、震撼人心。

每一个看到他的程序员都会发出"Wow"的惊叹，为之倾倒。

Java 活了！

通过 Applet，无数的程序员看到了 Java 这门语言，在了解了这门语言的特性以后，很多无法忍受 C 语言帝国暴政的程序员很快加入了我们，我们的领地开始迅速扩大。

连 C 语言帝国里的一些商业巨头也纷纷来和我们合作，其中就包括 Oracle、微软这样的巨头。微软的头领比尔·盖茨还说：这是迄今为止设计得最好的语言！

但是比尔·盖茨非常不地道，他买了我们的 Java 许可以后，虽然在自家的浏览器上也支持 Applet，但却试图偷偷地修改 Java，想把 Java 绑死在自家的操作系统上赚钱，这样 Java 会变得不可移植。

这是我们难以忍受的，于是我们和微软发起了一场旷日持久的游击战争，逼着微软退出了 Java 领域，开发了自己的 .NET，这是后话。

开拓疆土

从 1995 年到 1997 年，我们依靠 Java 不断地攻城略地、开拓疆土，我们王国的子民不断增加，达到几十万之众，已经成为一股不容忽视的力量。

但是大家发现，Java 除了 Applet，以及一些小程序之外，似乎干不了别的事情。

C 语言帝国的人还不断地嘲笑我们慢，像一个玩具。

到了 1998 年，经过密谋，我们 Java 王国决定派出三支军队向外扩展。

Java 2 标准版（J2SE）：去占领桌面。

Java 2 移动版（J2ME）：去占领手机。

Java 2 企业版（J2EE）：去占领服务器。

其中的两支大军很快败下阵来。

J2SE 的首领发现，开发桌面应用的程序员根本接受不了 Java，虽然我们有做得很优雅的 Swing 可以开发界面，但是开发出来的界面非常难看，和原生的桌面差距很大。尤其是为了运行程序还得安装一个虚拟机，大家都接受不了。

J2ME 也是，一直不受待见，当然更重要的原因是乔布斯还没有发明新手机，移动互联网还没有启动。

失之东隅，收之桑榆。J2EE 赶上了好时候，互联网大发展，大家忽然发现，Java 简直是为写服务器端程序而发明的！

强大，健壮，安全，简单，跨平台！

J2EE 在规范的指导下，特别适合团队开发复杂的大型项目。

我们授权 BEA 公司第一个使用 J2EE 许可证，推出了 WebLogic，凭借其集群功能，第一次展示了复杂应用的可扩展性和高可用性。

这个后来被称为中间件的东西把程序员从事务管理、安全管理、权限管理等方面解放出来，让他们专注于业务开发，这立刻捕获了大量程序员的心。

很快，Java 王国的子民就达到数百万之众。

榜样的力量是无穷的，很快，其他商业巨头也纷纷入场，尤其是 IBM，在 Java 上疯狂投入，不仅开发了自己的应用服务器 WebSphere，还推出了 Eclipse 这个极具魅力的开源开发平台。

当然，IBM 利用 Java 获得了非常可观的效益，软件 + 硬件 + 服务三驾马车滚滚向前，把 IBM 推向了一个新的高峰。

帝国的诞生

大家也没有想到，除商业巨头以外，程序员也会对 Java 王国这么热爱，他们基于 Java 开发了大量的平台、系统、工具。

构建工具：Ant、Maven、Jenkins。

应用服务器：Tomcat、Jetty、JBoss、WebSphere、WebLogic。

Web 开发：Spring、Hibernate、MyBatis、Struts。

开发工具：Eclipse、NetBeans、IntelliJ IDEA、JBuilder。

…… ……

并且绝大多数是开源的！

微软眼睁睁地看着服务器端的市场被 Java 王国占据，岂能善罢甘休？他们赶紧推出 .NET 来对抗，但我们已经不在乎了，因为他们的系统是封闭的，所有的软件都是自家的：开发工具是 Visual Studio，应用服务器是 IIS，数据库是 SQL Server……只要你用 .NET，基本上就会被绑定微软。

另外，他们的系统只能运行在 Windows 服务器上，这个服务器在高端市场的占有率实在太低了。

2005 年年底，一个新的王国突然崛起，他们号称开发效率比 Java 快 5 ～ 10 倍，由此吸引了大批程序员前往加盟。

这个新的王国叫作 Ruby on Rails，它结合了 PHP 体系的优点（快速开发）和 Java 体系的优点（程序规整），特别适合快速开发简单的 Web 网站。

虽然发展很快，但没有对 Java 王国产生实质性的威胁，使用 Ruby on Rails 搭建大型商业系统的人还很少。

除 Ruby on Rails 外，还有 PHP、Python，都适合快速开发不太复杂的 Web 系统。但是关键的、复杂的商业系统开发还是在 Java 王国的统治之下，所以我们和他们相安无事。

2006 年，一支名为 Hadoop 的军队让 Java 王国入侵了大数据领域。由于使用 Java 语言，绝大多数程序员在理解了 Map/Reduce、分布式文件系统在 Hadoop 中的实现以后，很快就能编写处理海量数据的程序，所以 Java 王国的领地得到了极大的扩张。

2008 年，一个名为 Android 的系统横空出世，并且随着移动互联网的爆发迅速普及，运行在 Android 之上的正是 Java！

Java 王国在 Google 的支持下，以一种意想不到的方式占领了手机端，完成了当年 J2ME 壮志未酬的事业！

到目前为止，全世界估计有 1000 万名程序员加入了 Java 王国，他的领土之广泛、实力之强大，是其他语言所无法比拟的。

Java 占据了大部分的服务器端开发，尤其是关键的、复杂的系统，绝大多数的手机端，以及大部分的大数据领域。

一个伟大的帝国诞生了。

这个帝国能生存多久？谁会摧毁这个庞大的帝国呢？

我不知道，你呢？

我是一个Java Class

陌生警察

我出生在 C 盘下面一个很深层次的目录下，也不知道是谁把我放在这里的。

我一直在睡觉，外边的日出日落、风雨雷电和我一点关系都没有。

直到有一天，一个家伙咣咣咣地砸我的房门，把我叫醒。

这个家伙穿得像警察一样，左手拿着一部对讲机，右手递过来他的工作证："你好，我是 ClassLoader，请问你是 Account 类吗？"

"是啊，怎么了？"

这个 ClassLoader 没回答我，反而拿起对讲机：

"头儿，你看看你能不能装载这个 Account 类？"

对讲机那头好像也在问他的上司，过了半天，终于有了回音：

"我装载不了，我的上级也说了，他们也装载不了，你来干吧。"

"那就报数吧！"我这次注意到旁边站着另一个笑眯眯的小个子。

"报什么数？"我一脸诧异。

"唉，果然没有被装载过，你是一个 .class 文件，当然要报文件开头的那几个数了，就是 Java 他爸 James Gosling 在 JDK 1.0 时确定的那个数啊。"

"噢，我看看，0xCAFEBABE。"

"不错，是一个 Java 类，把你后边的两个数也报一下。"小个子继续说。

"50，0。"

"看来版本不高啊，是 JDK 1.6 编译出来的，"小个子接着说，"最新的虚拟机都 1.9 了，Java 都模块化了，你知道不？"

我哪里知道？我这才模模糊糊地回想起来，好像是有一个什么 javac 把我创建出来，扔到了这间屋子里。

"现在奉命带你去 Java 虚拟机，有人需要你的帮助。"这个 ClassLoader 态度冷冰冰的，我不喜欢他。

"大哥，你们是怎么找到我的？"我决定和小个子套近乎。

"那还不简单，我们老板有一个列表，上面列举着所有应该检查的目录，俗称 classpath。

我们顺藤摸瓜，一个一个地找，肯定能找到。"

"那万一找不到怎么办？"

"基本不可能，你看老板给我们的目录列表中有 C:\workspace\myTaobao\bin，我们在下面再找三级 com\mytaobao\domain，这不就找到你了吗，Account.class？话说回来，万一真找不到，将来在执行时会抛出 ClassNotFound 异常，那不归我们管。"

我后来才知道，我的全名其实叫作 com.mytaobao.domain.Account！

"来来来，让我验证一下，你这 Class 编译得对不对。"小个子拿出一只放大镜。

"嗯，常量池、访问标识、字段、方法……看起来没有问题。"小个子对 ClassLoader 说。

被人拿着放大镜看，这种感觉极为不爽。

"走，去虚拟机。"ClassLoader 还是冷冰冰的。

这哥儿俩不容我带任何东西，便把我推上车，飞奔向我从没听说过的"虚拟机"。

刺探信息

我感到前途未卜，但也不能坐以待毙，一定得多了解信息。

"大哥，你叫什么名字？"我看小个子还算和气。

"我就是大名鼎鼎的文件验证器，能管很多事儿。"

"那刚才他为啥还得请示上级呢？"我瞥了一眼开车的 ClassLoader。

文件验证器的声音一下子就压低了：

"你不知道，说来话长，我们之前出过事故，有一名黑客写了一个类 java.lang.String，和我们老板手下一个干活儿最卖力的员工的名字一模一样，只是这个黑客类里面竟然有格式化硬盘的代码，我们的小兵 ClassLoader 不明就里，就把这个黑客类装载了，也执行了，最后的结果，唉，很惨的……"

"那后来怎么办？"

"后来我们老板就定下了规矩：他的骨干员工像 String、ArrayList 等只能由他自己的心腹去装载。我听说老板的心腹都是分层级的，像传销一样，每个都有上线，顶层的叫 Bootstrap ClassLoader，下一层级叫 Extension ClassLoader，现在开车的这位其实叫 App ClassLoader，位于底层。咱这位 ClassLoader 在装载一个类之前，一定要先问一问这几位权力极高的大爷，请他们先装载；这几位大爷装载不了，才由我们这些小兵出马。"

"这能避免黑客攻击？"

"能啊！ 你想想，那名黑客写了一个用于攻击的类 java.lang.String，我们在装载之前，肯定要请 Extension、Bootstrap 这些大爷先来装载。由于 String 是老板的核心员工，所以肯定会由他们先装载。这些大爷把 String 直接给我们了，我们就不会装载黑客类了！"

"你能不能少说两句？"ClassLoader 似乎生气了。

我和文件验证器只好噤声。

其实文件验证器也不是只会跟我吹牛，他也很敬业，这家伙在车上把我全部的字节码都要了过去，对这些天书一般的东西一遍一遍地检查分析，确保每条指令都是正确的，检查是不是有超类，是不是覆盖了 final[1] 方法，跳转指令是不是正确……

初识虚拟机

很快，我们来到了的地。我一看，虚拟机不就是几幢大楼吗，不过这几幢大楼可真高啊。

他们俩把我带进其中一幢叫"方法区"的大楼，进了电梯，输入 2048。

很快来到第 2048 层，无数的格子间平铺开来，他们七拐八拐，轻松地把我带到了我的位置，上面写着我的名字"com.mytaobao.domain.Account"。

我问文件验证器："这楼这么高，这么多格子间，人会坐满吗？"

"只有极少情况会坐满，一旦满了，就会抛出异常，我们就完蛋了。你好自为之吧，再见。"

他们把我安顿好就立刻离开了。

我往周边一看，咦，这不是著名的 java.lang.String 吗？

我本想和他打个招呼，可是他的电话似乎一直没断过，嘴里一直说着什么 store、load 之类我听不懂但是似乎有点熟悉的话。

正无聊着，我桌子上的电话也响了，电脑屏幕也亮了，我看到一个人对我笑着说：

"你好，我是刚刚 new 出来的 Account 对象，我的编号是 Account@659e0bfd。"

晕倒！ 这厮和我有什么关系？

看我一脸的诧异，他说："很快就会有一个线程到 CPU 车间了，他会联系你，我就是想确认一下你在不在。噢，对了，我在一个叫作堆的地方，有空来找我玩啊！ Bye！"说完就消失了。

1　final 关键字可以用来修饰类、方法和变量。用 final 修饰的类不能被继承；用 final 修饰的方法不能被子类覆写；用 final 修饰的变量初始化后不能更改（当 final 修饰一个基本数据类型时，表示该基本数据类型的值在初始化后便不能发生变化；如果 final 修饰一个引用类型，则对其初始化之后便不能再让其指向其他对象，但该引用所指向的对象的内容还是可以变化的）。

果然没多久，视频电话又响了。

这次我看到一个人站在一个明亮的车间里，抱着一个包裹，他按了一个按钮，面前立刻升起一个工作台，台子上立了一只有很多抽屉的柜子，每个抽屉上都有一个编号，旁边还有一只深桶。

（后来我才知道，那只柜子的学名叫作**局部变量区**，那只桶叫作**操作数栈**）

我正想问问是怎么回事儿，就听到了他的声音：

"我是线程 0x3704，我要调用你的第二个方法了。"

我一看，我的第二个方法是 add：

```java
public void add(int x , int y ){
    x = x + y;
    ... 其他代码略 ...
}
```

【注：Account 类当然看不到这些源码，这是为了方便你看的】

"请把第一条指令跟我说一下。"0x3704 继续问我要东西。

我还不太熟练，找了半天才说：

"iload_1。"

于是他就操作柜子上的机械手，把 1 号抽屉里的一个数 30 扔到了工作台上的一只桶里。这只桶很窄，没法并排放两个数，但是很深。

然后 0x3704 说："下一条指令！"

"iload_2。"

于是 2 号抽屉里的一个数 40 也被扔到了桶里，正好压在 30 上面，从桶上面就看不到 30 了。

"下一条指令！"

"iadd。"

于是他就把两个数从桶里取了出来，做了一个飞快的动作，这两个数变成了一个数 70！然后他又把 70 放到了桶里。

"下一条指令！"

"istore_1。"

于是他把 70 从桶里捞出来，放到了柜子上编号为 1 的地方，之前的 30 就被扔掉了。

我看得目瞪口呆，这厮在干吗 ???

我问他："0x3704，不就是把两个数加起来吗？为啥搞得这么麻烦？"

他不理我，只是继续说："下一条指令！"

我只有配合他玩这个游戏。

java.lang.String 难得悠闲，端着一杯咖啡一边看我手忙脚乱地取指令，一边说：

"新人都这样，别着急，等你熟练了，闭着眼睛就搞定了，就像我一样。你可能不知道，我们这个虚拟机叫作基于堆栈的虚拟机。看到那只桶没有？其实就是一个先进后出的栈，我们虚拟机的所有指令其实都在对栈进行操作。"

可我还是好奇："这栈有什么好啊？"

旁边格子间的 java.util.Stack 立刻说：

"这事儿你得问我啊！怎么说呢？主要是为了简单，你看我们只用一只简单的桶，对了，栈，就能完成所有的工作，你要做的就是往栈里扔东西（入栈），然后从最上面拿东西（出栈）。不像 Intel 的 CPU，搞了巨多的桶，每只桶只能容纳一个数，他们还美其名曰'寄存器'。做加法的时候，先把一个数放到第一只桶里，再把另一个数放到第二只桶里，加起来所得的结果还得再找一只桶放进去，有些桶还不通用。这么多桶，找起来麻烦死了。"

"可是我们的栈操作起来就麻烦了，你看一个简单的加法都得操作半天。"我不依不饶。

"我们的指令可以优化，不过我也不太懂。"

这个游戏我整整玩了一天，没有线程找我的时候，我就闲着。String 说得对，熟练以后简直太简单了。

String 就不一样了，几乎每时每刻都有线程给他打电话要指令。这也没办法，String 确实是虚拟机的骨干和精英，使用频繁，业务纯熟，忙而不乱。

有时候我会看到线程有不止一个工作台，而是一摞工作台，一个压一个。线程们都很老实，永远在最上面那个工作台上工作，从来不会先干下面的活儿。

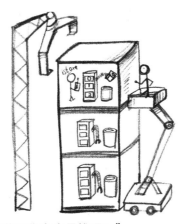

我问 java.util.Stack："这些工作台也是栈吧？"

"没错，学名叫 Java 函数栈，每个线程都有一个，其中的每个工作台你见过了，学名叫栈帧，知道不？每个台子都代表一个方法调用，这一摞工作台就是一个方法的调用链。"

确实是，因为我发现一旦调用新方法，就会立刻形成一个新的工作台，压在旧的工作台上面。方法调用完成后，栈顶的工作台就被销毁了，线程会在下面的工作台上继续机械地干活儿。

快乐假期

第二天，0x3704 又问我要指令，我有点生气："你就不能记住吗？"

0x3704 说："我可不能记住，万一你被重新装载了，指令变了怎么办？"

我告诉他指令是"iload_1"，他刚把数据扔到桶里，古怪的事情发生了：身手敏捷的 0x3704 突然好像凝固了一样，不动了。

只听到 String 欢呼："遇到断点了，码农开始调试了，我们放假了！"

"调试？什么调试？"

"就是码农会单步、手工地执行这些指令。他们慢死了，可能 1 秒才能执行一步。由于我们的时间比他们的快得多，他们的 1 秒简直就是我们的十几天。走，出去玩去！"

"出去玩？能上哪儿玩？"我觉得这里无聊透顶了。

"找我们 new 出来的对象玩去！"

我想到了之前联系过我的对象 Account@659e0bfd，想着去看看也不错。

这个叫"堆"的大楼更加拥挤，全是人，String 的对象当然最多，String 左右逢源，不停地打招呼，从我这个类创建出来的 Account 对象几乎找不到。

一队全副武装的士兵不停地巡逻，时不时地把对象拉出来，塞到车里去。

"这是在干吗？"我问 String。

"这些人叫清理者，专门清理没用的对象。你看，车里那不是 Account@659e0bfd 吗？"

"啊？昨天他还和我联系了，他怎么会没用了呢？"

"他很有可能只是一个方法的局部变量，方法结束后，就没人引用了，白白地占用空间。你看这幢楼太拥挤了，如果不清理，很快就会住满，系统崩溃，Out Of Memory 了。"

"那这幢楼就不能盖得更高一点吗？"我心里有点可怜这些被回收的对象们。

"楼有多高，是由码农决定的，他们在启动虚拟机的时候会指定参数。"

"那清理者怎么知道谁有用、谁没用？"

"可达性分析呗。这些清理者非常厉害，手里掌握着一些叫作 GC Roots 的对象，从这些节点出发四处搜索被 GC Roots 直接引用的对象，然后再找这些对象所引用的对象，这么一层一层找下去，就形成了一条以 GC Roots 为起点的引用链条。如果你很不幸，不在这条链条上（比如图 2-1 中的 Object C、Object E、Object F、Object G），那就很有可能被清理掉了！"

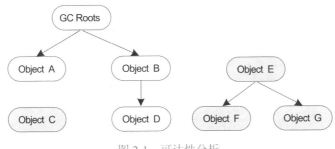

图 2-1 可达性分析

看来这个世界还是挺残酷的，对象不断地被创建出来，辛苦工作，没用了以后就被无情地抛弃！

"那我们会被清理掉吗？"我担心地问。

String 类神秘地笑了一下："我应该不会，但你是有可能的。"

我当然明白了，String 类是核心员工，而我只是从外面加载过来的一个类而已。不过，我也确实有点想我的家了。

果然，又过了 10 天，0x3704 才动弹了一下，问我要第二条指令。

我想都没想就告诉了他："iload_2。"

接下来又是 10 天的长假。

真相大白

漫长的调试假期终于结束了，我刚回到自己的工作间，便发生了更奇怪的事情：整个世界毫无征兆地消失了。

我晕晕乎乎，发现还是躺在自家床上，我难道做了一场梦吗？

可是过去的记忆如此真切，到底是怎么回事儿？

管他呢，我已经知道了自己所在的房子的门牌号是 C:\workspace\myTaobao\bin\com\mytaobao\domain。

探索一下吧。唉，大部分人都非常无趣，不理我。

正当我准备回去接着睡觉的时候，我发现了 C:\workspace\myTaobao\src\ 下也有一个一模一样的目录 com\mytaobao\domain，关键是里面竟然有一个 Account.java！

出生的模糊记忆告诉我，javac 就是在这里把我生成的。

我正要跟他打招呼，一个"hi"字还没说出口。

javac 又一次运行，我被新的 Account.class 残忍地覆盖掉了！

临死前，我终于明白了，这是一个码农的电脑，码农在开发程序、调试程序，不断地重启服务器。

而我这个类隐藏着一个 Bug，经过调试后被发现，然后被修改了！

持久化：Java帝国反击战

断电的威胁

强大的 Java 帝国自成立以来，一直顺风顺水，可外人不知道的是，帝国也有一个致命的弱点，那就是害怕一种叫作"断电"的攻击。

每次攻击来临，帝国辛辛苦苦制造出来的 Java 对象都会瞬间死亡，变成孤魂野鬼，在电脑里四处游荡，最终悄无声息地消失在空气中。

这是没有办法的事情，帝国生存所依仗的 Java 对象都必须在内存中才能工作，而内存最怕"断电"！

这件事情变成了国王的一种心病，茶不思，饭不想。

某日朝会，国王又把这道难题抛给了下面战战兢兢的各位大臣。

线程大臣说："大王，我们能不能跳过内存，直接使用硬盘来操作 Java 对象？"

IO 大臣最近压力很大，已经有好几天没合眼了："不懂别瞎说，你知道硬盘有多慢吗，比内存慢几万甚至十几万倍，用硬盘怎么干活？还有，人类的冯·诺依曼体系要求了，数据必须在内存中，CPU 才能操作。"

线程大臣脑洞大开："大王，要是发明一种硬盘，容量无限大，速度和 CPU 一样，那 CPU 不就可以直接操作硬盘了，还要内存干什么？"

国王叹了一口气："别吵了，谁要是发明一种这样的硬盘，我会授予他 100 次 Java 帝国诺贝尔奖！你们知道人类的摩尔定律吗？集成电路上的晶体管每隔 18 个月便会增加一倍，性能也会提升一倍。可是这硬盘不行啊，就像手机上的电池一样，一直以来就像老牛拉破车，慢慢吞吞地在发展，这么多年都没有重大的突破。"

IO 大臣说："大王不用灰心，臣最近想出了一种办法，叫作**序列化**，可以把内存中那些重要的对象转换为二进制文件存储到硬盘上，这样就不怕断电了。"

"等到电力恢复以后，还能再让他们回到内存吗？"

"那是自然，我们可以反序列化，把二进制文件变成 Java 对象，继续在内存中干活儿。"

国王大喜，颁布命令，要求臣民们都必须学会 IO 大臣所发明的序列化。

数据库联合酋长国

序列化虽然解决了一部分问题，但是臣民们很快发现了它的弱点：效率低。

Java 对象少的时候还行；如果需要大规模地对 Java 对象进行存储、查询，那几乎不能用。比如，想选取 age > 28 的所有 Person 对象，那就得把所有序列化的 Person 对象都装入内存，一个个地比较年龄，这实在太费劲了。

IO 大臣这次也没辙了，只好建议国王去国外考察，看看人家遇到这个问题是怎么解决的。

国王放下高傲的身段，派出了多个使团，分别出访了 C++、Python、Ruby、C# 等王国。

一个月后，使团陆续返回，带回的消息惊人得一致：使用关系数据库存储大规模数据。

"关系数据库？"国王听说过这个东西，在 Java 帝国东边的大海上，有一个叫作数据库的群岛，那里有几个很大的部落，好像有什么 Oracle、DB2、SQL Server、MySQL 之类，他们组成了一个联合酋长国。

IO 大臣说："关系数据库就是用类似二维表格的方式来存储数据的。臣听说他们从 20 世纪 70 年代末就开始发展，由于有强大的理论基础，像什么关系代数、关系演算，现在发展得非常成熟，可以进行大规模的数据存储和查询，还可以支持我们梦寐以求的事务操作呢。对了，他们搞出了一个叫 SQL 的东西，屏蔽了具体的实现细节和各个数据库之间的差异。"

线程大臣还在记恨 IO 大臣一个月前的讽刺，马上柔中带刚，皮笑肉不笑地甩出一个炸弹："这个酋长国看起来挺好啊，只是 IO 大臣提到他们用二维表格的方式来存储数据，而我们这里是 Java 对象，好像不太匹配啊。"

国王上钩，向 IO 大臣发难："一个是表格的行和列，一个是对象的属性，我们怎么把对象存储到表格中？"

IO 大臣胸有成竹地说："这需要我们的臣民自己写代码，把对象属性变成数据库的行 / 列，其他王国都是这么干的，这种办法还有一个很好听的名字，叫 Object-Relational Mapping，只是现在这种 Mapping 需要我们手工来做罢了。你要想大规模地查询和存储数据，总不能一点代价都不付出吧。"

国王说："那就这么办吧，IO 大臣，你去负责和数据库联合酋长国谈判，让他们和我们 Java 帝国协调出一个接口，名字就叫……"

IO 大臣马上接口："Java Database Connectivity，简称 JDBC，如何？"

"好！就用这个名字！你去谈判的时候一定要坚守帝国的底线，那就是我们只负责定义接口，具体的 JDBC 实现必须由各个数据库提供！你要是搞不定，就别回来见我。退朝！"

表面风光的 EJB

半年以后，Java 帝国和数据库联合酋长国就 JDBC 达成一致，双方签署了正式的协议，帝国的臣民们欢欣鼓舞，纷纷开始使用 JDBC 作为持久化的工具。

可是这 JDBC 的劣势也很明显：这是一个非常"低级"的接口，程序员需要处理太多的细节，冗余代码太多，写一个简单的查询就得一大堆代码伺候，打开 Connection，创建 Statement，执行 SQL，遍历 ResultSet，还得记得关闭 Connection，要不然资源会泄露……

此时 Java 帝国正准备向企业级应用进军，需要支持安全、事务、分布式、可伸缩性、高可用性等高级功能，这些脏活、累活操作系统不想做，应用程序也不想干，那到底扔给谁呢？

帝国一合计，提出了一个令人耳目一新的概念——中间件（Middleware），专门负责底层操作系统和上层应用程序都不愿意做的事情。

帝国充分发挥了制定标准的特长，搞了一套 J2EE 的规范出来，其中包罗万象，涵盖了大部分企业开发的需求，把通用的、复杂的服务交给中间件提供商去搞定，让开发人员集中精力在业务逻辑的开发上。

其中有一个标准就是 EJB。帝国大肆宣传：只要使用了 EJB，再也不用写那些烦人的 JDBC 代码了，数据的创建、读取甚至查询都可以用面向对象的风格搞定。更厉害的是，这些 EJB 实例可以在一个集群上分布式运行。

在 WebSphere、WebLogic、JBoss 等应用服务器的支持和鼓噪下，J2EE 在初期热度非凡，帝国横扫企业级市场，别的王国只有看热闹的份儿。

Java 帝国的臣民们享受着外界羡慕的目光，骄傲地使用 EJB 进行开发，然后扔到应用服务器中执行。

但是其中的辛苦和委屈只有自己知道：开发烦琐，难以测试，性能低下。除了表面的风光，已经剩不下什么了。

轻量级 O/R Mapping 框架

2001 年，帝国有一个叫 Gavin King 的，终于无法忍受金玉其外、败絮其中的 EJB，自己偷偷另起炉灶，搞了一个 O/R Mapping 框架出来，名字很有意思，叫作 Hibernate。

冬眠？好像到了冬天让内存中的数据进入数据库冬眠，春天来了从冬眠中醒来，再次进入内存工作。

　　Gavin 宣称：使用 Hibernate，你可以把 Java 的属性用声明的方式映射到数据库表，完全不用你操心 Connection、SQL 这些细节。

　　帝国刚开始没在意，觉得这就是一个玩具，哪能和强大的 EJB 相比？

　　好东西永远都不缺市场，一传十、十传百，Hibernate 很快成了气候，使用简单、灵活，特别是脱离了那些庞大、昂贵的 WebSphere、WebLogic 容器也能使用，一下子捕获了很多臣民的心。

　　同年，另一个叫作 iBatis 的 O/R Mapping 框架也出现了，又吸引了一大批 EJB 臣民。

　　2004 年，Rod Johnson 给了 EJB 致命一击，他写了一本书，名为 *Expert One-on-One J2EE Development without EJB*，公然宣扬不使用 EJB，而要使用更加轻量级的框架，也就是他鼓捣出来的 Spring。

　　帝国宣称这是一本禁书，禁止出版发行。可是人的意志总是挡不住历史的潮流，抛弃重量级的 EJB，使用更加轻量级的 Spring 成了大势所趋。

　　这个 Spring 不但自己提供了轻量级的访问数据库的方法 JdbcTemplate，还能轻松地集成 Hibernate、iBatis 等一批工具，慢慢地，竟然成为事实的标准，在帝国流行开来。

帝国的反击

　　在一次早朝上，IO 大臣气急败坏地说："陛下，再不禁止 Spring、Hibernate、iBatis 的使用，我们的 EJB 就要被抛弃了。"

　　国王说："你禁止得了吗？上次你禁止 Rod 的那本书，民间的小抄还不是疯狂流行？最近的起义风起云涌，按下葫芦浮起瓢，扑灭了这个，那个又起来了。倒不如任由他们去，毕竟也大大地繁荣了我们 Java 帝国！"

　　线程大臣立刻拍马屁："陛下的心胸真是如同大海般广阔。不过臣倒有一计，既然官方 EJB 标准抵不过 Hibernate 的事实标准，我们何不把 Gavin King 招安了，为我所用？"

　　国王表示赞同，命令线程大臣负责招安及后续工作。

　　Gavin 此前已经加入 JBoss 部落，现在代表 JBoss 正式进入 JCP，也算被招安了。他早就有改造官方标准的雄心壮志，带领着帝国的 EJB 团队推出了 EJB 3.0，成功地向 Hibernate 看齐，其中有些注解简直一模一样，极大地简化了开发。各大厂商重新开始摇旗呐喊，为 EJB 3.0 背书。

　　臣民们已经适应了轻量级开发，抛弃了重量级的应用服务器，在 Spring 的带领下，他们再也不需要一个昂贵的、笨重的应用服务器来运行 EJB 了，帝国的这次声势浩大的反击战被化于无形。

不过，在 EJB 3.0 中悄悄埋下了一个副产品，叫作 Java Persistence API（JPA），充分地反映了帝国的小算盘：既然我在实现层面无法打败你们，那我就制定我最擅长的标准，用标准整合 O/R Mapping，一统天下，唯我独尊！

在帝国的力推之下，Hibernate、EclipseLink、OpenJPA 等知名产品都提供了针对 JPA 的实现。可是帝国的官员们悲哀地发现：现在臣民们又爱上了写 SQL 语句的 MyBatis。唉，这民意真是难以琢磨啊。

国王最终决定改换策略，无为而治，放下官方的架子，只要是有利于帝国的，不再阻碍，任其发展，趁机招安。

帝国反击战就此落幕，持久化工具之战以民间的胜利告终。

JDBC的诞生

谈判

Java 帝国元年，IO 大臣奉命去和数据库联合酋长国谈判，准备和他们达成一个通信的协议，让 Java 帝国的臣民们都可以使用数据库来持久化数据。

数据库联合酋长国有好多部落，但是像 Oracle、DB2 这些大部落都不愿意搭理 IO 大臣，让他吃了好几次闭门羹。毕竟 Java 帝国刚刚诞生，大家还不太敢贸然和一个新生的国家交易。

想来想去，IO 大臣决定先拿相对弱小的"MySQL"开刀。没想到，连 MySQL 也架子极大，IO 大臣三顾茅庐，送了厚礼以后，才获得一次见面的机会。

IO 大臣试着游说："MySQL 先生，我们 Java 帝国在大王的带领下，蒸蒸日上，未来也许会成为排名第一的大帝国，前途无限光明啊。"

"你就说说能给我带来什么好处吧！"MySQL 盯着 IO 大臣送的那一大盘黄金，面无表情。

"现在已经进入网络时代，只要您愿意跟我们合作，给我们开放网络接口，我们大王是绝不会亏待您和您的部落的。我们强强联手，让您超越其他部落也未可知啊。"

这句话击中了 MySQL 的软肋，他经常受到 Oracle、SQL Server 的欺负，说他没什么本事，做不了企业级的事情。MySQL 太想证明自己，超越其他部落了，他问道："我知道现在是网络时代，说说吧，你想怎么开放？"

第
2
章

"很简单，您听说过 TCP/IP、Socket 吗？没有吗？没关系，您的操作系统肯定知道，它内置实现了 TCP/IP 和 Socket，您只需要和他商量一下，申请一个 IP，确定一个端口，然后您在这个端口监听，我们 Java 帝国每次想访问数据了，就会创建一个 Socket，向您发起连接请求，您接受就行了。"

"这么麻烦啊？"

"其实也简单，您的操作系统会帮忙的，他非常熟悉。再说，只需要做一次就行，把这个网络访问建立起来，到时候很多程序都会来访问您，您和您的部落会发财的。"

"不会这么简单吧。假设说，我是说假设啊，通过 Socket 我们建立了连接，通过这个连接，你给我发送什么东西？我又给你发什么东西？"MySQL 非常老练，直击命门。

"呃，这个……"

IO 大臣其实心里非常明白，这需要和 MySQL **定义一个应用层的协议，就是所谓的你发什么请求、我给你什么响应、消息的格式和次序等**。

例如：

怎样"握手"？即客户端程序先跟 MySQL 打个招呼，MySQL 也回应一下。

怎么做认证、授权、数据加密、数据包分组？

用什么格式发送查询语句？用什么格式发送结果？

如果结果集很大，那要一下子全发过来吗？

怎么做数据缓冲？

……

这些都是让人头痛的问题。

本来 IO 大臣想独自定义，这样自己也许能捞一点便宜，没想到 MySQL 当面提出来了。

"这样吧，"IO 大臣说道，"我们先把这个应用层的协议定义下来，然后您去找操作系统来搞定 Socket，如何？"

"这还差不多。"MySQL 同意了。

两人忙活了一星期，才把这个应用层协议定义好。

然后又忙了一星期，才把 MySQL 这里的 Socket 搞定。

IO 大臣赶紧回到帝国的 Tomcat 村，做了一个实验：通过 Socket 和 MySQL 建立连接（见图 2-2），然后通过 Socket 发送约定好的应用层协议。还真不错，一次就调通了，看来准备工作很重要啊。

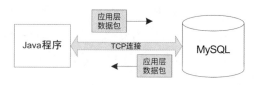

图 2-2　Java 访问 MySQL

【注：这是笔者的杜撰，MySQL 的网络访问早就有了，并不是 IO 大臣捷足先登搞出来的】

统一接口

搞定了 MySQL，IO 大臣很得意，这是一个很好的起点，以后和 Oracle、SQL Server、DB2 等大佬谈判也有底气了。

尤其是和 MySQL 商量出的应用层协议，MySQL 也大度地公开了。这样一来，不管是由什么语言写的程序，管你是 Java、Python、Ruby、PHP……只要能使用 Socket，就可以遵照 MySQL 的应用层协议进行访问。MySQL 的顾客呈指数级增长，财源滚滚。

尤其是一个叫 PHP 的家伙，简直和 MySQL 成了死党。

Oracle 和 DB2 那帮大佬一看，一个小小的数据库竟然大有超越本部落之势，立刻就红了眼。他们在和 IO 大臣谈判之前，就迫不及待地定义了一套属于自己的应用层协议。

令人抓狂的是，他们的应用层协议和 MySQL 的完全不一样！这就意味着之前写的针对 MySQL 的程序无法针对 Oracle、DB2 通用，如果想切换数据库，那么每个程序都得另起炉灶，写一套代码！

更让人恶心的是，每套代码都得处理非常多的协议细节，每个使用 Java 进行数据库访问的程序都在喋喋不休地抱怨：我就想通过网络给数据库发送 SQL 语句，怎么搞得这么麻烦？

原因很简单，就是直接使用 Socket 编程太低级了，必须有一个抽象层屏蔽这些细节！

IO 大臣心想：如果这样下去，那我不但不能名垂青史，反而要遗臭万年了！

不行，一定要改变！

他开始苦苦思索，一定要做出一个简单易用的接口来！

首先得有一个叫连接（Connection）的东西，用来代表和数据库的连接。

想执行 SQL 怎么办？用一个 Statement 来表示吧。

SQL 返回的结果也得有一个抽象的概念：ResultSet。

他们之间的关系如果用代码表示，则是这样的。

代码清单 2-1 JDBC 类之间的关系

```
Connection conn = ..... //获取数据库连接
Statement stmt = conn.createStatement();
ResultSet rs = stmt.executeQuery("select id,name from users");
while(rs.next()){
    int id = rs.getInt("id");
    String name = rs.getString("name");
    ...其他处理...
}
```

由 Connection 可以创建 Statement，Statement 执行查询可以得到 ResultSet。

ResultSet 提供了对数据进行遍历的方法，就是 rs.next()、rs.getInt(xxx)、rs.getString(xxx) ……完美！

对了，无论是 Connection，还是 Statement、ResultSet，它们都应该是接口，而不能是具体的实现（见图 2-3）。

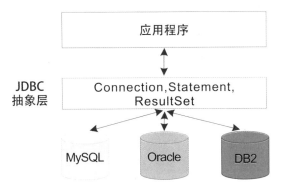

图 2-3　JDBC 抽象层

具体的实现需要由各个数据库或者第三方来提供，毫无疑问，在那些实现代码中就需要处理那些烦人的细节了。

按照 Java 帝国的要求，IO 大臣将这个东西叫作 JDBC。想着自己定义了一个标准接口，把包袱都甩给了别人，他非常得意。

面向接口编程

线程大臣一直和 IO 大臣不对付，看到 IO 大臣这么快就搞定了 JDBC，十分嫉妒。

他赶忙招来幕僚，"谆谆教导"一番，命幕僚去试用，找出漏洞，给他使一个绊子。

幕僚试用了两天，果然发现了问题，立刻向线程大臣汇报。

线程大臣一看机不可失，立刻在第二天的早朝上发难："启奏陛下，IO 大臣设计的这个 Connection 接口有问题！"

IO 大臣早就知道"木秀于林，风必摧之"，自己建了这么大的功业，肯定有人羡慕嫉妒恨，这不线程大臣已经跳出来了吗？他不慌不忙地接招："不可能，我的设计多完善啊！"

"看来你这个规范的制定者没有真正使用啊。你看看，我想连接 MySQL，把 MySQL 提供的 JDBC 实现（mysql-connector-java-4.1.jar）拿了过来，建立一个 Connection。"

代码清单 2-2　使用 Properties 建立连接

```
Properties info = new Properties();
info.put("host", "localhost");
info.put("port", "3306");
info.put("database", "stu_db");
info.put("username" ,"andy");
info.put("password", "123456");
Connection conn = new MySQLConnectionImpl(info);
```

"这不是挺正常的吗？你要连接 MySQL，肯定要提供 IP 地址、端口号、数据库名啊！" IO 大臣谨慎地表达了不满。

"问题不在这里。陛下，昨天臣偶遇 MySQL，他给了臣一个号称性能更强劲的升级版 mysql-connector-java-5.0.jar，我升级以后，发现我的代码编译都通不过了，原来 MySQL 把 MySQLConnectionImpl 这个类名改成了 MySQLConnectionJDBC4Impl。陛下明鉴，IO 大臣整天吹嘘着要面向接口编程，不要面向实现编程，但是他自己设计的东西都做不到！"

"嗯？……"国王把威严的目光转向 IO 大臣。

IO 大臣没想到线程大臣给自己挖了这么一个大坑，也后悔自己为什么没有好好检查一遍，只觉得背上开始出汗："陛下，新生事物总有一个完善的过程，现在设计上有一点小纰漏，臣马上就弥补！"

简单工厂

IO 大臣回到家中，心绪难平，虽然对线程大臣恨得牙痒痒，但不得不承认这是一个漏洞。

既然不能直接去 new 一个 Connection 的实现，那肯定要通过一个新的抽象层来做，这个抽象层叫作什么？

IO 大臣想到了电脑上的驱动程序，很多硬件没法直接使用，除非安装了驱动。那我也模拟一下，再做一个抽象层吧：Driver。

代码清单 2-3　Driver

```java
public class Driver {
    public static Connection getConnection(String dbType, Properties info){
        if("mysql".equals(dbType)){
            return new MySqlConnectionImpl(info);
        }
        if("oracle".equals(dbType)){
            return new OracleConnectionImpl(info);
        }
        if("db2".equals(dbType)){
            return new DB2ConnectionImpl(info);
        }
        throw new RuntimeException("unsupported db type = " + dbType);
    }
}
```

通过 Driver 就可以把 Connection 的具体实现给屏蔽了，程序只要这么调用就可以了。

代码清单 2-4　使用 Driver 获取连接

```java
Properties info = new Properties();
info.put("host", "localhost");
info.put("port", "3306");
info.put("database", "stu_db");
info.put("username" ,"andy");
info.put("password", "123456");
Connection conn = Driver.getConnection("mysql", info);
```

IO 大臣得意地想：这不就是设计模式中的"简单工厂"吗（见图 2-4）？看看，我用到这里来了吧?

IO 大臣心想：从此以后，各个程序就可以通过 Driver 直接获得一个 Connection 接口了，完美地实现了面向接口编程。

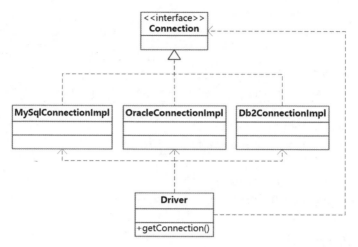

图 2-4 简单工厂

【注：简单工厂从严格意义上来说并不是一种设计模式，但是由于经常被使用，因而成为一种最佳实践。我们也就认为它是一种设计模式吧】

数据驱动

在呈给国王之前，IO 大臣这次万分小心，以免让线程大臣再次抓住小辫子。

他命令自己的幕僚仔细研究三天，看看有什么漏洞。

InputStream 在设计上很有经验，看了以后就提了一个问题："大人，我想新加一个数据库连接的实现，比如 MysqlConnectionImpl，是不是还得修改你的 Driver 代码呢？要是 Driver 这个类已经打包在 JDK 当中了，就无法修改了！"

难道让使用者修改 JDK 吗？这确实挺让人尴尬的。

IO 大臣想了想，可以用配置文件啊，用数据驱动的方法，每个想使用 JDBC 的程序都需要提供一个类似这样的文件 Connection-type.properties，其中的内容是这样的。

代码清单 2–5　Connection-type.properties

```
mysql = com.mysql.jdbc.MySqlConnectionImpl
db2 = com.ibm.db2.Db2ConnectionImpl
oracle = com.oracle.jdbc.OracleConnection
sqlserver = com.Microsoft.jdbc.SqlServerConnection
```

由于在这个文件中已经描述了数据库类型和 JDBC Connection 实现类之间的关系，所以 Java 就可以用反射的办法来创建各个数据库的 Connection 实例了。

代码清单 2–6　通过反射创建 Connection

```java
public class Driver {
    public static Connection getConnection(String dbType, Properties
info){
        Class<?> clz = getConnectionImplClass(dbType);
        try {
            Constructor<?> c = clz.getConstructor(Properties.class);
            return (Connection) c.newInstance(info);
        } catch (Exception e) {
            e.printStackTrace();
            return null;
        }
    }
    private static Class<?> getConnectionImplClass(String dbType) {
        //读取配置文件，从中根据dbType来读取相应的Connection实现类，过程略
    }
}
```

工厂方法

经过了这次修改，IO 大臣以为终于可以让线程大臣闭嘴了，没想到这个"刺儿头"非常厉害，在早朝上又一次抓住了 IO 大臣的小辫子："陛下，作为一个 JDK，正在编写 java.sql 这个重要的包，但是客户在使用的时候需要提供一个 .properties 文件，而 .properties 文件必须写对数据名称和类名才可以工作，实在太低级了。"

IO 大臣的脸上青一阵紫一阵，确实有点低级。其实还有一点原因没说出来，那就是所有权的归属问题，例如：

MysqlConnectionImpl 是由 Oracle 提供的，属于 mysql.jar。

Db2ConnectionImpl 是由 IBM 提供的，属于 db2.jar。

OracleConnectionImpl 是由 Oracle 提供的，属于 oracle-jdbc.jar。

所以，**创建这些实现类的过程不应该被暴露出来，应该让各个厂商在各自的 .jar 中去创建各家的 Connection 实例对象。**

IO 大臣灵机一动："陛下，其实我这里还有另一种方法：工厂方法！"

"什么是工厂方法？"

IO 大臣画了一张图（见图 2-5）。

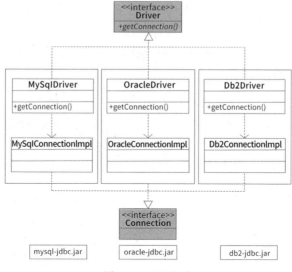

图 2-5   工厂方法

"这个工厂方法和之前的简单工厂的最大区别就是：**工厂本身也变成了接口**！看看，这里有三个实现MySqlDriver、OracleDriver、Db2Driver，分别创建对应的MysqlConnectionImpl、OracleConnectionImpl、Db2ConnectionImpl。

更重要的是，每个数据库的Driver类和自己对应的Connection实现类是打包在一个.jar中的（见表2-1）！"

表 2-1   JBDC 驱动文件和类

文件名	Driver 类	Connection 实现类
mysql-jdbc.jar	MySqlDriver.class	MySqlConnectionImpl.class
oracle-jdbc.jar	OracleDriver.class	OracleConnectionImpl.class
db2-jdbc.jar	Db2Driver.class	Db2ConnectionImpl.class

代码清单 2-7   工厂方法实现代码

```
//属于JDK的Driver类
public interface Driver {
    public Connection getConnection(Properties info);
}
//属于mysql-jdbc.jar的MySqlDriver类
public class MySqlDriver implements Driver {
    public Connection getConnection(Properties info) {
        return new MySqlConnectionImpl(info);
    }
```

```
}
//属于oracle-jdbc.jar的OracleDriver类
public class OracleDriver implements Driver {
    public Connection getConnection(Properties info) {
        return new OracleConnectionImpl(info);
    }
}
//属于db2-jdbc.jar的Db2Driver类
public class Db2Driver implements Driver {
    public Connection getConnection(Properties info) {
        return new DB2ConnectionImpl(info);
    }
}
```

　　线程大臣不甘心，再次发出挑战："你解决了一个问题，但是又引入了一个新的问题。这个 Driver 变成了接口，我怎么使用呢？难道让我直接 new 出一个 MySqlDriver？"

　　针对这一点，IO 大臣早已想到了："不用直接 new，可以通过反射的方式先把类装载进来，然后再创建一个 Driver 实例。"

代码清单 2-8　通过反射创建 Driver 实例

```
Class<?> clz = Class.forName("com.coderising.mysql.MySqlDriver");
Driver driver = (Driver)clz.newInstance();
Connection conn = driver.getConnection(info);
```

　　线程大臣说："还是麻烦，臣民们还得学习反射！能不能简化？"

　　IO 大臣觉得线程大臣真是可恶，非要把自己逼疯不可。

　　虽然这么想，但是在朝堂上又不好发作，只好压下怒火说："好吧，那就把 Driver 也给隐藏起来吧。我来搞一个 DriverManager，所有的脏活、累活都让他来做。"

代码清单 2-9　DriverManager 的实现

```
public class DriverManager {
    private static List<Driver> registeredDrivers = new ArrayList<>();
    public static Connection getConnection(String url, String user,
String password){
        Properties info = new Properties();
        info.put("user", user);
        info.put("password", password);
        for(Driver driver : registeredDrivers){
```

```
            Connection conn = driver.getConnection(url,info);
            if(conn != null){
                return conn;
            }
        }
        throw new RuntimeException("can't create a connection");
    }

    public static void register(Driver driver){
        if(!registeredDrivers.contains(driver)){
            registeredDrivers.add(driver);
        }
    }
}
```

【注：上述代码仅为示例代码，没有考虑例外情况、线程安全等因素】

这个 Driver 不但可以获取一个 Connection，还有一种更重要的方法，那就是注册各种各样的 Driver 实现。比如，对于 MySqlDriver 来说，代码长这个样子。

代码清单 2-10　　MySqlDriver 的实现

```
public class MySqlDriver implements Driver {
    static{
        DriverManager.register(new MySqlDriver());
    }
    public Connection getConnection(String url, Properties info)  {
        if(acceptsURL(url)){
            return new MySqlConnectionImpl(info);
        }
        return null;
    }
    public boolean acceptsURL(String url){
        return url.startsWith("jdbc:mysql");
    }
}
```

IO 大臣这次有了无比坚定的信心："看看，关键点有两个，一个是 URL；另一个就是这个 MySqlDriver 的类一旦被装载，就会注册到 DriverManager 中。我们以后建立连接是不是这么用？"

代码清单 2-11 使用 DriverManager 获得 Connection

```
Class.forName("com.coderising.mysql.MySqlDriver");
Connection conn = DriverManager.getConnection(
                "jdbc:mysql://localhost:3306/studb",
                "root",
                "123456");
```

线程大臣这次终于沉默了！他不再说话，开始闭目养神了。

这个 Class.forName() 方法就可以把某个数据库的 Driver 类装载，Driver 类被装载的时候就会把自己注册到 DriverManager 中，等到 DriverManager.getConnection 执行的时候就会遍历各个注册过的 Driver 去尝试获得 Connection，各个 Driver 可以判断 URL 是不是自己所支持的（acceptsURL() 方法），如果是，则返回一个 Connection 对象。

IO 大臣说："陛下，现在整个体系完备了，无论任何数据库，只要正确地实现了 Driver、Connection 等接口，就可以轻松地纳入 JDBC 框架下。"

Java 国王想：这两个家伙从去年开始就争论得不可开交，现在终于可以告一段落，让老子清静一会儿了。他高兴地对吕公公说："你去颁布一道旨意，从今天开始，JDBC 标准正式诞生。帝国的臣民们要想访问数据库，必须使用 JDBC！"

Java帝国之宫廷内斗

JDBC 大臣

自从和东海之滨的数据库联合酋长国缔结了合作协议以后，IO 大臣就退居二线了。

他本来想把 JDBC 也划归自己管理，奈何国王头脑发热，竟然任命了新的 JDBC 大臣，专门负责这一摊事儿。

JDBC 大臣经常在早朝上给国王吹风："陛下，我们的 JDBC 设计得非常好，别看什么 Hibernate、MyBatis 是现在的事实标准，他们的底层都在用我们的 JDBC 接口。"

国王赞许地频频点头，似乎忘记了这是躲在角落里的 IO 大臣的功绩。

IO 大臣既咬牙切齿又无可奈何。

这一天，JDBC 又在给国王推销关系数据库的好处："陛下，这关系数据库相比于简单的文件系统有一个巨大的好处，就是支持事务。"

听到 JDBC 大臣又在贬低自己负责的部门，IO 大臣怒火中烧。

国王问道："什么是事务？要事务干吗？"

"我举一个通俗的例子您就明白了。假设 IO 大臣要给我转账 100 元，他的数据库账户要扣掉 100 元，我的数据库账户要增加 100 元，这就涉及两个操作，这两个操作要么全部完成，要么一个都不做，只有这样才能保证数据的一致性，这就是一个事务。数据库联合酋长国对事务总结了 4 个特性：原子性（Atomicity）、一致性（Consistency）、隔离性（Isolation）和持久性（Durability），简称 ACID。要不我再给您详细地解释一下？"

国王连忙摆手："不不不，别拿这些细节来烦我，你就告诉我们的臣民怎么去使用就行了。"

JDBC 大臣说："这个很简单，默认情况下，我们的 JDBC 都会把对数据库的操作认作一个事务。当然，臣民们也可以设置成手工的方式，手工提交和回滚事务。不管哪种方式，都是非常简单的。"

国王说："那就好，爱卿辛苦了，还有事吗？有事启奏，无事退朝。"

密谋

IO 大臣回到家中，依然感觉火气难平，招来幕僚商谈。

InputStream 说："大人，这 JDBC 大臣虽然猖狂，但是我们暂时拿他没办法，现在都是 Web 时代，哪个应用不用数据库啊？"

"难道就让他这么猖獗下去？"

InputReader 足智多谋："我倒是有一计，只是得等待时机。"

"什么时机？"

"你看今天 JDBC 那厮提到了事务，但是这个事务只在一个数据库中有用，如果需要跨数据库怎么办？比如我的账号存在数据库 A 中，你的账号存在数据库 B 中，那转账的时候怎么办？怎么实现 ACID？"

InputStream 表示不同意："谁会这么傻，把我们的账号信息放到两个数据库中？"

"这就是时候未到，现在大部分的应用数据量都不大，放到一个数据库中绰绰有余，等到数据量大到一定程度，势必要拆分数据库，就会出现跨数据库的事务，到那个时候我们的机会就来了，我们准备好解决方案，参那厮一本，不信扳不倒他！"

IO 大臣拍板："好！就这么办！这事儿离不开数联酋（数据库联合酋长国）的支持，我和他们还有交情，这就派人去，许以重金，让他们继续和我们合作。"

在 IO 大臣密谋的同时，JDBC 大臣的家中却是觥筹交错、莺歌燕舞。

第
2
章

有识之士曾经向 JDBC 大臣提过要和数联酋搞好关系，以便将来有什么不时之需。可是处于巅峰的 JDBC 大臣哪能听得进去？

两阶段提交

InputReader 果然很有远见，随着时间的流逝，Web 越来越发达，帝国出现了很多巨型网站，他们的各种数据果然没法放到一个数据库中了，把大的业务系统拆分成多个数据库变成了一个常见的实践。当一个业务同时操作多个数据库的时候，没有分布式事务是实现不了的。

正在此时，一个秘密奏章被送到了国王的案头，状告 JDBC 大臣因循守旧，面对大好的形势不与时俱进，对分布式事务漠不关心、毫无作为。

国王召集朝会，讨论分布式事务的问题。他向 JDBC 大臣率先发难：“爱卿，你听说过臣民们要求支持分布式事务吗？”

JDBC 大臣慌了：“这……这好像是一撮刁民提的要求吧，陛下不用理会。”

IO 大臣冷笑一声：“刁民？我看是良民吧！启奏陛下，据臣所知，帝国有不下 100 个系统要求支持分布式事务，JDBC 大臣竟然连最基本的情况都不知道，真是毫无作为。”

IO 大臣觉得稳操胜券，直接撕破了脸。

国王心里明白了几分，他直接对 IO 大臣说：“爱卿，你说说该怎么办？”

“陛下，当年臣和数据库联合酋长国谈判的时候，和他们建立了良好的交情。前几天我宴请他们的时候，特别提及了这件事情。Oracle 告诉臣，这很好办，其他王国正在讨论实施两阶段提交的协议，我们也可以参与进来。”

虽然 IO 大臣已经和数据库联合酋长国讨价还价了很久，不知道花费了多少银子，但还是不显山不露水、很随意地说了出来。

JDBC 大臣一看 IO 大臣进入了自己的一亩三分地，急忙问道：“什么是两阶段提交？”

IO 大臣不屑地瞥了他一眼，从袖子中拿出早就准备好的提议，双手向国王奉上。

国王哪里看得懂，扫了一眼就赐给望眼欲穿的 JDBC 大臣，只见上面赫然写着：

◆ 两阶段提交协议

由于涉及多个分布式的数据库，我们特设一个全局的事务管理器，它来负责协调各个数据库的事务提交。为了实现分布式事务，需要两个阶段（见图 2-6）。

阶段 1：全局的事务管理器向各个数据库发出准备消息。各个数据库需要在本地把一切都准备好，执行操作，锁住资源，记录 redo/undo 日志，但是并不提交。总而言之，要进入一种时刻准备提交或回滚的状态，然后向全局的事务管理器报告是否准备好了。

　　阶段 2：如果所有的数据库都报告说准备好了，那么全局的事务管理器就下命令：提交！这时候，各个数据库才真正提交。由于之前已经万事俱备，只欠东风，所以只需快速完成本地提交即可。

　　如果有任何一个数据库报告说没准备好，那么全局的事务管理器就下命令：放弃！这时候，各个数据库要执行回滚操作，并且释放在阶段 1 锁住的各种资源。

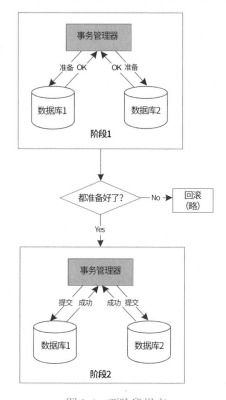

图 2-6　两阶段提交

　　JDBC 大臣也是行家，一看就明白了是怎么回事儿。阶段 1 就是让大家都准备好，阶段 2 就是迅速提交。

　　这是一个看起来很完美的理想方案，但是他意识到其中有漏洞，幕僚曾经告诫自己：一旦涉及分布式，事情就不会那么简单，任何地方都有失败的可能。

　　比如在阶段 2，那个全局的事务管理器如果出现了问题怎么办？各个数据库还在等着你下命令呢？你迟迟不下命令，大家都阻塞在那里，不知所措，到底是提交还是不提交呢？我这里还锁着资源呢，迟迟不能释放，多耽误事儿！

　　还是在阶段 2，事务管理器发出的提交命令由于网络问题，数据库 1 收到了，数据库 2 没收到，这两个数据库就处于不一致的状态了，这种情况该怎么处理？

JDBC 大臣决心给 IO 大臣挖一个坑：让你逞能！让你给老子穿小鞋！

他说："陛下，IO 大臣不愧为设计过 JDBC 协议的股肱之臣，臣才学疏浅，深为拜服，特奏请陛下恩准 IO 大臣再次出山，和数据库联合酋长国设计出新协议，来支持分布式事务。"

国王准奏。

JTA

IO 大臣满心狐疑，不知道 JDBC 老头儿在给自己下什么药，回到府中和大家商量。

InputReader 眼看自己多年前的计策就要成功，颇为兴奋："管他呢，只要咱们把这个分布式事务的协议给制定好，JDBC 老儿就得下台了。"

"对，到时候我们就掌管文件、网络、数据库，Java 帝国里就属我们 I/O 独大了！" InputStream 开始畅想美好的未来，到时候自己估计至少从 5 品升为 4 品。

IO 大臣马上安排和数据库联合酋长国的谈判，由于之前良好的交情，这一次协议很容易就达成了，IO 大臣给它起了一个很响亮的名字：Java Transaction API（JTA）。

这个 JTA 规范用起来也比较简单，只要获得一个 UserTransaction 就可以操作了，帝国的臣民们根本不用关心底层的协议细节。

代码清单 2–12　JTA 代码

```java
UserTransaction userTx = null;
Connection connA = null;
Connection connB = null;
try{
    userTx =
 (UserTransaction)getContext().lookup("java:comp/UserTransaction");
    connA = ...从数据库A获取Connection...
    connB = ...从数据库B获取Connection...
    //启动分布式事务
    userTx.begin();
    在数据库A中执行操作
    在数据库B中执行操作
    //提交事务
    userTx.commit();
}catch(SQLException e){
    if(userTx != null){
        userTx.rollback();
    }
}
```

经过国王的批准，JTA 正式推广。

可是令 IO 大臣万万没有想到的是，国王在 JTA 发布的前夕，亲切地召见了自己和另一名不知名的官员。国王关心地说："爱卿，朕知道你很忙，掌管着网络和文件操作，为了给你减轻负担，朕决定任命一个新的 JTA 大臣来协助你！"

IO 大臣如同五雷轰顶，自己辛辛苦苦的工作完全被无视，这到底是为什么？

他失魂落魄地回到府中，好几天茶饭不思。

还是 InputReader 出来安慰了他："这是陛下的帝王之术，害怕我们一家独大，平衡一下朝中力量。大人可以放宽心，你看 JDBC 大臣也受到了打压，风光不再了。"

塞翁失马，焉知非福

JTA 并没有取得像 JDBC 那样的广泛应用，JDBC 大臣挖的那个坑现在终于露出了狰狞的面目。

只不过这个坑并没有让 IO 大臣掉进去，新任的 JTA 大臣背了黑锅。

臣民的抗议声越来越多：分布式事务伴随着大量节点的通信交换，协调者要确定其他节点是否完成，加上网络带来的超时，导致 JTA 性能低下，在分布式、高并发和要求高性能的场景下举步维艰。

拜 IO 大臣的工作所赐，现在数据库联合酋长国的各个部落都支持两阶段提交，很多应用服务器如 WebSphere、WebLogic 等都支持 JTA，可是使用者却寥寥无几，都快成摆设了。

JTA 大臣每次上朝都战战兢兢，他是一个平庸之辈，虽然四处救火，但是无力解决根本的问题。

现在那些高并发的系统反而极力避免两阶段提交，他们绕开 JTA 大臣，直接找到了 IO 大臣诉苦："大人，你带领着制定了 JTA，但是这个标准太理想化，完全不符合实情啊！"

IO 大臣说："不会吧，这不是你们要求的吗？用户 A 和 B 的账号分别在两个数据库中，当 A 给 B 转账 100 元的时候，肯定得保证 A 扣掉 100 元，而 B 增加 100 元。"

"这就是官府的想法，总想着让两个数据库保证实时的一致性（强一致性）。为了达到这个目标，JTA 付出的代价太高了。我们现在不想这么干了。我们可以忍受一段时间的不一致，只要最终一致就行。比如，A 给 B 转账 100 元，A 中的钱已经被扣除，但是 B 中的钱不会实时地增加，过一段时间能保证增加就行了。"

"最终一致性？有点意思！"想到 Java 帝国的官方标准总是被臣民们所建立的事实标准

所打败，敏锐的 IO 大臣立刻看到了背后的机遇。他决定这一次要联合民间力量，再次反攻，一举扳倒 JDBC 大臣和 JTA 大臣。

想到这里，IO 大臣得意地笑了……

基本可用

IO 大臣马上找到自己的心腹幕僚 InputReader，交代了一项任务，去民间考察这些高并发系统是怎么折腾最终一致性的。

InputReader 连夜出发，为了不引起 JDBC 大臣和 JTA 大臣的注意，他这次特意微服私访。

他不辞辛苦，跑遍了帝国大大小小几十个高并发系统，与大量的民间领袖深入地交换了意见。他越谈越惊心：我们总是高高在上地制定所谓的官方标准，自我感觉良好，实际上根本没人用，前有 EJB，今有 JTA，都是脱离了实际需求想出来的。

3 个月后，InputReader 成竹在胸，回到京城向大人汇报。

"大人，据属下观察，我们的 JTA 用的人确实很少，我现在理解了民间所说的最终一致性。"

看着黑瘦的 InputReader，IO 大臣心里非常感动，暗下决心：等老夫控制了朝局，一定给忠于自己的 InputReader 升两级。

"还是拿那个转账的例子来说吧，"InputReader 喝了一口茶继续说，"假设两个账户（吕秀才和郭芙蓉）在两个独立的数据库中，我们原来设计的 JTA 要求从吕秀才的账户中减去100 两银子，然后在郭芙蓉的账户中加上 100 两银子，这两个操作要么全部做完，要么全部不做。但是在网络的环境下，这是不大容易做到的，或者说在高并发的情况下做到的代价太高。"

"这我理解，上次说了。你说说民间到底是怎么实现的。"IO 大臣有点心急。

"其实特别简单，他们用了一个叫作消息队列的东西来实现。大人请看。" InputReader 展开了一张图（见图 2-7）。

IO 大臣看着图："就这么简单？"

InputReader 说："小人举的是一个非常简单的例子，但是也能说明问题。我们想从吕秀才的账户中转 100 两银子给郭芙蓉，需要在数据库 1 中发起一个事务，从吕秀才的账户中扣除 100 两银子，还得向消息队列插入一条给郭芙蓉的账户增加 100 两银子的消息，然后这个数据库 1 的事务就结束了。消息队列中的消息会在某一刻被读取出来，进行处理，给郭芙蓉的账户增加 100 两银子。"

"那给郭芙蓉账户增加 100 两银子的消息什么时候会被处理呢？"

"这个时间不确定，就看具体怎么实现了。比如有一个后台程序定期运行，读取消息来处理。"

"那万一消息队列宕机怎么办？"

"不用怕，消息队列中的数据都是被持久化到硬盘上的，不会丢失。"

"郭芙蓉这么刁蛮，这 100 两银子不能立刻到账，她还不把吕秀才给'排山倒海'了？"

"大人，这就是关键了。您想，假设数据库 2 宕机了，对郭芙蓉来说有两种选择：一种是由于系统原因，转账操作完全不能进行；另一种是可以转账，但是钱稍后到账。您说郭芙蓉会选哪一种？"

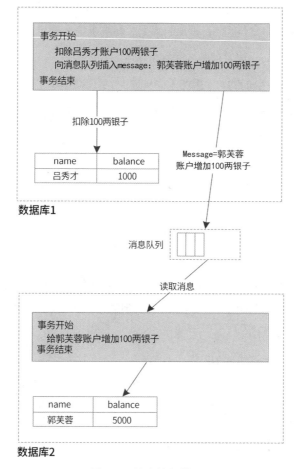

图 2-7　异步执行转账

IO 大臣说：“有道理，第一种情况是完全不可用，第二种情况只是部分可用，郭芙蓉肯定会先让吕秀才转账，反正 100 两银子是自己的，早一点或晚一点都没关系。”

“对，这就是**最终一致性**。数据在某些时候看起来不一致，虽然吕秀才的钱少了，但是郭芙蓉的钱没增加，这时候钱在消息队列中暂时存着呢，等到数据处理完成，数据还是一致的。”

“这样做有什么好处？”

“好处很大。对于高并发的场景，转账的时候扣完钱，向消息队列中插入消息，事务就结束了，根本不用什么两阶段提交，性能很好。”

“嗯，不错，我们再来看看一些细节吧……”

走漏风声

天下没有不透风的墙，JDBC 大臣的密探早已潜伏在 IO 府中好多年了，虽然只是一个端茶送水的下人，但是很多消息都进入了他的耳朵，然后又进入了 JDBC 大臣的耳朵。

JDBC 大臣找 JTA 大臣前来商议。为了找一个同盟军和强大的 IO 大臣对抗，JDBC 大臣收买了不干实事的 JTA 大臣。

“你知道吗？ IO 老头儿派人出去调查了，我估计很快就会像上次那样参我一本。”JDBC 大臣忧心忡忡。

“这 IO 老头儿为啥总是和大人过不去呢？守好他那一亩三分地多好！”

“人的欲望都是无穷的，再说我这几年确实打压他比较厉害。不说了，你先看看这张图，是我们的卧底从 IO 府中偷出来的。”

JTA 大臣倒吸了一口凉气：“现在民间都这么玩了？不用 JTA 了？”

“是啊，你看他们的方法还不错，基本可用，最终一致性。真是实践中出真知啊！”JDBC 大臣一边感慨，一边拍了拍 JTA 大臣的肩膀，他在观察 JTA 大臣的反应。

“大人，我建议咱们抢先一步，明天早朝时就把这张图献给陛下，陛下一高兴，估计就会把这一块儿划给我管了。不不，是给您管了。”

“这合适吗？”JDBC 大臣心中暗喜。

“无毒不丈夫，朝中争斗本来就是你死我活的，大人不可太妇人之仁了。”

看来 JTA 大臣已经下定决心，为了保住官位，拼了！

“好，就这么办。”

宫廷激辩

国王已经厌倦了早朝，厌倦了臣子们在朝中争来争去。

这一天出奇的平静，JDBC 大臣和 IO 大臣没有像之前那样争得不可开交，国王正要宣布"有事启奏，无事退朝"，一直以来都是战战兢兢的 JTA 大臣咳嗽了一声，发言了：

"陛下，臣最近得到一张民间上供的设计图，说是用了一种新型办法来处理高并发问题。"JTA 大臣一边把偷来的图纸呈上去，一边用余光迅速地扫了一眼 IO 大臣。

JDBC 大臣在一旁添油加醋："陛下，臣也看过这个设计，觉得非常不错，建议帝国设立标准推广。"

IO 大臣瞬间明白了，自己还没有出手，这俩老头儿先下手为强了。

国王自然看不懂，听到两位大臣都这么肯定，懒洋洋地说："爱卿此言不错，这个既然属于分布式事务，JTA 大臣，你来领衔把它设计出来。"

IO 大臣看准时机，突然出手："陛下万万不可，这个设计有重大缺陷啊！"

"什么缺陷？"JDBC 大臣和 JTA 大臣齐声问道。

IO 大臣胸有成竹，一切尽在计划之中，那张图纸只不过是一个小诱饵而已，这两个愚蠢的家伙果然上钩了。

"陛下，请看图 2-8 这张图纸，吕秀才给郭芙蓉转账的时候，图纸中写的是："

```
事务开始
    扣除吕秀才账户100两银子
    向消息队列插入message：郭芙蓉账户增加100两银子
事务结束
```

图 2-8 转账事务

"我想请问 JDBC 老头儿，哦不，JDBC 大臣，这个事务同时操作了数据库和一个消息队列，这两个东西是完全不同的，你是怎么实现的？不会还是使用老掉牙的 JTA[1] 吧？"

JDBC 大臣心中大叫不好，中计了！唉，自己怎么不仔细研究一下图纸呢，这么大的缺陷竟然没有发现，冒冒失失地献给陛下，真是不可饶恕啊！

可是他不甘心就此失败，稍一定神，立刻反击："先不说缺陷问题，我想问你，这张图纸刚才只有陛下看了，你怎么知道其中的内容？！"

IO 大臣见他反咬一口，岂能罢休，一不做二不休，干脆撕破脸："陛下，这张图纸本来

1　JTA 不仅仅可以支持数据库，只要是支持 XA 协议的数据源都可以

是我府中的 InputReader 走遍帝国，遍访民间疾苦画出来的，我们知道有缺陷，还没来得及修改，就被他们俩给偷了去！"

"你血口喷人！"JDBC 大臣和 JTA 大臣有些心虚了。

"陛下，我已经抓住了偷窃图纸的佣人，随时可以传唤。"

国王明白了一切：这些大臣之间的争斗真是无处不在啊！每天如此，都不能让我消停一天。

"爱卿，"国王对 IO 大臣说，"你先说说怎么解决图纸中的缺陷问题吧。"

"陛下，其实有很多办法，比如这一种。"IO 大臣从袖中掏出一张图纸（见图 2-9），举了起来，让大家都能看到。

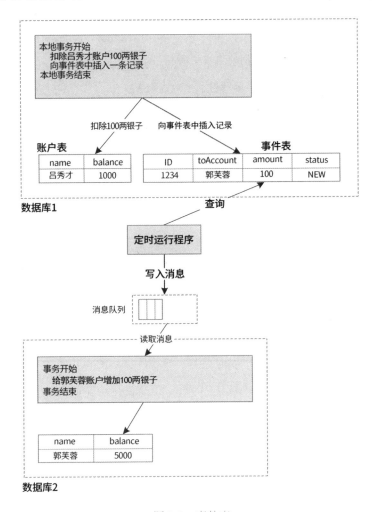

图 2-9　事件表

"在这里，我们可以添加一张'事件表'。转账开始的时候，把吕秀才账户中的100两银子扣除，同时向事件表中插入一条记录：给郭芙蓉账户增加100两银子。由于这两张表存在于同一个数据库中，所以直接使用本地事务就行，不用什么分布式事务。"

"你那个定时运行程序是干什么的？"JTA大臣的理解能力有限。

"就是定时运行，从事件表中取出记录，向消息队列写入消息，然后把记录的状态改成'DONE'，这样下次就不用再去处理了。"

JDBC大臣很老练："那你这个定时运行程序也有问题啊。比如，它读了数据，向消息队列中写入了消息，还没来得及把事件表中的status改为'DONE'就崩溃了。等到定时运行程序重启以后，岂不再次读取，再次向MQ写入消息，这样郭芙蓉不就得到了200两银子，整个系统就不一致了？"

IO大臣心想，这老头儿还是有两把刷子的。幸亏我和InputReader讨论过各种细节，要不然还真被他给问住了，那在陛下面前就丧失颜面了。

"其实这里必须引入一个概念：**幂等性**。"IO大臣说。

"迷瞪性？这是什么东西？"JTA大臣迷惑不解。

"是幂等性，mi，四声，"IO大臣对朝中有这样不学无术还占据高位的家伙感到悲哀，"这个幂等性说的是，当你对一个事务进行操作的时候，可以一直重复地操作，那个事务不受影响。例如，你对郭芙蓉的账户查询一千次、一万次，账户余额还是那么多，不会变化。转账操作就不是一个幂等性操作，每次操作都会导致账户余额的变化。"

JDBC大臣也不禁鄙视了一下JTA大臣，他说："我明白了，你的意思是说，那个定时运行程序可以出错，可以向消息队列中写入多次'给郭芙蓉账户增加100两银子'这样的消息。但是郭芙蓉账户那边在执行的时候，肯定也要判断之前是否已经执行过，如果没有执行过就增加；如果执行过了，就简单地抛弃这条消息即可。"

IO大臣向JDBC大臣投去了佩服的目光，两人目光相遇，碰撞出了惺惺相惜的火花。

"唉，我要是早点和JDBC（IO）大臣合作多好。"两人都在暗自吃后悔药。

IO大臣说："是的，郭芙蓉账户那边在判断是否已经执行过的时候，也需要查询之前的执行记录，这就意味着之前执行过的也需要用一张表保存下来才行。"

"众位爱卿，看来已经讨论得差不多了，接下来怎么办啊？"

没人出声。

"那要不这样，既然是民间先做出来的东西，我们官方就不用去凑热闹了，让他们自生自灭吧。"国王再次祭出了"无为而治"的大法，其实他实在不想再调停这几位大臣之间的争斗了。

IO 大臣想发言却又忍住了。经过这一番较量，他看清楚了各位大臣的实力，也理解了国王的苦衷，如果再这么争斗下去，那估计国王会龙颜大怒，算了，不争了。

傻傻的 JTA 大臣还不死心，一直给 JDBC 大臣使眼色，只是 JDBC 大臣心中打定了和 IO 大臣一样的主意，微闭双眼开始养神了。

IO 大臣心情平静地回到家中，幕僚们围上来询问结果，他们还做着升官发财的美梦。

IO 大臣看着这些急于知道结果而显得特别饥渴的表情，笑着摆了摆手，一言不发地离开了。

很久以后，朝中得知民间有一个名为 Dan Pritchet 的人，把这种方法总结了一下，称之为 BASE 模型，从此流行开来。

JSP：一个装配工的没落

没错，我就是大名鼎鼎的 JSP，服务器端"装配工之王"。你要是没听说过我就实在太落伍了。你要问我到底是干什么的，其实很简单，就是把页面模板和数据装配起来，变成 HTML 发送给浏览器，然后你才能看到。

噢，不，我一提到"装配工之王"，那个叫 PHP 的已经拿着板砖怒气冲冲地过来了。好吧，PHP 大哥，您才是老大，最好的编程语言，Web 编程之王，而我只是 Java 装配工之王，您消消气。

黑暗岁月

遥想当年，Web 编程刚刚诞生的时候，大家只能用 Perl、C 语言等以 CGI 的方式来输出 HTML，那可真是一段黑暗的、可怕的岁月。

我真是难以想象当时的 CGI 小伙子是怎么装配网页的。其实也无所谓装配，他们就是用字符串拼接而已，可怜的孩子们甚至都不知道字符串到底是什么含义！

有代码为证，看看吧。

代码清单 2-13 CGI

```c
#include <stdio.h>
#include <string.h>
#include "homepage.h"
void main(){
    char content[MAXLINE];
    sprintf(content,"<html>");
    sprintf(content,"<head>");
    sprintf(content,"<title>Homepage</title>");
    sprintf(content,"</head>");
    sprintf(content,"<body>");
    sprintf(content,"<h2>Welcome to my Homepage</h2>");
    sprintf(content,"<p>");
    sprintf(content,"<table>");

    ......其他内容略......

    sprintf(content,"</table>");
    sprintf(content,"</body>");
    sprintf(content,"</html>");

    printf("Content-length : %d \r\n",(int)strlen(content));
    printf("Content-type:text/html \r\n\r\n");
    printf("%s",content);
    fflush(stdout);
    exit(0);
}
```

这还不涉及用户从浏览器传递过来的参数，那处理起来就更不容易了。

我真佩服这时候的码农，用这么低级、原始的方式竟然还能写出复杂的 Web 网站，实在了不起！

服务器端动态页面

1996 年，"恶名远扬"的微软推出了 ASP（Active Server Page），这个新的页面装配工和 CGI 小伙子可是大不相同，因为他能够支持在 HTML 页面中嵌入代码！这样一来，动态的 Web 页面可就轻松多了。

美工完全可以先用一些可视化编辑器如 FrontPage、Dreamweaver 把界面创建好，然后由码农塞入代码。

看看下面的代码，你应该能明白 ASP 装配工是怎么干活的。页面看起来就像一个 HTML 静态文本，被 <% %> 包裹的就是代码，装配工需要运行他们，然后把产生的数据嵌入 HTML 中。

代码清单 2-14 ASP 代码示例

```
<%@ Language="VBScript" %>
<html>
<head><title>我的主页</title></head>
<body>
<% For i=3 to 5 %>
<font size=<%=i%> >
    你好，欢迎来到我的主页。
</font> <br />
<% Next %>
</body>
</html>
```

总的来说，原来的 CGI 是在代码中混杂 HTML，现在的 ASP 则是在 HTML 中混杂代码！

由于微软的强势，ASP 这厮可真是火了一把，尤其是在中国。

我们 Sun 公司看到这种情况，自然会奋起直追，很快，我这个装配工 JSP（Java Server Pages）就诞生了。

ASP 主要用 VBScript 这样的脚本语言（唉，我估计微软的比尔•盖茨实在太喜欢 VB 了，连一个脚本语言也要搞得和 VB 很像），我就完全不同了，我用的可是人见人爱、花见花开的 Java，跨平台啊！

每当我用这一点嘲笑 ASP 的时候，他都会反击："别整天在这里乱喷了，说来说去，你在本质上不也是一个模板吗？你看看你装配的那些页面，代码和 HTML 混杂在一起，搅得乱七八糟，没有任何美感。对了，听说你有一个 JSP 太长了，竟然报出了无法编译的错误，实在太可笑了，哈哈哈……"

ASP 说的没错，有一个不着调的码农把绝大部分的业务逻辑都搞到了 JSP 当中，我实在无法装配，只好报错。

不过 ASP 也好不到哪里去，典型的五十步笑百步。

标签库

Java 老哥最近整天给我吹 MVC 这个东西，说是能够把展示和逻辑分开，他可以用 Servlet 来充当控制器（Controller），用 Java 类来充当模型（Model），而视图自然就是我 JSP 了。

我想想确实不错，分开以后能限制码农往我这里写代码，就这么办吧。

但是有时候界面上**显示逻辑**还是必不可少的，所以像分支、循环这样的控制语句不可或缺。Java 老哥建议我做一层封装，给码农提供一套标准的、叫作 JSP Standard Tag Library（JSTL）的东西。JSTL 长这个样子：

代码清单 2-15　JSTL

```
<c:if test="${session.username=='admin'}" >
    欢迎你，系统管理员！
</c:if>
<c:forEach items="${names}" var = "name">
    ${name} <br />
</c:forEach>
```

这些 <c: if>、<c:forEach> 就是标签了，虽然写起来啰里啰唆的，但看起来还是不错的。

他们在本质上都是 Java 类而已，他们能接收到你传递给他们的参数，进行计算，输出 HTML。

${names} 是从哪里来的？自然是从 MVC 的 Model 那里来的。

有些人还叫嚣着 JSTL 完全不够用，没关系，我开放接口给你，你可以扩展，定义自己的标签库，想怎么写就怎么写，写破天去我也不管。我只要求我要装配的页面保持清爽，这一点绝不妥协。

经过这么一折腾，我又有了嘲笑 ASP 的资本，他是无论如何也做不到这一点的，直到几年后他升级为 ASP.NET 才扳回了一城。

模板引擎

虽然我三令五申，但还是有码农禁不住诱惑，为了省事，直接往 JSP 里写大量代码，真让人头疼。

有一天，Java 帝国来了两个新家伙，一个叫 Freemaker，另一个叫 Velocity。奇怪的是，很多码农跑去向他们俩献殷勤，让他们俩去装配 HTML 页面，把我这正统的装配工抛到了脑后。

我知道挑战者来了，赶紧研究一下。这一研究不打紧，我着实吓了一跳。

这两个新装配工在模板上长得和我差不多，不信你先看看这个 Velocity 的模板。

代码清单 2-16　Velocity 模板

```
#if($user.isAdmin)
    欢迎你，系统管理员！
#end
#foreach($name in $names)
    $name <br />
#end
```

不都是定义一下控制语句如 if、foreach 等，再加上一些从模型中来的变量吗？

但是我的 JSP 中可以嵌入任何 Java 语句，而这两个家伙的语法很明显是受限制的，就是为了页面展示用的，码农想在其中编写复杂的业务逻辑都不大容易。

不过让我羡慕的是，他们俩可以完全脱离 Web 环境来使用，不像我，没有 Web 容器，如 Tomcat，根本玩儿不转。

他们俩不仅可以用作 MVC 中的 View，也可以定义邮件模板来发邮件，还可以用作代码模板来生成代码，用途比我大得多。

由于独立的特点，他们俩还可以做动态页面的静态化。例如，有些页面仅仅用来把数据库中的数据展示出来，而数据变化频率很低，那他们俩就可以事先读取数据库，生成页面中的数据，缓存在那里，等到用户使用时可以直接返回。

我背上开始出汗，已经感受到他们两个鄙视的目光了。

选择 Freemaker 和 Velocity 的码农越来越多，而我的生意也越来越差，回想起当年垄断的时光，日进斗金，真是让人感慨啊！

草根搅局

虽然我的装配生意被 Freemaker 和 Velocity 抢了不少，但是糊口完全没有问题。

只是我注意到了一种趋势，那就是这些 JSP 页面装配起来简单了，码农最喜欢写的、也是我屡禁不止的那些逻辑去哪儿了？

Freemaker 和 Velocity 这俩家伙那里也是如此，大家都很诧异，只好抛弃门户之见，坐在一起商量对策。

敏感的 Freemaker 说："不知你们注意到没有，现在页面中引用的 .js 文件和 .css 文件增多了。"

我说："没错，是这样的，难道很多与界面相关的东西挪到 JavaScript 和 CSS 中去了？"

Velocity 说："据我所知，JavaScript 就是一些能在浏览器中运行的脚本而已，就是搞一点辅助功能，之前大家都看不上他，纯粹一个草根。"

"不要小看他，听说他已经挖到了第一桶金。你们听说过 AJAX 吗？ JavaScript 可以从浏览器端发出异步的 HTTP 调用，基于这一点发展起了很多框架，如 jQuery，可以灵活地在浏览器中操作界面。"Freemaker 果然见多识广。

我说："那其实也没什么，主要的装配还得由我们几个在服务器端完成，JavaScript 在浏览器中搞的不过是锦上添花罢了，我们不用担心了，该吃吃，该喝喝。"

轻敌是最可怕的。我们的装配生意越来越差，服务器端 MVC 中的 View 越来越少，很多从浏览器发过来的 HTTP 请求根本不会到我们这里来进行模板和数据的装配，更不会有 HTML 返回。

这些 HTTP 请求调用的都是 Java 接口，这些 Java 代码直接把 JSON 数据返回给浏览器了！

我偷偷研究了一个新式的页面模板，竟然是一个静态的 HTML 文件！其中有一个这样的片段：

代码清单 2-17　前端模板

```
<ul ng-controller="StuController">
    <li ng-repeat="s in students">
       {{s.id + ':'+s.name}}
    </li>
</ul>
```

这个静态的 HTML 文件发送到浏览器那里有什么用处？难不成可以被 JavaScript 那小子执行？

很明显，这个模板扩展了 HTML 的属性，这 ng-controller="StuController" 是什么意思？控制器？

这 ng-repeat="s in students" 和我之前的 JSTL 模板长得很像，这明明应该由我或者 Freemaker、Velocity 来装配啊！这是我们的活儿啊？！

然后我就看到了这个 JavaScript 函数，它通过 HTTP 调用了服务器端的接口 "/students"，然后把返回的数据直接放到了 students 里面。

我把这个静态的 HTML 文件拿去给 Freemaker 和 Velocity 看，大家一致认为，就是 JavaScript 那小子捣的鬼，他完全绕开了我们，竟然自己在浏览器里实现了 MVC！

实在可恶！

StuController 函数自然是控制器，students 就是模型（通过 HTTP 调用从服务器端获得），视图模板自然就是这个静态的 HTML 文件了。

这家伙偷偷摸摸地在浏览器端把模板和数据装配起来，形成 HTML 呈现给用户，我们都被蒙在鼓里了。

我们怒气冲冲地把 JavaScript 叫来，质问他为什么抢我们的生意。

这个曾经的草根现在一副"高富帅"模样，他带着嘲讽的语气，居高临下地告诉我们："你们三个自大的家伙还不知道？新时代来了，前、后端分离了，后端只负责提供接口及页面模板，我在浏览器中读到页面模板和 JSON 以后直接在浏览器中进行装配，没你们什么事儿了！"

我们三个目瞪口呆，这是时代的巨变，真没想到是 JavaScript 这家伙搅了我们的局，甚至可能革了我们的命！我这个曾经的"装配工之王"真的没落了，以后的日子可就不好过了。

Java 帝国之消息队列

张家村的历史

Java 帝国的张家村正在迎来一次重大的变革。

5 年前网上购物兴起的时候，帝国非常看好，决定向这个领域进军，于是兴建了张家村，在这里安装了 Java 虚拟机和数据库，然后部署了一个基于 Web 的订单系统和一个配送系统，由张家村的人负责操作。

张家村的老村长很清楚，说是两个系统，其实是逻辑上的一种划分方式，在物理上两个系统还是部署在一台 Java 虚拟机中的。那个时候用户量少，数据量也不大，村民们只要使用这一台 Java 虚拟机和数据库就足够了。

订单和配送系统一直运转得很好，用户的订单来了，会在订单系统中存下来，然后通知配送系统发货（见图 2-10）。

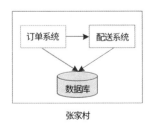

图 2-10　电子商务系统

你要问怎么通知？老村长会告诉你：其实简单得很，就是普通 Java 方法的直接调用，调用配送系统某个类的某个方法而已。由于在同一台虚拟机中，所以效率极高。

转眼间 5 年过去了，人类变得越来越懒，越来越喜欢网上购物，用户量和数据量暴增，再加上他们时不时搞一个什么秒杀活动，更是让张家村变得不堪重负。为了应付汹涌而来的订单，张家村经常彻夜灯火通明，全村人三班倒才能勉强应付。

老村长向镇上报告了很多次都没有回音，要不是帝国的性能监控部门发现了这个异常，还不知道要被基层的那些官员瞒到什么时候。

还好，钦差王大人来了，变革要开始了。

拆分

王大人经验丰富、目光如炬，一眼就看出了问题，立刻下达了第一道命令：拆分！把订单系统和配送系统分开！

老村长说："那拆开了以后，我们村还是放不下啊？"

王大人道："订单系统还是留在张家村，配送系统挪到李家庄去。"

老村长暗自思忖：订单系统是直接面向用户的，很重要，张家村一定要保住；至于配送系统，主要是由后台操作的，挪走就挪走吧。老村长于是就答应了。

拆分不是那么容易的，订单和配送耦合得比较紧密，现在要把配送系统搬到李家庄的 Java 虚拟机和数据库中去，免不了一番剧烈的折腾。

在王大人的指导下，原先那些直接的 Java 方法调用也被改成了 Web 服务。张家村和李家庄虽然距离较远，但还是有网络相通的。

现在用户下了订单以后，先在张家村这里保存，然后由张家村调用李家庄的 Web 服务来通知配送系统。

数据库自然也进行了拆分，旧的配送数据被导出来，再导入李家庄的新数据库中。

不管过程多么艰难，两个系统还是分了家（见图 2-11）。李家庄喜气洋洋、敲锣打鼓地迎接了配送系统的部署，开始了试运营。

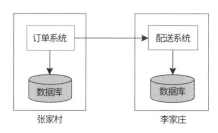

图 2-11　系统分家

新问题

由于只需要处理订单，所以张家村的负载一下子降了下来，恢复了正常的作息。

可惜好景不长，张家村很快发现李家庄对新系统根本不上心，派了一个酒鬼老李去负责操作配送 Web 服务。老李喝醉了啥都忘了，Web 服务经常用不了。

这还不算，李家庄是严格的日出而作、日落而息，张家村正在繁忙地处理订单的时候，李家庄已经把系统关了，睡觉去了。

这可苦了张家村的小张。用户提交了订单，去调用 Web 服务通知配送发货，可是 Web 服务经常不响应，小张没有办法，只好反复重试，等待一段时间后再试，导致订单迟迟不能完成，用户体验极差，大家怨声载道。

小张向李家庄投诉了很多次都不管用，没人搭理，跨村庄协作可真难啊！

小张活儿干得不好，工分减少，再这么下去，月底分粮的时候又要饿肚子了。

晚上到家，小张苦思冥想：原来订单系统和配送系统都在一台虚拟机中，处理起来很方便。但是现在是一个远程的 Web 服务，酒鬼老李不给我返回结果，我就没法结束，这是典型的同步操作。能不能改成异步呢？

我把一个订单包裹发给老李，他什么时候处理我就不用管了，这样我这边的效率就会大大地提高！可是现在的 Web 服务并不支持这种方式，我怎么才能把包裹发过去呢？

消息队列

小张彻夜未眠，第二天一大早就去请教老村长。

村长说："你能想到这一层，非常不错！近来我也一直在考虑这个问题。在大型的分布式系统中，怎么做异步通信是一个大问题。我想到了一个叫消息队列的东西。"

"消息队列？没有听说过。"

"就拿你遇到的情况来说吧，我们开发一个消息队列，名字我都想好了，就叫 ZhangMQ（Zhang Message Queue），把它部署在我们张家村和李家庄之间，我们村产生的订单，你只要负责把订单消息写到这个队列里就万事大吉了。"

"噢，李家庄的酒鬼老李醒了，就让他从这个消息队列中读取消息，进行处理，对吧？"

"没错，这不就变成异步的了？酒鬼老李不处理，那就是他们的责任了，不关我们的事儿。"

"那订单消息的格式需要和李家庄商量好，次序也不能乱。还有，如果断电了或者重启了，消息队列中的订单消息也不能丢失。"小张想得很深入。

"没错，这些都是我们的 ZhangMQ 要考虑的，要实现持久化，把订单消息存到硬盘上。"

"这真是不错，"小张跃跃欲试，"村长，我想去开发这个 ZhangMQ，一定要让我参加啊。"

"没问题。不过我们当前最重要的任务是说服李家庄，让他们采用我们的消息队列（见图 2-12）。"

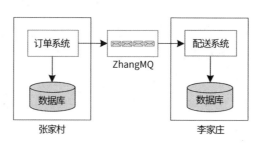

图 2-12　ZhangMQ

经过据理力争和艰难协商，李家庄终于同意了消息队列的方案，毕竟对他们而言也没什么损失，也不用听张家村没完没了的投诉了，只需要改一点点代码，从消息队列中读取订单即可。

小张和其他人在家里埋头开发 ZhangMQ。半年后，ZhangMQ 正式上线，彻底解决了异步通信的问题。

前钦差王大人对张家村进行了回访，发现了消息队列，赞不绝口，回去后就发来了褒奖令，还下令在帝国推广，ZhangMQ 一下子出名了！

互不兼容的 MQ

自从张家村的 ZhangMQ 问世以来，大家看到了消息队列在分布式系统中的巨大好处，纷纷另起炉灶搞一套自己的消息队列，各种 MQ 产品如雨后春笋般出现，各家都疯狂地宣传自己的宝贝。

为了吸引帝国的臣民们来使用，各家八仙过海，各显神通，定义了各式各样的 API。由于是独立发展的，这些 API 协议多样，互不兼容，学习成本高，使用起来非常不方便。

这是帝国所不能容忍的！

其实，Java 帝国非常擅长制定标准的协议和接口，之前的 JDBC 就是一个典型的例子。制定了协议以后，让各家厂商去实现，就实现了针对数据库编程的统一接口。

既然数据库可以这么干，消息队列肯定也没问题！

由于张家村开发了第一个消息队列产品，所以帝国把制定标准接口的光荣使命交给了张家村。

消息队列接口设计

张家村经验丰富的老村长又把任务分给了小张，谆谆教导说我们要做的是一个厂商独立的标准接口，让他先去调研一下时下流行的 MQ 的现状。

小张先找到了某大厂的知名 MQ，它占据了企业级市场不少份额，但是直接使用它的 Java API 编程就不那么容易了，大家可以快速浏览一下。

代码清单 2-18　某知名 MQ 系统 API

```java
MQEnvironment.hostname = "192.168.0.1";
MQEnvironment.channel = "DC.SVRCONN";
MQEnvironment.CCSID = 1381;
MQEnvironment.port = 1416;
String qmName = "QM_ORDER";
String qName = "ORDER";

MQQueueManager qMgr = new MQQueueManager(qmName);

int openOptions = MQC.MQOO_INPUT_AS_Q_DEF | MQC.MQOO_INQUIRE |
MQC.MQOO_OUTPUT;
MQQueue queue = qMgr.accessQueue(qName, openOptions);

MQMessage msg = new MQMessage();
msg.writeUTF("hello world");

MQPutMessageOptions pmo = new MQPutMessageOptions();
queue.put(msg,pmo);

queue.close();
qMgr.disconnect();
```

小张能看得出这是在发送一条消息，但这 MQEnvironment、openOptions、MQPut MessageOptions 看起来让人心烦，特别是还得理解 Queue Manager 这样的概念，有点不容易。

小张又找到了一个以开源吸引人的 RabbitMQ，这个看起来清爽多了。

代码清单 2-19　RabbitMQ API

```
ConnectionFactory factory = new ConnectionFactory();
factory.setHost("192.168.0.1");
Connection connection = factory.newConnection();
Channel channel = connection.createChannel();
String queueName = "ORDER";
channel.queueDeclare(queueName,false,false,false,null);
String msge = "hello world!";
channel.basicPublish("",queueName,null,message.getBytes());
channel.close();
connection.close();
```

但是这 queueDeclare 和 basicPublish 方法小张总觉得不爽。

只看了两个消息队列，小张就不想再看了，他去找村长说："这差别也太大了，根本无法统一。"

村长说："**不要被纷繁的现象迷住了双眼，要看透背后的本质，做出适当的抽象才可以。**"

又是抽象！小张暗自叹气，这抽象实在太难了。

"你深入思考一下，"村长看出了小张的困惑，鼓励他说："其实也没那么难，我们先搞出几个最基本的概念。记不记得在操作系统中学过的生产者 - 消费者模型？我们完全可以应用到这里来，消息生产者（Message Producer），消息消费者（Message Consumer），生产者提供发送消息的方法，消费者提供接收消息的方法，如果加上消息队列（Message Queue）就如图 2-13 所示。"

图 2-13　消息生产者和消息消费者

小张说："这也太抽象了吧，我看人家还有什么 Queue Manager、Connection、Channel 之类的。"

村长说："别急，你看不管是生产者向队列发送消息，还是消费者去接收消息，其实都在和消息队列进行交互，所以我们再引入一个会话（Session）的概念。"

"噢，我明白了，Session 可以创建消息，还可以引入事务的支持呢！"小张思维敏捷。

"不错，其实消息生产者 / 消费者也应该由 Session 来创建，因为他们要发送 / 接收消息肯定在一个会话中。另外，你想想，Session 对象由谁来创建？"

"应该是 Connection。"说着，小张画了一张如图 2-14 所示的图。

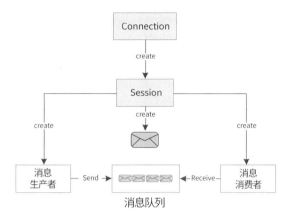

图 2-14　Connection 和 Session

"你看这概念不就出来了，是不是很简单？"村长笑着说。

小张挠挠头说："会者不难，难者不会啊！对了，我们还缺乏最关键的连接参数（IP 地址、端口等）以及队列的名称之类的信息，这些信息怎么办？"

"这确实有点复杂，各家厂商的具体情况差别太大，"村长也表示犯难，"你让我想想，下午再聊。"

配置和代码的分离

小张中午吃饭的时候也在想，这些复杂的配置参数该怎么办？如果都让程序员在代码里写，那就太丑陋了，因为不同的 MQ 产品，配置都不一样。

下午，看到村长一副喜气洋洋的表情，小张知道问题解决了。

村长说："我想到了一个办法，一个很简单但是有效的办法。"

小张说："您别卖关子了，快说吧。"

"其实也是又老又俗的办法，就是把配置和代码分开。你不是说这些连接参数很复杂，各家厂商的都不同吗？那就把它作为配置信息放到 Web 容器里，对外只提供一个简单的 ConnectionFactory 接口，由这个 ConnectionFactory 来创建 Connection。当然，各家厂商必须实现这个 ConnectionFactory。"

"那怎么才能得到这个 ConnectionFactory？"

"这就简单了，对程序员来讲，通过 JNDI 就可以轻松拿到。例如："

代码清单 2–20　通过 JNDI 获得 ConnectionFactory

```
Context context = new InitialContext(properties);
ConnectionFactory factory = (ConnectionFactory) context.
lookup("<factory_jndi_name>");
Connection conn = factory.createConnection();
```

"这办法不错,把细节都隐藏起来了。既然 ConnectionFactory 可以这么做,那队列(Queue)的配置信息也可以这么做。"

村长说:"是的,所以说 ConnectionFactory、Queue 就是隔离细节的抽象层。"

再次抽象

标准接口初具雏形,小张很高兴,晚上请张二妮吃饭,忍不住嘚瑟了一下。

张二妮说:"你们两个老土! 定义的标准接口都已经过时了! "

小张很生气:"怎么可能呢? ! "

张二妮说:"告诉你们吧,你们搞的这个叫 Point to Point 模型,就是一个发送方对应一个接收方。现在外面有很多人在用**发布 / 订阅**模型（见图 2-15）,你们知道不? "

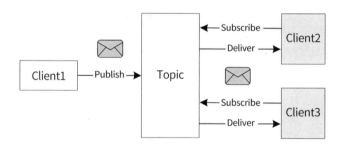

图 2-15　发布 / 订阅模型

"一个客户端（Client1）对一个 Topic 发布了消息,很多订阅了这个 Topic 的客户端（Client2, Client3）都可以接收到这个消息的副本。"

小张呆住了,这和以前 ZhangMQ 的方式完全不同,队列都不见了,引入了一个新的主题（Topic）的概念。

第二天,小张赶紧去找村长,告诉他发生了新情况。

村长说:"你呀,还是太年轻。慌什么,深入思考一下,这个发布 / 订阅模型的本质和我们之前的生产者 / 消费者没什么不同。"

小张说："那人家还有 Topic 的概念呢。"

"我们可以把 Topic 和 Queue 变成一个更抽象的概念，它们都是消息的目的地，嗯，就叫作 Destination 吧。这个 Destination 的细节也是需要配置的，通过 JNDI 来获取。"

"那订阅怎么处理？"

村长说："原来我们定义的是 MessageConsumer，现在增加一个新概念叫作 TopicSubscriber，可以从 Destination 那里获取消息，这不就行了？其实从本质上来讲，Subscriber 也是消息消费者的一种而已。"

"那怎么才能实现订阅的功能呢？"

"别忘了，我们只定义接口行为，具体的实现需要由各个产品来负责！"

小张看着图 2-16 这张图，深感抽象的威力巨大，这么多的细节最后变成了几个简单的概念！

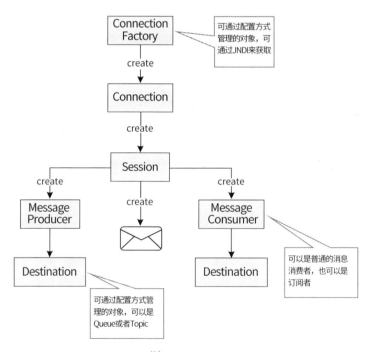

图 2-16　JMS

小张还特意写了一段代码，展示上面的概念。

代码清单 2-21 JMS 代码

```
// 从配置中找到ConnectionFactory和Destination(Queue)
Context ctx = new InitialContext(properties);

QueueConnectionFactory factory = (QueueConnectionFactory) ctx.
lookup("<orderConnFactory>");

Queue orderQueue = (Queue) ctx.lookup("orderQueue");
Queue deliverQueue = (Queue) ctx.lookup("deliverQueue");
// 创建Connection和Session
Connection conn = factory.createConnection();

QueueSession session =
conn.createQueueSession(false,Session.AUTO_ACKNOWLEDGE);

//创建消息生产者并发送消息
MessageProducer producer = session.createProducer(orderQueue);

TextMessage msg = session.createTextMessage("hello world");
producer.send(msg);

//创建消息消费者并接收消息，注意使用的是另一个Queue
MessageConsumer consumer = session.createConsumer(deliverQueue);
TextMessage deliverMsg = (TextMessage) consumer.receive();
String txt = deliverMsg.getText();
```

张家村把这个设计交了上去，帝国很满意，把它命名为 Java Message Service（JMS），随后强制各大厂商实现，否则就不颁发许可证，没这个证别想在帝国做生意！

JMS 由于设计良好、概念清晰，其实不用怎么强制，很快就流行开了，成为 Java 帝国的事实标准。

后记：其实，JMS 规范的制定是在 Sun 的领导下，由各大厂商密切参与完成的。

There were a number of MOM vendors that participated in the creation of JMS. It was an industry effort rather than a Sun effort. Sun was the spec lead and did shepherd the work but it would not have been successful without the direct involvement of the messaging vendors. Although our original objective was to provide a Java API for connectivity to MOM systems, this changed over the course of the work to a broader objective of supporting messaging as a first class Java distributed computing paradigm on equal footing with RPC.

- Mark Hapner, JMS spec lead, Sun Microsystems

Java帝国之动态代理

深夜奏对

已经快三更天了，Java 帝国的国王还在看着 IO 大臣的奏章发呆。他有点想不明白，帝国已经给臣民们提供了这么多的东西，他们为什么还不满意呢？集合、I/O、反射、网络、线程、泛型、JDBC……在 IT 界哪个不是响当当的硬通货？有了这些技术，写一个 Java 程序多简单啊，臣民们为何还整天抗议呢？

这还是昨天 IO 大臣递交的一个奏章，其中提及各个部落要酝酿一场大规模的抗议游行，抗议 Java 不支持动态性，不能在运行时修改一个类，导致不能用声明的方式来编程。

国王愤愤地想：我的政策太开明了，这些刁民不知好歹，蹬鼻子上脸，以后要坚决加强东厂、西厂、锦衣卫、镇抚司等纪检法的建设，有意见可以上访，不能这么胡闹，增加社会不稳定因素。帝国正在和 Python、PHP 等国家开战，处处都要银子，攘外必先安内。

想到这里，国王立刻命吕公公宣 IO 大臣进宫。

IO 大臣在半夜里被从热腾腾的被窝里拽出来，心里老大不情愿，迷迷糊糊地跟着吕公公进了宫。

"陛下半夜三更还在为国事操劳，真乃臣等之罪也！"IO 大臣虽然心里不情愿，但还是毕恭毕敬的。

"爱卿，你说说这是怎么回事儿？什么是 Java 不支持动态性？"国王拿出了奏章。

IO 大臣心里明白了，原来是这个啊。

"启奏陛下，其实这是刁民羡慕 Python、Ruby 等语言的动态性，想让我们 Java 也支持。他们最想要的一个功能就是能在运行时对类进行修改，这样就可以用声明的方式来编程了。"

"你能不能说点朕能听懂的话？"国王低沉的声音里隐藏着马上就要喷薄而出的怨气，老子想了一晚上都没整明白，你还在这里给我文绉绉的！

"是这样的，"IO 大臣开始调用脑细胞遣词造句，准备用通俗易懂的语言扑灭国王的怒火，"所谓运行时对类进行修改，打个比方，我写了一个 HelloWorld 类，其中有两个方法——sayHello() 和 sayHelloToPHP()，陛下请看："

```java
public class HelloWorld{
    public void sayHello(){
        System.out.println("hello java");
    }
    public void sayHelloToPHP(){
        System.out.println("hello php");
    }
}
```

"这是帝国三岁小孩都能明白的代码，说重点！"

"然后这个类运行起来了，'刁民'们希望在运行的时候可以修改这个类，如加一个新方法 sayHelloToPython()，或者往现在的 sayHello() 方法里加一点新东西，甚至把 sayHelloToPHP() 方法删除！"

```java
public class HelloWorld{
    public void sayHello(){
        Logger.startLog();
        System.out.println("hello java");
        Logger.endLog();
    }
    public void sayHelloToPython(){
        System.out.println("hello Python");
    }
}
```

"这些刁民太过分了，难道他们不能写一个新的类来做这件事吗？"

"陛下圣明，臣也觉得可以新写一个类比如 HelloWorldV2 来做这件事情，重新编译一下不就行了吗？可是他们说的是在运行时修改，是运行时、运行时、运行时，重要的事情说三遍，而不是编译时。"

"运行时？一个类一旦被装入方法区还怎么修改？"国王还是很了解 JVM 这一套的，"你知道他们为什么有这个要求吗？"

"他们说了，想用声明的方式来编程……"IO 大臣意识到大事不好。

"什么是声明的方式？"国王穷追不舍。

"这个臣还不太清楚……"

"快去彻查，限你三天回话。"

"遵旨！"

明察暗访

IO 大臣吓得冷汗都出来了，他睡意全无，赶紧召集家丁、幕僚准备上山下乡、明察暗访，限他们两天把这个"以声明的方式编程"搞清楚。

两天内不断有快马回报，各种各样的奏报如雪片般飞来。IO 大臣又花了一天时间整理，终于明白了这个"以声明的方式编程"。

原来这帮刁民犯懒，写完了代码以后有这样的需求：

在某些函数调用前后加上日志记录；

给某些函数加上事务的支持；

给某些函数加上权限控制；

……

这些需求十分通用，如果在每个函数中都实现一遍，那重复代码就太多了。更要命的是，有时候代码是别人写的，你只有 .class 文件，怎么修改？怎么加上这些功能？

于是"刁民"们就想了一个损招，他们想在 XML 文件或者什么地方声明一下。比如，对于添加日志的需求，声明的大意如下：

"对于 com.coderising 这个 package 下所有以 add 开头的方法，在执行之前都要调用 Logger.startLog() 方法，在执行之后都要调用 Logger.endLog() 方法"。

对于增加事务支持的需求，声明的大意如下：

"对于所有以 Service 结尾的类，所有的方法在执行之前都要调用 TransactionManager.begin() 方法，在执行之后都要调用 TransactionManager.commit() 方法。如果抛出异常，则调用 TransactionManager.rollback() 方法。"

他们已经充分发挥了自己的那点儿小聪明，号称开发了一个叫 AOP 的东西，能够读取这个 XML 文件中的声明，并且能够找到那些需要插入日志的类和方法，接下来就需要修改这些方法了。但是 Java 帝国不允许修改一个已经被加载或者正在运行的类，于是他们就不干了，就要抗议，就要游行，就要暴动，真是可恶！

IO 大臣决定向国王汇报，看看国王的反应。

Java 动态代理

国王不愧是国王，IO 大臣稍微一解释，就明白怎么回事儿了。

"爱卿，你觉得该怎么办？"皮球又被踢到了 IO 大臣那里。

"臣觉得不能让这些'刁民'突破帝国的底线，我们的类在运行时是不能被修改的。如果也像 Python、Ruby 那样在运行时可以肆意修改，那就太混乱了！"IO 大臣小心翼翼地揣摩圣意。

"言之有理，爱卿有何办法？"

"臣想到了一个办法，虽然不能修改现有的类，但是可以在运行时动态地创建新的类。比如有一个类 HelloWorld。"

代码清单 2-24　HelloWorld 类

```java
public interface IHelloWorld {
    public void sayHello();
}
public class HelloWorld implements IHelloWorld{
    public void sayHello(){
        System.out.println("hello world");
    }
}
```

"这么简单的类，怎么还得实现一个接口呢？"国王问道。

"臣想给这些'刁民'增加一点障碍。你不是想让我动态地创建新的类吗？你必须得有接口才行啊！"IO 大臣又得意又阴险地笑了。

国王脸上也露出了一丝不易觉察的微笑。

"现在他们的问题是要在 sayHello() 方法中调用 Logger.startLog()、Logger.endLog() 方法添加日志，但是这个 sayHello() 方法又不能被修改（见图 2-17）。"

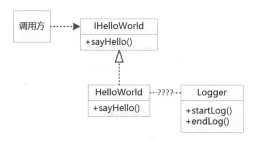

图 2-17　如何修改 sayHello() 方法

"所以臣想了想，可以动态地生成一个新类，让这个类作为 HelloWorld 的代理去做事情（加上日志功能）。陛下请看，这个 HelloWorld 代理也实现了 IHelloWorld 接口（见图 2-18）。

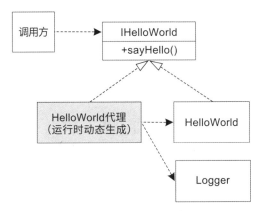

图 2-18　HelloWorld 代理

所以在调用方看来，都是 IHelloWorld 接口，并不会意识到其实底层已经沧海桑田了。"

"朕能明白你这个蓝色的 HelloWorld 代理，但是你这个类怎么可能知道把 Logger 的方法加到什么地方呢？"国王一下子看出了关键。

"陛下天资聪慧，臣拜服！'刁民'们需要写一个类来告诉我们具体把 Logger 的代码加到什么地方，这个类必须实现帝国定义的 InvocationHandler 接口，该接口中有一个叫作 invoke 的方法就是他们写扩展代码的地方。比如这个 LoggerHandler。"

代码清单 2–25　LoggerHandler

```java
public class LoggerHandler implements InvocationHandler {
    private Object target;

    public LoggerHandler(Object target) {
        this.target = target;
    }
    public Object invoke(Object proxy, Method method, Object[] args)
throws Throwable {

        Logger.startLog();
        Object result = method.invoke(target, args);
        Logger.endLog();
        return result;
    }
}
```

"看起来让朕有些不舒服，不过朕大概明白了，无非就是在调用真正的方法之前先调用 Logger.startLog() 方法，在调用之后再调用 Logger.endLog() 方法，这就是对方法进行拦截了，对不对？"

"正是如此！其实这个 LoggerHandler 充当了一个中间层（见图 2-19），我们自动化生成的类 \$HelloWorld100 会调用它，并且把真正的 sayHello() 方法传递给它（上面代码中的 method 变量），于是 sayHello() 方法就被添加上 Logger 的 startLog() 和 endLog() 方法。"

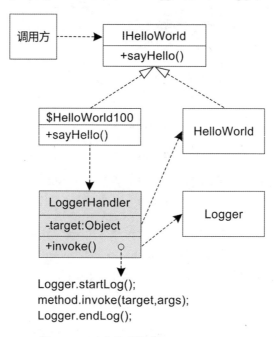

图 2-19　动态代理调用 LoggerHander

"此外，臣想提醒陛下的是，这个 LoggerHandler 不仅能作用于 IHelloWorld 接口和 HelloWorld 类，那个 target 是一个 Object，这就意味着任何类的实例都可以，当然我们会要求这些类必须实现接口。臣民们使用 LoggerHandler 的时候是这样的。"

代码清单 2–26　使用动态代理增强 HelloWorld

```
IHelloWorld hw = new HelloWorld();
LoggerHandler handler = new LoggerHandler(hw);
IHelloWorld proxy = (IHelloWorld) Proxy.newProxyInstance(
            Thread.currentThread().getContextClassLoader(),
              hw.getClass().getInterfaces(), handler);
proxy.sayHello();
```

输出：

```
Start Logging
Hello World
End Logging
```

"如果想对另一个接口 ICalculator 和类 Calculator 做代理，则也可以复用这个 LoggerHandler 类。"

代码清单 2-27 复用 LoggerHandler 增强 Calculator

```
ICalculator calc = new Calculator();
handler = new LoggerHandler(calc);
ICalculator calProxy = (ICalculator) Proxy.newProxyInstance(
            Thread.currentThread().getContextClassLoader(),
            calc.getClass().getInterfaces(), handler);
calProxy.add(10, 20);
```

"折腾了半天，原来魔法在 Proxy.newProxyInstance(...) 这里，就是动态地生成了一个类，这个类对臣民来说是动态生成的，也是看不到源码的。"

"圣明无过于陛下，我就是在运行时在内存中生成了一个新的类，这个类在调用 sayHello() 或者 add() 方法的时候，其实调用的是 LoggerHandler 的 invoke() 方法，而这个 invoke() 方法就会拦截真正的方法调用，添加日志功能了！"

"爱卿辛苦了，虽然有点绕，但是理解了还是挺简单的。朕明天就颁发圣旨，全国推行。对了，你打算给它起什么名字？"

"既然是在运行时动态地生成类，并且作为一个真实对象的代理来做事情，那就叫动态代理吧！"

动态代理技术发布了，臣民们得到了暂时的安抚。但是这个动态代理的缺陷就是必须有接口才能工作，帝国的臣民们能忍受得了吗？

Java注解是怎么成功上位的

XML 大臣

最近这几年，XML 大臣的宅邸车水马龙，像什么 Spring、Hibernate、MyBatis 等大大小小的官员都要来拜访一下，无数的冰敬炭敬悄悄地送入府中，真可谓红极一时。原因很简单，Java 帝国的配置文件几乎都在使用 XML，自然都归 XML 大臣管理，想不红都难！

其他大臣看在眼里，恨在心里，他们决定联合起来，坚决打击 XML 大臣的嚣张气焰，坚决把白花花的银子转移到自己府中来。几位老家伙商量以后，决定还是推举老成持国的 IO 大臣为首领，给 XML 大臣一点颜色瞧瞧。

安翰林献计

可是 IO 大臣想了多日，也没什么好办法。

这一天，一个姓安的翰林自报家门求见，说是可以助 IO 大臣一臂之力。

"安大人有何见教？"IO 大臣懒洋洋地问道，他对这些读死书的翰林没什么好感。

"大人，下官在负责 Java 注解，对付 XML 大臣，也许是一个突破口。"

"注解？这是什么东西？"IO 大臣确实有点老了。

"其实就是元数据。"

"元数据？"IO 大臣一头雾水。

"嗯，Metadata。"安翰林一紧张，把英文都整出来了。

"卖它推它？"IO 大臣的英文明显不及格。

旁边的幕僚一个劲儿地使眼色，谆谆告诫安翰林要通俗易懂、老少皆宜。

安翰林满头大汗，他定了定神，想到一个例子，说道："大人肯定知道 @Override、@SuppressWarnings 等注解吧？"

代码清单 2-28 @Override 注解

```java
public interface Animal {
    public void eat();
}
public class Dog implements Animal {
    @Override
    public void eat() {
        System.out.println("Dog eat");
    }
}
```

IO 大臣点点头。

安翰林接着说："所谓元数据，就是描述数据的数据。换句话说，它可以给其他数据提供描述性信息，如 Java 类中的某个方法就可以被认为是一种数据。我的 @Override 一旦被用到这个方法上，那就意味着要覆盖父类/接口的方法了，于是我的 @Override 就给这个方法提供了额外的信息。"

"但是在源码中写一个 @Override 似乎也没什么用处啊？"IO 大臣问道。

"所以这只是元数据，它给其他数据（如 Java 方法）提供了信息，但是怎么利用这些信息就不归我管了。"

"那归谁管？"

"比如 @Override，由编译器来管，当编译这个 Java 文件的时候，它就会检查被 @Override 修饰的方法是否与父类的方法和参数相同，如果不同，就会报错。"

IO 大臣说："噢，明白了，所谓的注解有点像加强版的注释，这个'注释'不但有一定的格式，还有特定的含义，这样别的工具就可以通过读取它来做事情了！"

安翰林松了一口气，心里暗自佩服 IO 大臣的总结能力。

"我记得这个 @Override 注解很早就有了，好像是 JDK 1.4 吧？"

"大人的记忆力真是超群！没错，之前的 JDK 中已经内置了 @Override、@Deprecated、@SuppressWarnings 等注解，但是用处不大。下官有一个想法，干脆允许臣民们自定义注解。"安翰林开始切入正题。

"自定义？就是让臣民们自己写？"

"是的，大人。比如我可以自定义一个叫作 @Test 的注解。"安翰林说着把写好的代码呈了上去。

代码清单 2-29　自定义 @Test 注解

```
@Retention(RetentionPolicy.RUNTIME)
@Target(ElementType.METHOD)
public @interface Test {
    boolean ignore() default false;
}
```

安翰林接着说："大人请看，我在这里定义了一个叫作 @Test 的注解，它有一个 ignore() 方法，一会儿您老就看到它的用途了。这个注解是应用在方法上的，如 @Target(ElementType. METHOD)，在运行时起作用，如 @Retention(RetentionPolicy.RUNTIME)。"

IO 大臣问道："稍等，我怎么还看到了 @Target、@Retention，这是什么？"

"这称为元注解，可以认为是注解的注解，"安翰林嘿嘿一笑说，"@Target 表示该注解的应用目标，可以是类、方法、方法参数等；@Retention 表示这个注解要保留到什么时候，可以只在源码中，或者在 .class 文件中，或者在运行时。"

"注解的注解，真是够拗口的。这个自定义的注解 @Test 该怎么使用呢？"

安翰林又展示了另一段代码。

代码清单 2-30　使用 @Test 注解

```java
public class CalculatorTest {
    @Test
    public void testAdd(){
        System.out.println("test add method ");
    }



    @Test(ignore=true)
    public void testSubtract(){
        System.out.println("test subtract method ");
    }
}
```

IO 大臣看了一下，心想，这自定义的注解和 JDK 内置的注解差不多，@Test 修饰了方法，表示这个方法可以作为测试用例来运行；@Test(ignore=true) 则表示虽然这是一个测试方法，但是暂时忽略，不用运行。果然简洁而清爽，老夫真是小看了这个安翰林。

"@Test 注解的定义和使用只是定义了行为语义，怎么实现这个行为呢？"IO 大臣问道。

安翰林感觉到 IO 大臣已经对注解产生了强烈的兴趣，心中暗喜，说道："大人请看，我可以在运行时通过反射的方式取出方法的注解，如果这个注解是 @Test，并且没有被忽略，那就可以通过反射的方式去执行这个方法了。是不是很简单？"

代码清单 2-31　获取 @Test 注解

```java
public class TestUtil {
    public static void main(String[] args) throws Exception {
        CalculatorTest obj = new CalculatorTest();
        run(obj);
    }
    public static void run(Object obj) throws Exception{
        for (Method m : obj.getClass().getMethods()) {
            Test t = m.getDeclaredAnnotation(Test.class);
            if(t!=null && !t.ignore()){
                m.invoke(obj);
```

```
        }
      }
    }
}
```

IO 大臣微微点了点头，表示赞同，接着便闭目陷入了沉思：这个东西有点意思，在一个方法上添加了简单的修饰性注解 @Test 以后，这个方法**突然间就有了额外的语义**，变成了可以执行的测试用例！

如果是 XML 老头儿，该怎么描述类似的行为呢？也许得这样：

代码清单 2–32　用 XML 描述测试行为

```
<test-class name="com.coder.CalculatorTest">
    <test-method name = "testAdd" />
    <test-method name="testSubtract" ignore="true" />
</test-class>
```

相比简洁的 @Test 注解，这种方式实在太复杂了。更重要的是，每次增加新的方法，除修改 Java 文件之外，还得记着修改这个 XML 文件，实在烦琐。

嗯，看来这个注解确实是一个杀手锏，要谨慎使用，一击必中。

想到这里，IO 大臣睁开眼睛，喜笑颜开，让安翰林写一个关于注解的详细奏章，自己在合适的时候呈给皇上。

早朝争斗

这一天阳光灿烂，IO 大臣看到国王心情不错，就把奏章呈了上去。

"注解？这是什么东西？是外邦上供的宝物吗？"国王根本没心思了解细节。

"启奏陛下,这个注解能够部分地代替 XML 的配置工作。"IO 大臣一边小心翼翼地回复，一边用余光向 XML 大臣扫去。

看到 IO 大臣来者不善，XML 大臣立刻警觉起来，他马上说:"陛下，可否让老臣一观？"

国王示意让吕公公把奏章递给 XML 大臣。

XML 大臣看了一会儿就感到大事不妙,这简直是釜底抽薪。如果帝国批准了这个玩意儿，允许臣民们自定义注解，自己的势力就要被大大地削弱了。

XML 大臣的脑海中浮现一副可怕的场景：Spring、Struts、Hibernate 等纷纷倒戈，都采用注解来进行系统配置，白花花的银子开始流向 IO 大臣的府邸……

不，坚决要把这星星之火迅速扑灭！

"陛下，依老臣之见，此法断不可行！"XML 大臣斩钉截铁地说。

"为何不可行？使用注解，配置靠近代码，容易阅读、容易修改！"IO 大臣立刻反击。为了展示易读、易改，IO 大臣还现场写了一段代码，描述了一个普通的 Java 类是如何向数据库表和列映射的。朝中多位大臣齐声喝彩，为了白花花的银子，站在 IO 大臣身后摇旗呐喊。

代码清单 2–33　使用注解映射 Java 对象和数据库表

```java
@Entity
@Table(name = "EMPLOYEE")
public class Employee {
    @Id
    @GeneratedValue(strategy = GenerationType.IDENTITY)
    private Integer id;

    @Column(name = "name")
    private String name;

    @Column(name = "salary")
    private int salary;
}
```

"单独看一个当然很清晰，但是如果多了，配置分散在各个 Java 文件中，则极难查找，到时候你哭都来不及。如果你用了 XML，那么所有的配置集中在一处，一目了然。还有，如果你想修改配置就得修改 Java 源文件，重新编译部署，这也太扯了吧？！"XML 大臣不甘示弱。

眼看着两位重臣开始剑拔弩张，国王决定出面和稀泥，他也不希望一家独大，也想平衡一下朝中势力。

"两位爱卿，依朕之意，还是先在 JDK 中加入自定义注解的支持，至于是用注解还是用 XML，还是让朕的子民们去选择吧！"

看到国王主意已定，两位大臣只好退下。

自定义注解发布了，令大家没有想到的是，无论是注解还是 XML 配置，都没有占据垄断地位，很多人把二者混合起来使用了！对于一些需要集中配置的场合，如数据源的配置，自然使用 XML。另外，对于 @Controller、@RequestMapping、@Transactional 这样的注解，大家更喜欢和 Java 方法写在一起，显得简单而直观。

这正如朝中的局势，没人能够一家独大，XML 大臣虽然丢失了一些领地，但依然是不可忽视的力量。一场争斗，唯一的大赢家可能就是安翰林了，他被任命为 Annotation 大臣，专门管理自定义的注解。

Java帝国之泛型

新王登基

登基以后的第一次早朝，意气风发的第 5 代 Java 国王坐在宝座上，看着下面恭恭敬敬的各位大臣，心情大好。

他早已下定决心，要革新吏治，剔除弊端，将 Java 帝国带上巅峰。

国王的第一道命令就是要求各位大臣展开一场轰轰烈烈的自检运动，对自己负责的领域好好检查一遍，倾听一下帝国臣民们的呼声，半个月以后，每位大臣至少要报上三条合理化建议。

大臣们心想这肯定是三分钟热度，过一段时间国王就忘了。虽然心里这么想，但嘴上还是说道："陛下圣明，真乃开天辟地之举，定会使我 Java 帝国江山永固。"

没想到，半个月后的又一次早朝，国王真的开始检查作业了："IO 大臣，你那里情况如何？"

老奸巨猾的 IO 大臣虽然挨了当头一棒，愣了一下，但是马上恢复过来："陛下，我 Java 帝国自成立以来，经过先祖们励精图治，制度几近完美，国家繁荣昌盛，子民们无不交口称颂，我这里实在是没有什么可以改进的了。"

其他大臣也纷纷附和："IO 大臣所言极是，臣这里也找不到了。"

国王看着这些不干事儿的官僚，恨得牙痒痒："哼哼！你们没有，朕这里可是有啊！来人，宣 C++ 帝国的使者觐见！"

C++ 使者

一个年轻人在大家狐疑的目光中走了进来，在大殿中央给国王行了礼。

国王说道："这是 C++ 国王派来的使者，他带来了一个我们帝国没有的新玩意儿。泛型先生，你一路舟车劳顿，辛苦了，烦请你给我们说说 C++ 帝国的泛型吧。"

看来国王早就和这个叫泛型的家伙串通好了，等着给我们好看呢，要小心！ IO 大臣警觉起来。

这位泛型使者说："Java 语言以严谨而著称，但是设计的时候却没有把泛型这个重要的概念给考虑进去，确实不应该啊。"

"什么是泛型？能举个例子吗？"线程大臣问道。

泛型使者展示了一段代码。

代码清单 2-34　ArrayList

```
List list = new ArrayList();
list.add("apple");
list.add(new Integer(10));
```

集合框架大臣一看这小子竟然想拿自己开刀，这还了得，接过话头儿说："这有什么问题？"

泛型使者说："我向 List 当中添加了一个字符串和整数，看起来没有问题。可是使用 List 的人就麻烦了，他必须知道第一个元素是字符串类型，第二个元素是整型，还得强制转型，要不然就会出错。"

代码清单 2-35　强制转型

```
String s1 = (String)list.get(0); //正确
String s2 = (String)list.get(1); //运行时出错
```

"这不是很正常吗？"集合框架大臣问道，"写程序的那些码农当然要记住每个元素的类型了。再说了，我这个 List 能容纳任何类型的元素，多灵活！"

泛型使者说："**这么做会增加使用者的责任**，编译器也无法帮忙，在运行时才会抛出 Class Cast 异常。"

"那你说说，怎么才能让编译器帮忙？"

"这就是我来这里的目的了。在我的家乡 C++ 帝国，我们可以定义一个模板类，例如："

代码清单 2-36　C++ 模板类

```
template <typename T>
class List{
    void add(T e);
    T get(int index);
    …
};

List<int> iList;
iList.add("Apple"); // 编译器报错
iList.add(10);
```

"这里定义了一个模板类 List，通过它可以实例化成你想要的任何类型，如 List<int>、List<String>、List<Employee>……上面的代码实例化了一个 List<int>，所以你只能往里面添加整数，如果添加其他类型的值如字符串，编译器就能检查出来，直接报错。我们 C++ 帝国把这种能力称为**泛型**（Generics）。"

"哈哈哈，这么古怪的语法，怪不得你们 C++ 帝国越来越……"集合框架大臣正要顺势讽刺一番，一转眼看到 Java 国王那威严的目光，硬生生地把后半句给咽了回去。

"众位爱卿，估计你们也看到了，这个'泛型'能够在编译期检查出错误，使用 List 的人也不用做强制转型了，还是很有好处的。我们 Java 也应该加上类似功能。"

"怎么加上呢？"集合框架大臣问道。

"好办啊，仿照 C++ 的语法就行了。"Java 国王心想，这些占据高位但是又不做事的家伙以后要统统替换掉。

国王让吕公公展开了一张写满代码的纸。

代码清单 2-37　Java 泛型

```java
public class ArrayList<T> implements List<T>{
    public void add(T e){
        ...
    }
    public T get(int index){
        ...
    }
    ...
}
```

"大家看看这段代码，看到那个 T 没有，你可以把它想象成一个占位符，将来可以传入任意类型，如 Integer、String 等。"

代码清单 2-38　使用 Java 泛型

```java
//一个只保存Integer类型元素的数组
List<Integer> list1=new ArrayList<Integer>();
list1.add(new Integer(10));
list1.add(new Integer(20));
//无须强制转型
Integer i = list1.get(0);

//一个只保存String类型元素的数组
```

```
List<String> list2 = new ArrayList<String>();
list2.add("Apple");
list2.add("Orange");
//无须强制转型
String s = list2.get(0);

//编译器报错
list1.add("Apple");
//编译器报错
list2.add(new Integer(30));
```

集合框架大臣一看国王连代码都写好了，心想这国王也真是够拼的，看来是铁了心要这么干了。

泛型实现

IO 大臣说："陛下圣明；臣愚钝，还有一事不明，这个所谓的泛型怎么实现呢？"

C++ 泛型使者说："在我们 C++ 帝国，每次实例化一个泛型 / 模板类都会生成一个新的类。例如模板类是 List，用 int、double、string、Employee 分别去实例化，那么在编译的时候，就会生成 4 个新类，如 List_int、List_double、List_string、List_Employee。"

集合框架大臣说："啊？！ 这样一来得生成很多新类，系统会不会膨胀得要爆炸了？"

国王说："不用担心，我已经跟 C++ 泛型使者深谈过了，我们不用膨胀法，相反，我们用擦除法。"

"擦除法？"众大臣面面相觑。

"简单来说就是一个参数化的类型经过擦除后会去除参数，如 ArrayList<T> 会被擦除为 ArrayList。"

"那我传入的 String、Integer 等都消失了？"集合框架大臣大惊失色。

"不会的，我会把它们变成 Object，如 ArrayList<Integer> 其实被擦除成了原始的 ArrayList。"

代码清单 2-39　擦除法

```
public class ArrayList implements List{
    public void add(Object e){
        ...
```

```
    }
    public Object get(int index){
        ...
    }
    ...
}
```

线程大臣问道：“陛下，我们通过泛型，本来是不想让臣民们写那个强制转型的，臣民们可以写成这样 Integer i = list1.get(0);。现在类型被擦除，都变成 Object 了，怎么处理？”

Java 国王说：“很简单，在编译的时候做一点手脚，加一个自动的转型，如 Integer i = (Integer)list1.get(0);。”

“陛下真是高瞻远瞩，臣等拜服！”IO 大臣马上拍马屁。

泛型方法

集合框架大臣说：“陛下，刚才您说的都是泛型类，对于一些静态方法该怎么办？”

代码清单 2–40　静态方法

```
//某个类的静态方法，获取一个List中的最大值
public static Object max(List list);
```

“简单，把那个 <T> 移到方法上去！”国王的命令不容置疑。

代码清单 2–41　静态方法变为泛型

```
public static <T> T max(List<T> list);
```

集合框架大臣看了一会儿，自言自语道：“这个静态的函数是求最大值的，就是说需要对 List 中的元素比较大小。如果臣民们传入的 T 没有实现 Comparable 接口，就没法比较大小了！”

线程大臣、IO 大臣纷纷点头称是。

国王心想，这些大臣并非一无是处，还是有点想法的嘛。他转向 C++ 泛型使者：“这倒是一道难题。泛型使者，你怎么看？”

“这个容易，可以做一个类型的限制，让臣民们传入的类型 T 必须是 Comparable 的子类，要不然编译器就报错。我建议使用 extends 关键字。”C++ 泛型使者看起来很有经验。

代码清单 2-42　　泛型限定符

```
public static <T extends Comparable<T>> T max(List<T> list)
```

"妙啊！"国王大为赞赏，"来人！赏银500两！"

IO 大臣提议："陛下，臣提议让泛型使者在京城多待几天，协助我们把 Java 泛型实现了。"

国王说："准奏！这是一件大事，希望各位爱卿同心协力，办好后朕还有重赏。"

【注：除 extends 之外，Java 泛型的限定符还支持 super，这里不再展开描述。实际上，为了更加灵活，上面的 Comparable<T> 应该写成 Comparable <? super T>】

泛型和继承

经过几个月的准备，Java 泛型正式推出，开始让臣民们使用了。

不出国王和大臣所料，泛型极大限度地减少了运行期那些转型导致的异常，简化了代码，受到了大家的一致欢迎。

国王特地设置了一个泛型大臣的职务，暂时让集合框架大臣兼任。没办法，集合框架的改动是泛型的一部重头戏。

过了几天，泛型大臣兼集合框架大臣上了一个奏章，上面有一张如图 2-20 所示的图和若干代码。

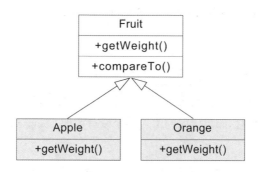

图 2-20　类继承

代码清单 2-43　泛型和类继承

```java
public  void print(ArrayList<Fruit> list){
    for(Fruit e : list){
        System.out.println(e);
    }
}
```

```
ArrayList<Apple> list = new ArrayList<Apple>();
list.add(new Apple());
list.add(new Apple());

print(list); //编译报错
```

国王觉得很诧异:这是怎么回事儿? print() 函数能接收的参数不是 ArrayList<Fruit> 吗? 当传递一个 ArrayList<Apple> 时为什么会出错呢? 加了泛型以后，难道我们 Java 帝国的多态不管用了吗?

他召来泛型大臣，想要问个明白。

泛型大臣说："陛下明鉴，这个 Apple 虽然是 Fruit 的子类，但是 ArrayList<Apple> 却不是 ArrayList<Fruit> 的子类，实际上它们俩之间是没有关系的（见图 2-21），不能执行转型操作，所以在调用 print() 函数的时候就报错了。"

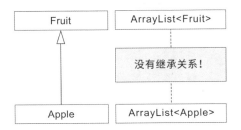

图 2-21　ArrayList<Apple> 和 ArrayList<Fruit> 之间没有继承关系

"为什么不能让 ArrayList<Apple> 转换成 ArrayList<Fruit> 呢？"

"如果可以这么做，那么不但可以向这个 List 中加入 Apple，还可以加入 Orange，泛型就被破坏了。"

代码清单 2–44　强制转型破坏了泛型的约定

```
ArrayList<Apple> appleList = new ArrayList<Apple>();
//假设可以转型
ArrayList<Fruit> list = appleList;
list.add(new Apple());
//破坏了原来的ArrayList中只能放Apple的约定
list.add(new Orange());
```

"噢，原来如此。"国王心想，泛型大臣还是不错的。"那针对刚才的问题怎么办呢？"

"我和各位大臣商量了，我们打算引入一种通配符的方式来解决这个问题，把函数的输入参数改为下面这样。"

代码清单 2-45　泛型通配符

```java
public void print(ArrayList<? extends Fruit> list){
    for(Fruit e : list){
        System.out.println(e);
    }
}
```

"也就是说，传进来的参数，只要是 Fruit 或者 Fruit 的子类都可以，对吧？"国王看出了关键。

"是的，陛下，这样一来就可以接收 ArrayList<Fruit>、ArrayList<Apple>、ArrayList<Orange> 这样的参数了。但是在函数中只能对那个 List 进行遍历，不能执行添加元素的操作。"

"好吧，虽然看起来有点不爽，但就这么实施吧！"

一个著名的日志系统是怎么设计出来的

前言

Java 帝国在诞生之初就提供了集合、线程、I/O、网络等常用功能，从 C 和 C++ 领地那里吸引了大量程序员过来加盟，但是却有意无意地忽略了一个重要的领域：**输出日志**。

对于这一点，IO 大臣其实非常清楚，日志是一个很重要的东西，因为程序运行起来以后，基本上就是一只黑盒子，如果程序的行为和预料的不一致，那就是出现了 Bug，如何定位这个 Bug 呢？

臣民们能用的工具有两个。第一个是单步调试，一步步地跟踪，查看代码中变量的值。这种办法费时费力，并且只能在程序员的机器上使用。

第二个是在特定的地方打印日志，通过日志的输出，帮助快速定位。尤其是当代码在生产环境中运行起来以后，日志信息更是必不可少的，要不然出了状况两眼一抹黑，上哪儿找问题去？总不能让臣民们把自己变成一个线程进入系统来执行吧？

但是 IO 大臣也有自己的小算盘：日志嘛，用我的 System.out.println(...) 不就可以了？！我还提供了 System.err.println 不是？

在 IO 大臣的阻挠下，从帝国的第一代国王到第三代国王，都没有在 JDK 中提供与日志相关的工具包，臣民们只好忍受着去使用 System.out.println 输出日志，把所有的信息都输出到控制台，让那里变成一堆垃圾。

张家村

张家村的电子商务系统也不能幸免，自然也遇到了日志的问题。经验丰富的老村长已经烦透了 System.out.println 所输出的大量难以理解的无用信息，看着村民整天和这些 System.out 做斗争，他找来了小张，命令他设计一个通用的处理日志的系统。

小张曾在消息队列和 JMS 的设计上花了不少功夫，积累了丰富的经验，从那以后一直都在实现业务代码，一直都是 CRUD，张二妮整天笑话他是 HTML 填空人员，这次一定要让她看看自己的设计功力！

老村长给小张下达的需求是这样的：

（1）日志消息除了能打印到控制台,还可以输出到文件,甚至可以通过邮件发送出去（如生产环境出错的消息）。

（2）日志内容可以格式化，如变成纯文本、XML、HTML 格式等。

（3）对于不同的 Java class、不同的 package，以及不同级别的日志，应该可以灵活地输出到不同的文件中。

例如，对于 com.foo 这个 package，所有的日志都输出到 foo.log 文件中。

对于 com.bar 这个 package，所有的日志都输出到 bar. log 文件中。

对于所有的 ERROR 级别的日志，都输出到 errors.log 文件中。

（4）能对日志进行分级。有些日志纯属 debug，在本机或者测试环境下使用，方便程序员进行调试，生产环境完全不需要。有些日志是描述错误（error）的，在生产环境下出错必须记录下来，帮助后续的分析。

小张仔细看了看，拍着胸脯对老村长说："没问题，明天一定让您老看到结果！"

小张的设计

老村长走了以后，小张开始分析需求，祭出"面向对象设计大法"，试图从村长的需求中抽象出一点概念。

首先要记录日志，肯定需要一个类来表达日志的概念，这个类至少应该有两个属性，一个是时间戳（timestamp），另一个是消息本身，把它叫作 LoggingEvent 吧，记录日志就像记录一个事件嘛。

其次是日志可以输出到不同的地方，如控制台、文件、邮件等。这个可以抽象一下，不就是写到不同的目的地吗？可以叫作 LogDestination？

嗯，还是简单一点，叫作 Appender 吧（见图 2-22），暗含了可以不断追加日志的意思。

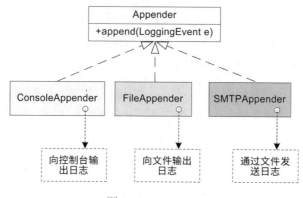

图 2-22　Appender

至于日志内容可以格式化，完全可以照葫芦画瓢，定义一个 Formatter 接口去格式化消息（见图 2-23）。

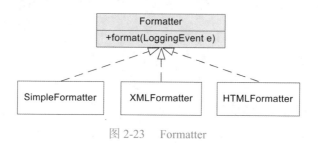

图 2-23　Formatter

对了，Appender 应该引用 Formatter，这样一来就可以对 LoggingEvent 记录格式化以后再发送。

第三条需求把小张给难住了，不同的 class、package 输出的目的地不同？"目的地"这个概念是由 Appender 来表达的，难道让不同的 class、package 和 Appender 关联？不不，不能这样！

还需要一个新的概念，这个概念是什么？

从用户的角度想一下，村民们要想获取日志，必须先获取一个什么东西，这个东西是不是可以称为 Logger？灵感的火花闪了一下就被小张抓住了：在获取 Logger 的时候要传入类名或者包名！

代码清单 2–46　Logger

```
Logger logger1 = Logger.getLogger("com.foo");
Logger logger2 = Logger.getLogger("com.bar");
```

这样一来，不同的 class、package 就区分开了。然后让 Logger 和 Appender 关联，灵活地设置日志的目的地，并且一个 Logger 可以拥有多个 Appender，同一条日志消息可以输出到多个地方。完美！

代码清单 2–47　Logger 和 Appender 关联

```
Logger logger1 = Logger.getLogger("com.foo");
Logger logger2 = Logger.getLogger("com.bar");

logger1.addAppender(new FileAppender("C:\\logs\\foo.log"));
logger2.addAppender(new FileAppender("C:\\logs\\bar.log"));
```

小张迅速地画出了核心类图（见图 2-24）。

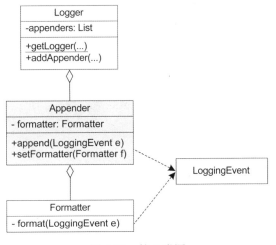

图 2-24　核心类图

还算漂亮，小张陶醉地自我欣赏了一下。

再接再厉，把第四条需求也设计一下。日志要分级，这个简单，定义一个 Priority 类，里面定义 5 个常量 DEBUG、INFO、WARN、ERROR、FATAL，表示 5 个不同的级别就可以了。当然，这 5 个级别有高低之分，DEBUG 级别最低，FATAL 级别最高。

还可以给 Logger 增加一些辅助编程的方法，如 Logger.debug(...)、Logger.info(...)、Logger.warn(...) 等，这样村民们将来就可以轻松地输出各种级别的日志了。

等一下，老村长还说过"对于所有的 ERROR 级别的日志，都输出到 errors.log 文件中"。类似这样的需求，好像给忽略了。

这也好办，只要在 Appender 上增加一个属性，就叫作 Priority。如果用户要输出的日志是 DEBUG 级别的，但是有一个 FileAppender 的 Priority 是 ERROR 级别的，那么这个日志就不用在这个 FileAppender 中输出了，因为 ERROR 级别比 DEBUG 级别高。

同理，在 Logger 类上也可以增加一个 Priority 属性，用户可以自行设置。如果一个 Logger 的 Priority 是 ERROR 级别的，而用户调用了这个 Logger 的 debug() 方法，那么这个 debug() 方法的消息也不会输出。

小张全心全意地投入设计当中，一看时间，都快半夜了，赶紧休息，明天向村长汇报去。

正交性

第二天，小张向老村长展示了自己设计的 LoggerEvent、Logger、Appender、Formatter、Priority 等类和接口。老村长捻着胡子满意地点点头："不错不错，与上一次相比有巨大的进步。你知不知道我在需求中其实给了你引导？"

"引导？什么引导？"

"就是让你朝着正交的方向去努力啊！"

"正交？"

"如果你把 Logger、Appender、Formatter 看成坐标系中的 X 轴、Y 轴、Z 轴（见图 2-25），那这三者是不是可以独立变化而互不影响啊？"

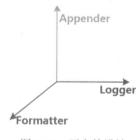

图 2-25　正交的设计

"哇，果然如此，我可以任意扩展 Appender 接口而影响不到 Logger 和 Formatter，无论有多少个 Logger 都影响不了 Appender 和 Formatter，这就是正交吗？"

"是啊，当你从系统中提取出正交的概念的时候，那就威力无比了，因为变化被封装在一个维度上，你可以把这些概念任意组合，而不会变成意大利面条似的代码。"

听到村长做了理论的升华，小张兴奋得直搓手。

"好吧，你把这个设计实现了吧。对了，你打算给它起什么名字？"村长问道。

"我打算把它叫作 Log4j，意思是 Log for Java。"

"不错，就这么定了！"

Log4j

小张又花了两个月的时间把 Log4j 开发了出来。由于 Log4j 有着良好的设计、优异的性能，不仅张家村的人在用，Java 帝国的很多村镇、部落都爱上了它。

后来张家村把 Log4j 在 Apache 部落里开源了，一下子吸引了无数的人无偿帮助测试它、扩展它、改进它，很快就成了帝国最流行的日志工具。

张家村建议帝国把 Log4j 纳入 JDK 中，帝国那效率低下的官僚机构竟然拒绝了。消息传到了 IO 大臣的耳朵里，他不禁扼腕叹息：唉，失去了一次极好的招安机会啊。现在唯一的办法就是赶紧上奏陛下，在官方也提供一套，争取让臣民们使用官方版本。

第四代国王（JDK 1.4）登基后，臣民们终于看到了帝国提供的 java.util.logging 包，也是用来记录日志的，并且其中的核心概念 Logger、Formatter、Handler 和 Log4j 非常相似，只是为时已晚，Log4j 早已深入人心，地位不可撼动了。

尾声

Log4j 在 Apache 开源以后，小张也逐渐有点落寞，他闲不住，又写了一个工具，叫作 Logback。有了之前的经验，这 Logback 的运行速度比 Log4j 还要快。

如今的日志世界有了很多的选择，除 java.util.logging、Log4j 之外，还有 Logback、tinylog 等其他工具。

小张想了想，这么多日志工具，用户如果想切换了怎么办？不想用 Log4j 了，能换到 Logback 吗？

我还是提供一个抽象层吧，用户用这个抽象层的 API 来写日志，至于底层具体用什么日志工具不用关心，这样就可以实现移植了。

小张把这个抽象层叫作 Simple Logging Facade for Java，简称 SLF4J（见图 2-26）。

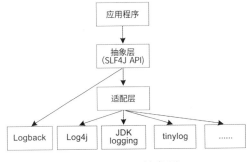

图 2-26　Log 抽象层

对于 Log4j、JDK logging、tinylog 等工具，需要一个适配层，把 SLF4J API 转换成具体工具的调用接口。

由于 Logback 这个工具也出自小张之手，直接实现了 SLF4J API，所以连适配层都不需要了，用起来速度飞快、效率极高，SLF4J+Logback 成为很多人的最爱，大有超越 Apache Common Logging + Log4j 之势。

序列化：一个老家伙的咸鱼翻身

寒冬的蛰伏

这里的工作很繁忙，一年 365 天，一天 24 小时，几乎不停工。

但我却是一个闲人，因为我做的工作最近用的人太少了，经常被冷落在一旁。

大多数时候，我只能羡慕地看着线程、反射、注解、集合、泛型这些明星员工在那里忙忙碌碌，听着他们充满激情地大声说笑。

他们都叫我序列化，想想也是，我的工作就是把一个 Java 对象变成二进制的字节流，或者反过来，把字节流变成 Java 对象，但是这有什么意思？

当大家需要一个 Java 对象的时候，直接 new 出来不就得了，对象不用了自然有令人胆战心惊的垃圾回收去处理。

但是存在即合理，从 JDK 1.1 时代开始，我就已经存在了。当时人们的思想很超前：**网络就是计算机**。一个个 Java 对象应该可以在网络中到处旅行：从一台机器出发时，就变成二进制字节流，顺着网络跨过千山万水，到达另一台机器，在那里摇身一变，恢复成 Java 对象，继续运算（见图 2-27）。

既然可以以二进制方式在网络中漫游，那自然也可以把这些字节流存储到硬盘中，当 JVM 停机，整个世界坍塌以后，线程、反射、注解都不复存在了，而我的字节流还会在硬盘上默默等待，等待下一次 JVM 的重生，把对象恢复。

所以我觉得我的工作也很有价值，从某种意义上来讲，**我可以让 Java 对象跨越时间和空间而永生**！

但这种永生是有代价的，首先你必须使用 Java。这是废话，因为我只是 Java 对象序列化。

虽然二进制字节流的格式是公开的，你可以用任何语言（C、C++、Python……）去解析读取，但是解析以后又有什么用处呢？那些字节流会告知你这是哪个类的数据、字段的类型和值，但是如果你没有相对应的 Java 类，则仍然无法构建出 Java 对象。

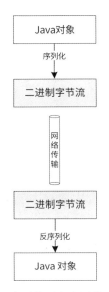

图 2-27　序列化对象在网络中的传输

其次，序列化双方的类必须一致，要不然肯定出乱子。

大部分人不知道，在 20 世纪末和 21 世纪初，我还是随着 J2EE 火了一阵的。当时 J2EE 中有一个叫 RMI 的东西，其实就是 Java RPC。由于我卓越的工作，开发人员可以轻松地调用远程服务器上的 Java 方法，就相当于调用本地方法一样，十分方便。

可惜的是，这个 RMI 只能用在 Java 环境中，对于服务器来说这根本不是问题，但是当时 Web 应用正在兴起，一个浏览器中是很难有 Java 环境的，所以 RMI 很快就没落了，我也随之被打入冷宫。我只好蛰伏下来，等待机会。

XML 和 JSON 的挑战

后来我们这里来了一个叫 XML 的小伙子，很受大家的欢迎，都喜欢把 Java 对象序列化的工作交给他去做。

我不能坐以待毙！我仔细地观察了几天以后，终于发现这个家伙有一个大缺点：太复杂了！

对于我的 Java 对象序列化，大部分情况下只需要让你的类实现 Serializable 接口，我就可以接管后续的所有工作，不用你操心了。

可是用 XML，你还得写一堆代码，把一个类中的各个字段和它们的值变成 XML 标签 / 属性 / 值才行。当用来表示对象的 XML 字符串漫游到另一台机器上时，还得有一堆代码把 XML 变成对象。

我嘲笑 XML 说："小伙子，你这也太麻烦了吧，人类的时间多宝贵，为了用 XML 做序列化，代价好高啊！"

"老家伙，没你想的那么复杂，你可能不知道，我们有些类库能自动帮助把对象变成 XML。"他毫不示弱。

"不要忘了，"小伙子补充道，"我们 XML 可是语言中立的，在这里是 Java 对象，到了客户端什么语言都行，Java/C/Python/Ruby…… 都没问题，甚至浏览器里的 JavaScript 都能处理，这一点你不行了吧？"

这家伙戳到了我的痛处，在浏览器中我的确需要一个 Java 环境才能运行。唉，真是成也 Java，败也 Java。

我说："我知道你是语言无关的，但是你注意到没有，你的 XML 标签冗余太多，真正的数据很少。比如有一个 Person 类，有两个字段 name 和 address，用你的 XML 做序列化就变成了这个样子 <person><name>abc</name><address>xyz</address></person>，这在网络上传输起来绝对是一种浪费！我的 Java 字节流就不一样了，二进制的，非常紧凑，一点都不浪费！"

XML 小伙子沉默了，小样儿，我也戳中了你的痛点。

过了两天，这个小伙子又带来了一个叫 JSON 的小弟，他得意洋洋地向我炫耀："用了 JSON 以后，数据精简多了（见图 2-28），比如 {"name":"abc","address":"xyz"}。现在我们不但语言中立，还很精简。老家伙，这下你无话可说了吧？"

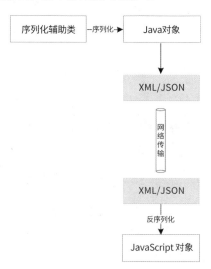

图 2-28　使用 XML/JSON 序列化

我认栽，但是 XML 也没高兴多久，让他没有想到的是，在 Web 时代，JSON 和 JavaScript 是一对绝配，联手统治了浏览器，连 XML 自己都快没饭吃了。

新协议的崛起

其实我一直觉得我的二进制序列化方式能减少存储空间、方便网络传输，只是我的硬伤是无法跨越语言。

不行，我不能一直守着 Java 这一亩三分地，必须扩展支持多语言，这样才能脱离 Java 环境。

有人说：计算机的所有问题都可以通过增加一个中间层来解决。我是不是也可以搞一个中间层出来？

这个中间层的主要任务就是定义 / 描述消息的格式，然后我再弄一个小翻译器，不，叫编译器显得更高端，把这个程序员自定义的消息格式转换成各种语言的实现，如 Java、Python、C++ 等（见图 2-29）。

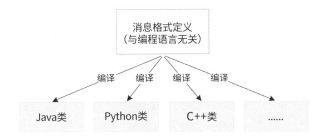

图 2-29 把消息格式定义转换为实现类

在转换好的代码实现里面包含了要被序列化的类的定义，以及实现序列化和反序列化的代码。当然，序列化以后的数据是二进制的。

这样，码农就可以直接拿着自动生成的类去把一个对象序列化成字节流了。

等到二进制的字节流通过网络传输到另一台机器后，就可以反序列化为各种语言（如Python）的对象了（见图 2-30），当然必须是同一种消息格式产生的 Python 类。

不仅是 Python、C++、Go、C#，甚至连 JavaScript 都可以用！

是不是很爽？既语言中立，又采用二进制传输，体积小，解析速度快，完美地综合了各种优点！

唯一的额外工作是需要把消息格式的定义编译成各种语言的实现。为了能支持多种语言，这也是没办法的事情。

我得意地把新方案给 XML 和 JSON 这两个家伙看了，从表情来看，就知道他们俩如临大敌了。

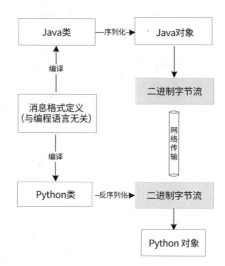

图 2-30　增加中间层：与编程语言无关的消息格式

我也把方案提交给了我们服务器世界的老大，他大为赞赏，决定先在部分场景下用起来。例如，对象存入缓存的时候需要序列化，以前用 JSON，占用空间很大；改用了我的新方案以后，不但减少了空间使用，还提升了读 / 写的效率，效果不错。

我成功地扳回了一局，现在找我用新方案来做序列化的人越来越多了，但是最终鹿死谁手还很难说，最有可能的情况是各种方案混合使用，即使这样，我也很满足了。

加锁还是不加锁，这是一个问题

互斥锁

在 Java 世界里，我们都知道锁是一个好东西，没有锁，多个线程并发地读 / 写共享资源的时候就会出错，但是我们线程最常用的是互斥锁。

所谓互斥，就是同一时刻只有获得锁的那个线程才有资格去操作共享资源，其他线程都被阻塞了，被放到一个叫锁池（Lock Pool）的地方，什么事情都做不了。

代码清单 2–48　synchronized 的使用

```java
public class Sequence{
    private int value;
    public synchronized int next(){
        return value++;
    }
}
```

比如这个简单的 Sequence 类，有 100 个线程拼命地想进入 next() 方法，但是由于 synchronized 的存在，大家必须获得一把锁才可以进入。隔壁的张大胖运气不错，获得了操作系统的垂青，喜滋滋地得到了宝贵的锁，进入 next() 方法去做事了。

而我们剩下的 99 个线程大眼瞪小眼，除了叹一口气，感慨一下人生不如意之事十之八九，还能干吗？

老老实实地进入锁池里待着去吧！

等到隔壁张大胖做完了事情，美滋滋地拿着最新的 value 值出来以后，我们这 99 个在锁池里吹牛的线程一跃而起，去竞争那个刚刚被释放的锁。

但是下一个幸运儿是谁呢？不知道！

有时候，人类为了公平，会搞一个队列让我们排好队，先进先出。但是我已经活了 4.998 秒，人生快走到了尽头。在这么长的人生里，我体会到的真理是：公平实在是一个稀缺货，不公平才是常态！

所以，年轻人不要总是抱怨这个社会，没用的，还是老老实实地奋斗吧。

要不要加锁

平淡的日子就这么过着，有一天，线程世界来了一个自称"道哥"的年轻人，他看着我们这么努力地去争抢那把锁，不禁嘲笑道："你们真傻啊，难道不知道不加锁也能做事吗？"

我们愣了一下，人群中立刻发出一阵爆笑："哈哈哈，这小子疯了，没有锁岂不又回到互相覆盖数据的日子了？"

道哥不甘示弱："你们这帮土老帽儿，把线程元老院那帮老家伙的话当圣旨，岂不知天外有天、人外有人，这世界大得很呐！"

这句话把我们镇住了，我小心翼翼地问："那您说说，不加锁怎么才能保证正确性呢？"

"就拿你们的那个 Sequence 类来说吧，不就是并发地更新内存中的一个值吗？可以分为三步来做：

（1）从内存中读取 value 值，假设为 10，我们把这个值称为 A。

（2）B = A+1 得到 B = 11。

（3）用 A 的值和内存的值相比，如果相等（在过去的一段时间里，没人修改内存 value 的值），就把 B 的值（11）写入内存；如果不相等（在过去的一段时间里，有人修改了内存 value 的值），就意味着 A 的值已经不是最新值了，那就放弃这次修改，跳回第（1）步。"

我们面面相觑，就这么简单？真的没有加锁啊！

还是张大胖反应最快："道哥，你这第（3）步有问题啊。你看，需要读内存吧，需要比较吧，还得写入内存吧，这不是一个原子操作，在我们多线程并发执行的时候，肯定会出问题！"

道哥说："唉，说你们老土吧，你们还不服气。听说过 Compare and Swap 这条硬件指令吗？那个第（3）步其实就是一条硬件指令，操作系统和硬件能保证原子执行。这样吧，干脆写成一条指令 compareAndSwap(内存的值, A , B)，这下明白了吧？还不明白？估计是人类的语言你们听起来不太明白。来吧，给你们来一点熟悉的代码。"

代码清单 2–49　compareAndSwap

```java
public int next(){
    while(true){
        int A = 读取内存的值;
        int B = A + 1;
        if(compareAndSwap(内存的值,A,B)){
            return B;
        }
    }
}
```

看到了我们熟悉的代码，我在脑海里飞速盘算：

假定我和张大胖同时进入了这段代码，都读到了内存的值 A = 10，然后张大胖的时间片到了，只好退出 CPU，我则愉快地继续执行。

对于我来说，A = 10，B = A+1=11，然后我运行 compareAndSwap，发现我的 A 值和内存的值是相等的，于是就把新的值 B 写入内存，并且返回，退出 next() 方法，收工回家。

等到张大胖再次被运行的时候，由于他的初始值 A 也是 10，他也得到 B = 11，当他运行 compareAndSwap 时就会发现 A 的值和内存的值不相等了（因为我改成了 11），那张大胖只好再次循环，获得 A = 11，B = 12，再次调用 compareAndSwap；如果还是被别人抢了先，那么张大胖只好再次循环，从内存中获得 A = 12，B = 13……直到成功为止。

想到张大胖一直循环下去，累得要死的样子，我"邪恶"地笑了。

我抬起头，正好和张大胖的目光相遇，看到他不怀好意的样子，估计也把我置于无限循环的想象中了吧。

道哥说："compareAndSwap 这个词太长了，以后简称 CAS，希望你们听得懂。"

张大胖问道："我们是 Java 语言，你那个读取内存的值该怎么办？还有那个

compareAndSwap 函数，我们实现不了啊。"

道哥说：“你们 Java 不是有 JNI（Java Native Interface）吗？可以用 C 语言来实现，然后在 Java 中封装一下，不就得了？”

"能不能把我们最初的 Sequence 改写一下？" 我问道。

"没问题，大家看看这段代码。"

代码清单 2–50 使用 CAS 的 Sequence

```java
public class Sequence {
    private AtomicInteger count = new AtomicInteger(0);
    public int next(){
        while(true){
            int current = count.get();
            int next = current + 1;
            if(count.compareAndSet(current, next)){
                return next;
            }
        }
    }
}
```

"看看这个 AtomicInteger，它就代表了那个内存的值。那个 count.compareAndSet() 方法只有两个参数，实际上内存的值隐藏在 AtomicInteger 当中，你们 Java 不是喜欢面向对象吗？"

我们仔细地审视这段代码，它根本没有加锁，每个人都可以进入 next() 方法，读取数据，操作数据，最后使用 CAS 来决定这次操作是否有效。如果内存的值被别人修改过，那就再次循环尝试。

道哥总结道：“你们之前的 synchronized 叫作悲观锁，元老院太悲观了，总怕你们把事情搞砸，你看现在乐观一点，不也玩得挺好嘛！每个线程都不用阻塞，不用在那个无聊的锁池里待着。要知道，对于阻塞而言，激活是一笔不小的开销。”

CAS 的扩展

使用非阻塞算法的线程越来越多，道哥趁热打铁，提供了一系列所谓的 Atomic 类。

- AtomicBoolean。

- AtomicInteger。

- AtomicLong。

- AtomicIntegerArray。

- AtomicLongArray。

这些工具类都很好用，大家非常喜欢。只是我们发现这些工具类只支持简单的类型，对于一些复杂的数据结构，就不方便使用 CAS 了。因为使用 CAS 需要频繁地读 / 写内存数据，并且进行数据的比较，如果数据结构很复杂，那么读 / 写内存是不可承受之重，还不如最早的悲观锁呢！

道哥想了想，马上做出了改进："不比较数据，只比较两个对象的引用不就得了？这里有一个 AtomicReference，拿去用吧。"

我们向元老院推荐这种方法，那些老家伙可真有两把刷子，立刻提出了一个我连做梦都没有想到的问题：

假设有两个线程，线程 1 读到内存的数值为 A，然后时间片到期，撤出 CPU。线程 2 运行，线程 2 也读到了 A，把它改成了 B，然后又把 B 改成原来的值 A，简单地说，修改的次序是 A → B → A。接着线程 1 开始运行，它发现内存的值还是 A，完全不知道内存被操作过。

【注：这就是著名的 ABA 问题】

我想了一下，好像没什么影响，不就是把数字改成了原来的值吗？

可是道哥却陷入了沉思，看来这是一个挺难的问题。他口中念念有词："如果只是简单的数字，那没什么影响；可是如果使用 AtomicReference，并且操作的是复杂的数据结构，就可能会出问题了。"

我不禁问道："为什么复杂的数据结构就会出问题？"

道哥说："小鬼，看来你的经验不足啊。来，我给你举个例子。假设现在有一个链表，我们可以从链表头部删除元素，在多线程并发的情况下，如果我们不加锁，而使用 CAS，那么代码的执行会是图 2-31 这个样子，你想想会有什么问题。"

代码清单 2-51　使用 CAS 删除链表的头部元素

```java
public class LinkedList{
    private static class Node{
        Object data;
        Node next;
```

第2章

```
    }
    AtomicReference<Node> headAR = new AtomicReference<Node>();

    public Object removeHead(){
        while(true){
            //记录原来的head
            Node oldHead = headAR.get();
            if(oldHead == null){
                return null;
            }
            //记录新的head
            Node newHead = oldHead.next;
            //如果没有其他线程操作了headAR，则CAS返回true，本次操作成功，
            //返回被删除的数据；否则需要再次循环
            if(headAR.compareAndSet(oldHead,newHead)){
                oldHead.next = null;
                return oldHead.data;
            }
        }
    }
    //其他操作略
}
```

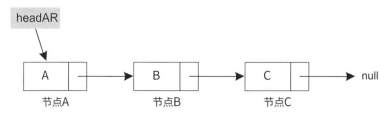

图 2-31　用 CAS 实现链表

我盯着看了半天，心想这好像没什么问题，CAS 可以顺利工作。

道哥说："假设**这个链表可以复用节点**。例如，你删除了包含数据 A 的节点 A，然后再次加入数据 A，那么这个链表会复用之前的节点 A，而不会创建新的节点对象。你考虑一下，现在有线程 A 和线程 B 都试图删除链表的头部元素，会发生什么状况？"

我一脸懵。

道哥说："唉，这确实有点难，我来给你画一张图（见图 2-32）。"

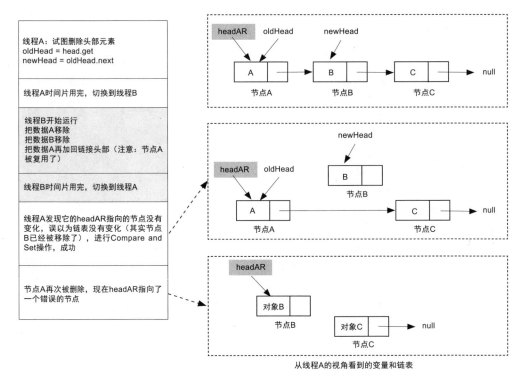

图 2-32　ABA 问题

我盯着这张图看了半天，逐渐明白了，不禁感叹道："真是隐藏得很深的 Bug 啊！那怎么解决呢？"

道哥说："其实也很简单，既然对象的引用是相同的，那我们加入一个版本号，给每个放入 AtomicReference 的对象都加入一个 version，这样一来，尽管对应的引用相同，但也能区分开了！嗯，我就叫它 AtomicStampedReference 吧。"

新的方案上报了元老院，元老院很满意，但还是发布了一则提醒公告：

鉴于最近使用 AtomicXXXX 的线程越来越多，元老院有责任提醒各位，用这些类实现非阻塞算法是非常容易出错的，在你自己实现之前，看看元老院有没有提供现成的类，如 ConcurrentLinkedQueue。如果非要自己写，那也得提交元老院审查通过后才可以使用。

Spring 的本质

据说有些词汇非常热门和神奇，如果你经常把它们挂在嘴边，就能让自己的功力大增，可以轻松找到理想的高薪工作，这些词就包括这篇文章要聊的 AOP 和 IoC。

问题来源

我们在进行软件系统设计的时候，一项非常重要的工作就是把一个大系统按业务功能分解成一个个低耦合、高内聚的模块，分而治之，就像图 2-33 这样。

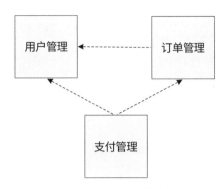

图 2-33　软件系统模块划分

分解以后就会发现一些很有趣的东西，这些东西是通用的，或者是跨越多个模块的。

日志：对特定的操作输出日志来记录。

安全：在执行操作之前进行操作检查。

事务：在方法开始之前要开始事务，在方法结束之后要提交或者回滚事务。

性能统计：要统计每个方法的执行时间。

… …

这些可以被称为非功能性需求，但它们是多个业务模块都需要的，是跨越模块的（见图 2-34），把它们放到什么地方呢？

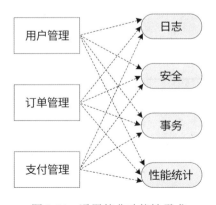

图 2-34　通用的非功能性需求

最简单的办法就是把这些通用模块的接口写好，让程序员在实现业务模块的时候去调用。码农嘛，辛苦一下也没什么。

这样做看起来没问题，但是会产生类似这样的代码。

代码清单 2-52　和业务混杂的非功能性代码

```java
public class PlaceOrderCommand{
    public void execute(){
        Logger logger = Logger.getLogger(...);
        //记录日志
        logger.debug("…");
        //进行性能统计
        PerformanceUtil.startTimer(...);
        //权限检查
        if(!user.hasPreviledge(...)){
            //抛出异常
        }
        //开始事务
        beginTransaction();

        执行下订单操作，这里才是真正的业务代码

        commitTransaction();

        PerformanceUtil.endTimer();
        logger.debug("…");
    }
}
```

这样的代码也实现了功能，但是看起来非常不爽，那就是**与日志、安全、事务、性能统计相关的代码**几乎要把真正的业务代码淹没了。

不仅这个类需要这么干，其他类都得这么干，重复代码会变得非常多。

有经验的程序员还好，新手忘记写这样的非业务代码简直是必然的。

设计模式：模板方法

我们的前辈已经遇到了类似的问题，他们已经想出了一些解决办法，例如使用"模板方法"这个著名的设计模式，可以部分解决上面的问题。

代码清单 2-53　模板方法

```java
public abstract class BaseCommand{
    public void execute(){
        Logger logger = Logger.getLog(...);
        logger.debug("...");
        PerformanceUtil.startTimer(...);
        if(!user.hasPreviledge(...)){
            //抛出异常
        }
        beginTransaction();
        //这是一个需要由子类实现的抽象方法
        doBusiness();
        commitTransaction();
        PerformanceUtil.endTimer();
        logger.debug("...");
    }
    public abstract void doBusiness();
}

class PlaceOrderCommand extends BaseCommand{
    public void doBusiness(){
        //执行下订单操作
    }
}
class PaymentCommand extends BaseCommand{
    public void doBusiness(){
        //执行支付操作
    }
}
```

在父类（BaseCommand）中已经把那些"乱七八糟"的非功能性代码写好了，只留了一个口子（抽象方法 doBusiness()）让子类去实现。

子类变得清爽，只需关注业务逻辑就可以了。

调用也很简单，例如：

```java
BaseCommand  cmd = new PlaceOrderCommand(xxxxx);
cmd.execute();
```

但是这种方式的巨大缺陷就是**父类会定义一切**：要执行哪些非功能性代码，以什么顺序执行，等等。子类只能无条件接受，完全没有反抗的余地。

如果有一个子类，根本不需要事务支持，那么它也没有办法把事务代码去掉。

设计模式：装饰者

如果利用装饰者模式，针对上面的问题，则可以带来更大的灵活性。

代码清单 2-54　装饰者模式

```java
public interface Command{
    public void execute();
}

// 一个用于记录日志的装饰器
public class LoggerDecorator implements Command{
    Command cmd;
    public LoggerDecorator(Command command){
        this.cmd = command;
    }
    public void execute(){
        Logger logger = Logger.getLogger(...);
        //记录日志
        logger.debug("...");
        this.cmd.execute();
        logger.debug("...");
    }
}
// 一个用于性能统计的装饰器
public class PerformanceDecorator implements Command{
    Command cmd;
    public PerformanceDecorator(Command command){
        this.cmd = command;
    }
    public void execute(){
        PerformanceUtil.startTimer(...);
        this.cmd.execute();
        PerformanceUtil.endTimer(...);
    }
}

class PlaceOrderCommand implements Command{

    public void execute(){
        //执行下订单操作
```

```
    }
}
class PaymentCommand implements Command{
    public void execute(){
        //执行支付操作
    }
}
```

现在让这个 PlaceOrderCommand 能够打印日志，进行性能统计。

```
Command cmd = new LoggerDecorator(
    new PerformanceDecorator(
        new PlaceOrderCommand()));
cmd.execute();
```

如果 PaymentCommand 只需要打印日志，那么装饰一次就可以了。

```
Command cmd = new LoggerDecorator(
    new PaymentCommand());
cmd.execute();
```

可以使用任意数量的装饰器，还可以以任意次序执行，是不是很灵活？

AOP

如果仔细思考一下，就会发现装饰者模式的不爽之处。

（1）一个处理日志 / 安全 / 事务 / 性能统计的类为什么要实现业务接口（Command）呢？

（2）如果其他业务模块没有实现 Command 接口，但是也想利用日志 / 安全 / 事务 / 性能统计等功能，那该怎么办呢？

最好的办法是：把日志 / 安全 / 事务 / 性能统计这样的非功能性代码和业务代码完全隔离开来！因为它们的关注点和业务代码的关注点完全不同，它们之间应该是正交的，如图 2-35 所示。

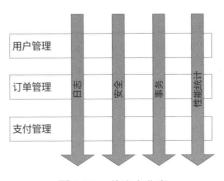

图 2-35　关注点分离

如果把这个业务功能看成一层层面包，那么这些日志 / 安全 / 事务 / 性能统计像不像一个个"切面"（Aspect）？

如果我们能让这些"切面"和业务独立，并且能够非常灵活地"织入"业务方法中，那么我们的业务代码该有多么清爽！实际上，这就是面向切面的编程（AOP）！

实现 AOP

现在我们来实现 AOP 吧。首先我们得有一个所谓的"切面"类（Aspect），这应该是一个普通的 Java 类，不用实现什么"乱七八糟"的接口。

以一个事务类为例。

代码清单 2-55　Transaction 类

```java
public class Transaction{
    public void begin(){
        //开始事务
    }
    public void commit(){
        //提交事务
    }
}
```

我们想达到的目的是这样的：对于 com.coderising 包中所有类的 execute() 方法，在调用之前需要执行 Transaction.begin() 方法，在调用之后需要执行 Transaction.commit() 方法。

暂时停下脚步分析一下。

"对于 com.coderising 包中所有类的 execute() 方法"，用一个时髦的词来描述就是**切入点**（PointCut），它可以是一个方法或一组方法（可以通过通配符来支持）。

"在方法调用之前 / 之后，需要执行 xxx"，用另一个时髦的词来描述就是**通知**（Advice）。

当然，想描述这些规则，XML 依然是不二之选。

代码清单 2-56　描述 AOP 规则

```xml
<bean id="tx" class="com.coderising.Transaction" />
<aspect ref="tx">
    <pointcut id="place-order" expression="execution( * com.coderising.*.
execute(..))" />
    <before pointcut-ref="place-order" method="begin" />
    <after pointcut-ref="place-order" method="commit" />
</aspect>
```

注意：现在 Transaction 类和业务类在源码层次上没有一点关系，完全隔离了。

虽然隔离是一件好事，但是马上给我们带来了新的挑战。

Java 是一门静态的强类型语言，代码一旦写好，编译成 Java 类以后，就可以在运行时通过反射（Reflection）来查看类的信息，但是要想对编译好的类进行修改是不可能的。

为了突破这个限制，大家可以说是费尽心机，现在基本上有这样几种技术。

（1）修改现有类：在编译的时候做手脚，根据 AOP 的配置信息，悄悄地把日志、安全、事务、性能统计等"切面"代码和业务类编译到一起。这种方法需要增强编译器，并且业务类会被改变，不是很好。

（2）瞒天过海：在运行期做手脚，在业务类加载以后，为该业务类动态地生成一个**代理类**，让代理类去调用执行这些"切面"代码，增强现有的业务类，业务类不用进行任何改变。实际上，客户直接使用的是代理类对象，而不是原有的业务类对象。

动态生成代理类的方法有两种：第一种是使用 Java 动态代理技术，这种技术要求业务类必须有接口（Interface）才能工作；第二种就是使用 CGLib，只要业务类没有被标记为 final 就可以，因为它会生成一个业务类的子类来作为代理类。

对象的创建

正如上文提到的，经过 AOP 增强的类，其实已经不是原有的类了，而是一个新的类。这个新的类由于是自动生成的，我们甚至连名称都不知道，怎么去把它创建出来呢？怎么去使用呢？

原来我们的代码是这么写的：

```
PlaceOrderCommand cmd = new PlaceOrderCommand(xxxxx);
cmd.execute();
```

假设这个 PlaceOrderCommand 被增强了，生成了一个新的代理类，可是我们连这个新的代理类叫什么名字都不知道，怎么把它创建出来？

这时候就需要"容器（Container）"出马了，让它来接管对象创建的艰巨任务，我们只需对容器说"给我一个 PlaceOrderCommand 对象"，容器就会创建一个 PlaceOrderCommand 的代理对象出来（见图 2-36），加上对 AOP 功能的调用代码，然后把这个代理对象返回给我们使用。我们还以为使用的是旧的 PlaceOrderCommand，实际上它已经被做了手脚。

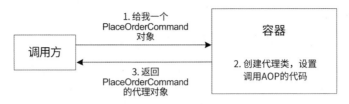

图 2-36　容器创建对象

如果 PlaceOrderCommand 还要引用别的类，如 EmailService 怎么办？ 我们原本是通过 setter 去设置的，现在容器接管了对象的创建，我们怎么告诉容器顺便把 EmailService 也创建出来（可能也是代理），然后设置到 PlaceOrderCommand 中呢？

代码清单 2-57　通过 setter 设置 PlaceOrderCommand

```java
public class PlaceOrderCommand{
    private EmailService emailService;
    ...
    public void setEmailService(EmailService emailService){
        this.emailService = emailService;
    }
}
```

还是把 XML 描述请出来吧。

代码清单 2-58　使用 XML 描述 PlaceOrderCommand 和 EmailService 之间的关系

```xml
<beans>
    <bean id="place-order" class="com.coderising.PlaceOrderCommand">
        <property name="emailService" ref="email-service" />
    </bean>
    <bean id="email-service" class = "com.cocderising.EmailServiceImpl"/>
</beans>
```

【注：也可以在 Java 代码中使用 Java 注解来描述这种关系】

这个 XML 很容易理解，但是仅仅有它还不够，还缺一个解析器（假设叫作 XmlAppContext）来解析、处理这个文件。基本过程如下：

（1）解析 XML，获取各种元素。

（2）通过 Java 反射把各个 Bean 的实例创建出来，如 com.coderising.PlaceOrderCommand、EmailServiceImpl。**如果它们需要"AOP"，那么还得创建代理类。**

（3）还是通过 Java 反射调用 PlaceOrderCommand 的 setEmailService(...)，把 EmailService 实例注入进去。

这样一来，应用程序使用起来就简单了，如下：

```
XmlAppContext ctx = new XmlAppContext("c:\\bean.xml");
PlaceOrderCommand cmd = (PlaceOrderCommand)
    ctx.getBean("place-order");
cmd.execute();
```

其实 Spring 的处理方式和上面说的类似，当然，Spring 处理了更多的细节，但基本思想是一致的（见图 2-37）。

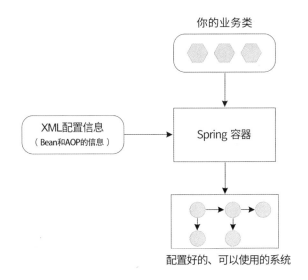

图 2-37　Spring 的配置

IoC 与 DI

"不要给我们打电话，我们会打给你的（Don't call us, we'll call you）。"这是著名的好莱坞原则。

在好莱坞，把简历递交给演艺公司后就只能回家等待。演艺公司完全控制着整个娱乐项目，演员只能被动地接受公司的差使，在需要的环节完成自己的演出。

这和软件开发有一定的相似性，演员就像一个个 Java 对象，最早的时候自己去创建自己所依赖的对象，有了演艺公司（Spring 容器）的介入，所有的依赖关系都由演艺公司负责搞定，于是控制就翻转了

Inversion of Control，简称 IoC。

但是 IoC 这个词不能让人更加直观和清晰地理解其背后所代表的含义，于是 Martin Fowler 先生就创造了一个新词——依赖注入（Dependency Injection，DI），是不是更加贴切？

第3章

浪潮之巅的Web

Web的起源

很久很久以前，互联网还没有出现，人类的电脑之间虽然可以通信，但也就是收发一下邮件、用 FTP 传输一下文件这样简单的功能。

有一个叫张大胖的球迷，搜集了很多球队的资料，分门别类地存到电脑中（见图 3-1）。

```
足球.txt
⊟  西甲
       巴萨罗那.txt
       皇家马德里.txt
       马德里竞技.txt
       ……
⊟  英超
       曼联.txt
       切尔西.txt
       利物浦.txt
       ……
⊟  德甲
       拜仁慕尼黑.txt
       多特蒙德.txt
       ……
⊞  法甲
⊞  荷甲
```

图 3-1 球队资料

这样的文件有成百上千个，张大胖每天晚上都要打开这些文件，欣赏一下这些球队的风采。

这一晚，张大胖又打开了"足球 .txt"，里面在介绍西班牙足球的时候，出现了一个词"巴塞罗那"，他灵机一动：这 4 个字上要是有一个链接该多好！这样只需要轻轻一点，"巴塞罗那 .txt"这个文件就立刻打开了，省得自己再去硬盘上费劲地查找这个文件了。

怎么实现呢？碰巧张大胖是一名不错的程序员，他苦思冥想，终于顿悟了。

定义一个协议，让这些文件之间可以通过一些词链接起来，比如原来的文本是这么显示的：西甲联赛中最著名的球队是巴塞罗那和皇家马德里。

现在给这个纯文本的文字加一点标记：

西甲联赛中最著名的球队是 <a href=" 西甲 / 巴塞罗那 .txt"> 巴塞罗那 </a> 和 <a href=" 西甲 / 皇马 .txt"> 皇家马德里 </a>

这些标记人能读懂，但是没什么用处。于是张大胖还开发了一个软件，把带标记的文本显示成这个样子：

西甲联赛中最著名的球队是巴塞罗那和皇家马德里。

只要点击带下画线的文字，就会把对应的文件打开！

加了链接的文本就不是普通的文本了，而升级为**超文本**（HyperText）了！

张大胖决定把这个软件称为**浏览器**，因为可以浏览这些文件，并且在各个文件之间用链接跳来跳去。

时间久了，张大胖觉得只看文字实在太乏味了，能不能加一点表格、列表、图片呢？

张大胖想到了那个 <a href="xxx"> 标签，既然它可以定义链接，自然可以定义别的东西。

比如：

<table> </table> 表示表格；

<li> </li> 表示列表；

<img></img> 表示图像；

……

这些都被称为标记（Markup）。原来的浏览器只能显示文本和处理链接，现在还需要处理这些标签，遇到不同的标签就显示相应的内容。

这样一来，超文本变得丰富多彩了。张大胖意识到，其实自己定义了一套描述界面的标记语言：HyperText Markup Language，简称 HTML。

张大胖用 HTML 把自己收藏的文本统统改写了一遍，这下引起了同宿舍小张的注意。他说："张大胖，你的这个软件不错，花花绿绿的，有表格、有图片，比我那个纯文字的资料看起来舒服多了，跟我说说是怎么用的，我也试试。"

小张也是一个球迷，不过"专攻"中国足球。

张大胖把软件复制了一份，让小张去试用。

小张也顺利地用了起来，不过他很快发现了一个问题，跑来告诉张大胖："我看到自己的'足球 .html'中还有'曼联'两个字，但是曼联的介绍在你的电脑上，假如在'曼联'这两个字上也加了链接，怎么才能显示你的电脑上的文件呢？"

这一下子把张大胖给点醒了，各台电脑上的文档只有互联起来才有真正的价值！一个单机运行的浏览器肯定是不行的，必须有网络！有了网络还不够，还得解决通信的问题！

于是张大胖又对浏览器进行了扩展，不但把自己的 HTML 文件管理起来，还允许通过网络访问。比如张大胖的某个 HTML 中有这么一段话（其中"广州恒大"这4个字上有超链接）：

\<a href=" http://192.168.0.10/football/ 广州恒大.html "> 广州恒大 \</a> 连续 7 年获得中超冠军，这是一项了不起的成就。

当点击"广州恒大"这个链接的时候，浏览器需要发出这样的请求：

GET http://192.168.0.10/football/ 广州恒大.html

小张的电脑收到了这样的请求，该怎么处理呢？

这也难不住张大胖，他又开发了一个软件，这个软件运行在小张的电脑上，它收到请求以后，可以找到"football"目录，读取"广州恒大.html"这个文件，然后通过网络把文件内容发送回去，并且告诉对方：

200，意思是成功了！

或者 404，意思是对不起，找不到"广州恒大.html"这个文件。

或者 500，意思是内部出错了。

这个新的软件很像一位贴心的服务员，专门在网络上为别人服务，不仅张大胖可以访问，别人也可以访问，那就叫**网络服务器**吧，可以起一个名字叫 Apache。

张大胖想：我已经把文本变成了**超文本**，还定义了一套规范用于在浏览器和服务器之间传输文本，那通信方法就叫作超文本传输协议（HyperText Transfer Protocol，HTTP）吧。

张大胖用 Apache 搭建了一个网络服务器，把自己搜集的资料统统搬了上去，起了一个名字叫"欧洲足球大全"。

小张也用 Apache 搭建了一个网络服务器，把自己搜集的资料也放了上去，叫作"中超风云"。

隔壁宿舍的小王一看，咦，这东西不错，搞了一个自己的"NBA 英雄榜"。

文学青年小刘折腾了一个"周末读书"网站，旅游达人搞了一个"我在路上"网站……

这些网站自然都通过超文本链接起来（见图 3-2），大家用起来非常方便。

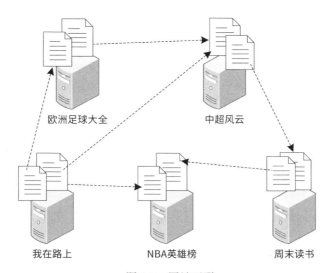

图 3-2　网站互联

有了 HTML、HTTP、网络服务器、浏览器等软件和协议的支持，不但可以使大家方便、快捷地发布图文并茂的信息，而且可以轻松地从一个网站跳到另一个网站，极大地促进了内容和信息的共享。

网站之间的互联很快呈星火燎原之势，冲出宿舍，冲出校园，走向全国，走向世界，最后形成了一张全世界互联的大网，称为 World Wide Web（WWW）。

两个程序的爱情故事

好感

在这座忙碌的城市里，我和她虽然没见过面，但我们已经聊过很多次了。

与其说是聊天，倒不如说是通信，每次我想跟她说话时，我就把消息放到一块共享内存里面，然后离开运行车间，让她或者别人去使用 CPU。等我再次进来的时候，她回复的消息就已经在那块共享内存中了。

有无数次，我离开的时候都想偷偷地看一眼，希望接下来运行的是她，可是这座城市严格的规则让我的希望只能是奢望。

操作系统把我们这些进程严格地隔离，他通过虚拟内存的机制，让每个进程都有一块虚拟的、独立的地址空间，从而成功地制造了一种假象：让大家以为内存中只有一个程序在运行。

当我在就绪队列中等待的时候，也被严格禁止和别人交谈。我经常环顾四周，希望能够看到她的身影。可是这个系统的进程成千上万，究竟哪个是她？

也许我见过她，但是根本认不出来。

我和她越聊越多，对她的好感就越深。有一次，我给她发的消息等了100毫秒都没有回复，都快把我急疯了。

她很喜欢听我讲故事，尤其是关于那个编号为 0x3704 的线程的故事，每次她都会说：唉，那些线程真可怜。

我就吓唬她说：有一天我们的机器也会重启，到时候估计你也认不出我来了。

她说：没事儿，只要我能通过共享内存给你发消息，我就知道你在这座城市里。

分离

这样的日子过了一天又一天，我想见到她的愿望也越来越迫切了。

我悄悄地给了 CPU 很多好处，希望能描述一下她的样子，方便我去找她。可是 CPU 的运算速度太快，阅人无数，但就是没有记忆力。

CPU 说："你还是去问操作系统老大吧，看看你喜欢的女孩到底长什么样。"

问操作系统？还是算了吧，互相隔离是我们城市的铁规，弄不好他会把我 Kill 掉。

平安夜，我打算正式向她表白。像往常一样，我从共享内存里收到了她的信，急切地拆开信封，看到的第一句话是：我要走了，以后不能和你通信了……

一刹那，我第一次感觉到了什么叫作五雷轰顶、灵魂出窍。我的脑子一片空白，张大了嘴巴呆呆地站在那里，时间长达 20 毫秒。

CPU 看到了我的异常，因为这么长时间的指令都是 NOP，什么都不做，这是非常罕见的。

CPU 好心地提醒我："嗨，老兄，你怎么了？你的时间片快用完了！"

我的灵魂慢慢归位，意识到信还没有读完，赶紧接着往下看："我马上要搬到另一座城市去了，你要想找我，记住下面的 IP 地址和端口号，用 Socket 和我通信。"

我明白了，到另一座城市就意味着要搬离我们现在的电脑，也许是因为这座城市太拥挤，CPU/内存/硬盘已经不堪重负，有一批程序需要被迫搬迁。

虽然我和她一直没机会见面，但我知道我们就住在一座城市里，有时候也许只是擦肩而过，但她就在我的身边，这好歹给我一点安慰。

现在，连这一点安慰都没有了。对了，她说的这个 Socket 是什么东西？

CPU 说："那是网络编程，你看人家对你还是有情有义的，临走了还给你留下联系方式，快去学学怎么用 Socket 吧。"

当晚我就失眠了，半夜爬起来翻看一页页和她的通信记录（很庆幸，我把通信记录都保存到文件中），脑海里回想着这么多天以来幸福的日子，一直到天亮。

网络

为了早日和她联系，我一定要抓住最后的救命稻草：Socket! 我奋发图强学习网络编程，理解 TCP/IP，把我自己逐渐地加上对 Socket 的支持。

一个月以后，我这个程序终于完成了从共享内存到 Socket 的改造，激动人心的时刻到来了。

作为一个客户端，我颤抖着双手向她发起了 Socket 请求，TCP 携带着数据包慢吞吞地走向她所在的城市，等了好久 TCP 才完成了三次握手。这网络通信可真慢啊！

我赶紧发送第一条消息：你好，好久不"见"。

等了足足有 1000 毫秒，对我来说仿佛是一个世纪，才收到让我激动无比的回信："啊，你终于来了。我在这里等你好久了，你怎么现在才联系我？"

我不好意思地说："我很笨，学习 Socket 有点慢。"

又过了一个"世纪"，我才收到回复。这网络真是慢得让人抓狂！

不管如何，终于和她联系上了，这让我开心无比。

原来我们一天能通信上千次，现在可好，有 10 次就不错了，再也不能像原来那样痛快地讲故事了。既来之，则安之，反正网络速度很慢，现在我每次都会写一封巨长无比的信，把我的思念之情全部倾诉其中，经过漫长的等待，再去读她的长长的回复。

原来我们通过内存来中转消息的时候，是通过操作系统来进行同步操作的，这能防止读/写的冲突。

可是通过网络通信就完全乱掉了，经常是我说我的、她说她的，闹得两人不在一个频道上，很不愉快。

后来我和她只好协商了一个只有我们俩知道的通信协议，约定好消息的次序和格式，这才解决了问题。

Web

我明白我和她已经不可能在一起了，每天的 Socket 通信已经让我满足。

可是，有一天，当我照例发起 Socket 请求的时候，TCP 的连接竟然告诉我"超时"了。这是从来没有发生过的事情，难道这一次要彻底失去她了吗？

我冒着风险，马上把异常报告给了操作系统老大，老大尝试了一下说："我 ping 了一下，网络是通的，估计是你那从未见面的小女朋友另有新欢，不想理你了，悄悄地换了一个你不知道的端口吧。"

我斩钉截铁地说："那绝对不可能，我们的感情好得很！"

虽然嘴上这么说，但我的心里还是惴惴不安的。

可是迟迟没有消息，我每天都会试图连接一下，每次都是超时。没有她的日子，生活都是灰色的，我吃不下饭、睡不好觉，整天除了发呆什么也干不了，整日的煎熬让我快要绝望了。

终于有一天，有一只 U 盘从她的城市来到我们这里，告诉了我们一则惊人的消息：她所在的城市安装了防火墙，现在除了几个特定的端口（如 80、443……），都不允许访问了。

原来如此！我一下子松了一口气，怪不得，我们俩之前通信的端口不是 80 和 443，被屏蔽了，我自然连接不上了。

我问 U 盘："那我想和女朋友通信，该怎么办？"

U 盘说："很简单，你和你的女朋友都可以包装成 Web 服务，这样都是通过 HTTP（80 端口）或者 HTTPS（443 端口）来访问的，防火墙是允许的。"

好吧，为了和她联系上，我马上抛弃自定义的 Socket 通信，开始向 Web 服务进化。

一个 Web 服务首先要有一个 endpoint，其实就是一个 URL，描述了这个 Web 服务的地址。

其次要确定 Web 服务的描述方式和数据传输方式。我先选了 WSDL 和 SOAP，研究了一下才发现，这哥儿俩太烦琐了，都是 XML，有很多冗余的数据标签，全是废话。我想这将会极大地影响我和她的通信效率。还是换成简单的 HTTP GET/POST + JSON 吧，很简洁，能充分地表达我的相思之情。

我把我这个 Web 服务的地址和协议告诉 U 盘，拜托他带到那座城市，再把我女朋友的 Web 服务描述带回来。

我欣喜地发现，我和她不约而同地选择了轻量级的 HTTP + JSON。看来，虽然隔着千山万水，但我们的心意还是相通的。

这样的准备工作足足用了 6 个月，但我并不觉得累，因为希望一直在前面召唤我。

这是一个晴朗的日子，一切工作准备就绪，马上就要联系了。这一次我的心情反而平静了下来，因为我坚信她在那边等着我。

我通过 HTTP 向她发出了呼叫，HTTP 的报文被打包在 TCP 报文段中，又被放到 IP 层数据报中，最后形成链路层的帧，通过网卡发了出去。

在意料之中的漫长等待以后，我看到了期待已久的回复：我们终于又"见"面了！

我回答："是啊，真是太不容易了！"

"不知道将来我们会不会再分开？"

"未来会如何我也不知道，还是牢牢地把握住现在吧！我相信我们的心会一直在一起，什么都无法阻止！"

一个故事讲完HTTPS

总有一种被偷窥的感觉

张大胖通过网络结识了一位美国的朋友 Bill。两人臭味相投，聊得火热，从政治聊到军事，从军事聊到经济，从经济聊到民生，从民生聊到民主……越聊越投机，天南地北，海阔天空，还夹杂着不少隐私的话题。

有一天，Bill 突然意识到：坏了，我们的通信是明文的，这简直就是在网络上裸奔啊，任何一个不怀好意的家伙都可以监听我们通信，打开我们发送的数据包，窥探我们的隐私。

张大胖说："你不早点说，我刚才是不是把我的微信号给你发过去了？我是不是告诉你我上周去哪儿旅游了？估计已经被人截取了吧！"

Bill 提议："要不我们进行数据的加密？在每次传输之前，你把消息用一种加密算法加密，发到我这里以后我再解密，这样别人就无法偷窥了，像图 3-3 这样。"

张大胖冰雪聪明，一看就明白了，加密和解密算法是公开的，而密钥是保密的，只有他们俩才知道，这样生成的加密消息（密文）别人就无从得知了。

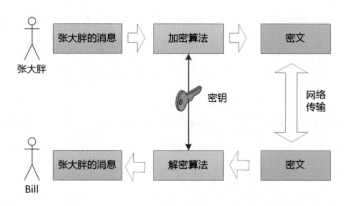

图 3-3　对称数据加密

他说："Bill 老兄，你生成一个密钥，然后把密钥发给我，咱们这就开启加密消息，让那些偷窥狂人哭去吧！"

【注：这叫对称加密算法，因为加密和解密用的是同一个密钥】

一炷香的工夫过去了，Bill 还是没有回音，张大胖忍不住地催促："快发啊？！！！"

Bill 终于回复了："我感觉有一双眼睛正在虎视眈眈地盯着我们的通话，如果我把密钥发给你，也被他截取了，那加密岂不白费工夫？"

张大胖沉默了，是啊，网络是不安全的，这密钥怎么安全地发过来呢？

"对了，我下周要去美国旅游，到时候我们见一面，把密码确定下来，写到纸上，谁也偷不走，这不就行了？"

"哈哈，这倒是终极解决之道，"Bill 笑了，"不过，我不仅要和你聊天，还要和易卜拉欣、阿卜杜拉、弗拉基米尔、克里斯托夫、玛格丽特、桥本龙太郎、李贤俊、许木木、郭芙蓉、吕秀才等人通信，我总不能坐着飞机，满世界地和人交换密码吧？"

张大胖心里暗自佩服 Bill 同学的好友竟然遍布全球，看来他对加密通信的要求更加强烈！

可是这个加密 / 解密算法需要的密钥双方必须知道，但是密钥又无法通过网络发送。这该死的偷窥者！

RSA：非对称加密

Bill 和张大胖的通信无法加密，说话谨慎了不少。直到有一天，他们听说了一种叫作 RSA 的**非对称加密算法**，一下子来了灵感。

RSA 算法非常有意思，它不像之前的算法，双方必须协商一个保密的密钥，而是有一对钥匙，一个是保密的，称为**私钥**；另一个是公开的，称为**公钥**。

更有意思的是，**用私钥加密的数据，只有对应的公钥才能解密；用公钥加密的数据，只有对应的私钥才能解密**（见图 3-4）。

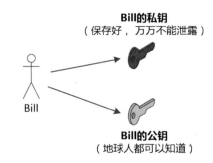

图 3-4　公钥和私钥

有了这两个漂亮的特性，当张大胖给 Bill 发消息的时候，就可以先用 Bill 的公钥去加密（Bill 的公钥是公开的，地球人都知道）；等到消息被 Bill 收到后，他就可以用自己的私钥去解密（只有 Bill 才能解开，因为私钥是保密的），就像图 3-5 这样。

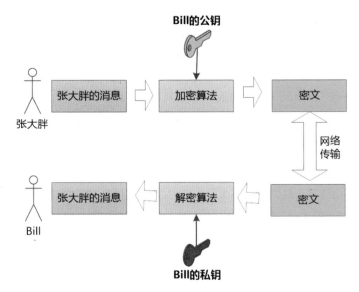

图 3-5　非对称加密

反过来也是如此，当 Bill 想给张大胖发消息的时候，就用张大胖的公钥加密；张大胖收到消息后，就用自己的私钥解密。

这样一来，通信安全固若金汤，没有任何人能窥探他们的小秘密了。

非对称加密 + 对称加密

两人实验了几次，张大胖说："Bill 兄，你有没有感觉 RSA 算法的加密和解密速度有点慢啊？"

Bill 叹了一口气："是啊，我也注意到了，刚才搜了一下，对称密钥算法要比 RSA 算法快上百倍。我们就是加个密而已，现在搞得都没法用了。"

"回到咱们最初的问题，我们想用一个密钥来加密通信，那个对称加密算法的速度是非常快的，但是苦于密钥无法安全传输。现在有了 RSA，我想可以结合一下，分两步走：（1）我生成一个对称加密算法的密钥，用 RSA 的方式安全地发给你；（2）我们随后就不用 RSA 了，只用这个密钥，利用对称加密算法来通信。如何？"

Bill 说："老兄厉害啊，这样一来既解决了密钥的传递问题，又解决了 RSA 速度慢的问题，不错。"

于是两人就安全地传递了对称加密算法的密钥，用它来加密、解密，果然快多了！

中间人劫持

张大胖把和 Bill 聊天的情况向老婆汇报了一次。

老婆告诫他说："你要小心啊，你确定网络那边坐着的确实是 Bill？"

张大胖着急地辩解说："肯定是他啊，我都有他的公钥，我们俩的通信都是加密的。"

老婆提醒道："假如 Bill 给你发公钥的时候，有一个中间人截取了 Bill 的公钥，然后把自己的公钥发给了你，冒充 Bill，你发的消息就用中间人的公钥加了密，那中间人不就可以解密看到消息了吗？"

张大胖背后出汗了，是啊，这个中间人解密以后，还可以用 Bill 的公钥加密，发给 Bill（见图 3-6），Bill 和我根本意识不到，还以为我们在安全传输呢！

看来问题出在公钥的分发上！虽然这个东西是公开的，但是在别有用心的人看来，截取以后还可以干坏事！

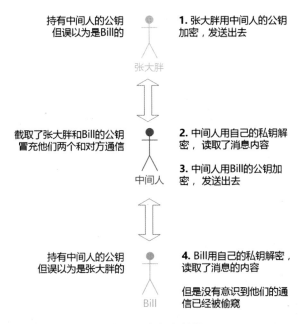

持有中间人的公钥
但误以为是Bill的

张大胖

1. 张大胖用中间人的公钥
加密，发送出去

截取了张大胖和Bill的公钥
冒充他们两个和对方通信

中间人

2. 中间人用自己的私钥解
密，读取了消息内容

3. 中间人用Bill的公钥加
密，发送出去

持有中间人的公钥
但误以为是张大胖的

Bill

4. Bill用自己的私钥解密，
读取了消息的内容

但是没有意识到他们的通
信已经被偷窥

图 3-6　中间人劫持

你到底是谁

但是怎么安全地分发公钥呢？似乎又回到了最初的问题：怎么安全地保护密钥？

可是似乎和最初的问题还不一样，这一次的公钥不用保密，但是一定得有一个办法声明这个公钥确实是 Bill 的，而不是别人的。

怎么声明呢？

张大胖突然想到：现实中有公证处，它提供的公证材料大家都信任，那在网络世界中也可以建立一个这样的具备公信力的认证中心，这个中心给大家颁发一个证书，用于证明一个人的身份。

这个证书里除了包含一个人的基本信息，还包含最关键的一环：这个人的公钥！

这样一来，我拿到证书就可以安全地获取到公钥了！完美！

可是 Bill 马上泼了一盆冷水：证书怎么安全传输？如果证书在传递过程中被篡改了怎么办？

张大胖心里不禁咒骂起来：这简直就是鸡生蛋、蛋生鸡的问题啊！

天无绝人之路，张大胖很快就找到了突破口：数字签名。

简单来讲是这样的：Bill 可以把他的公钥和个人信息用一种 Hash 算法生成一个消息摘要（见图 3-7），这种 Hash[1] 算法有一个极好的特性，只要输入数据有一点变化，那么生成的消息摘要就会有巨变，这样就可以防止别人修改原始内容。

图 3-7　消息摘要

可是作为攻击者的中间人笑了："虽然我没办法改公钥，但是我可以把整个原始信息都替换了，生成一个新的消息摘要，你还是辨别不出来啊。"

张大胖说："你别得意得太早，我们会让有公信力的认证中心（CA）用它的私钥对消息摘要加密，形成签名（见图 3-8）。"

图 3-8　数字签名

"这还不算，还把原始信息和数据签名合并，形成一个全新的东西，叫作'数字证书'（见图 3-9）。"

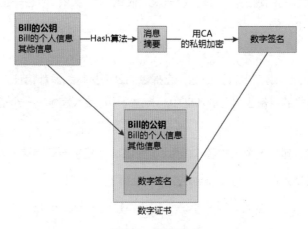

图 3-9　数字证书

1　Hash，俗称"哈希"，也叫散列，是一种将任意长度的消息（数据）压缩到某一固定长度的消息摘要（数据）的算法。常见的 Hash 算法有 MD5、SHA 等。Hash 算法具有几个重要的特性：不可逆性（从 Hash 值反推出原消息是不可能的）、抗冲突性（给定消息 M1，不存在另一条消息 M2，使得 Hash(M1)=Hash(M2)）和分布均匀性（Hash 算法的结果是均匀分布的）。

张大胖接着说：“当 Bill 把他的证书发给我的时候，我就用同样的 Hash 算法再次生成消息摘要，然后用 CA 的公钥对数字签名解密，得到 CA 创建的消息摘要，两者一对比，就知道有没有被人篡改了（见图 3-10）！

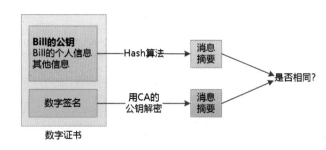

图 3-10　验证数字证书

如果没人篡改，那我就可以安全地拿到 Bill 的公钥。有了公钥，后续的加密工作就可以开始了。

虽然很费劲，但是为了防范你们这些偷窥者，实在没办法。”

中间人恶狠狠地说：“算你小子狠！等着吧，我还有别的招儿。对了，我且问你，你这个 CA 的公钥怎么拿到？难道不怕我在你传输 CA 公钥的时候发起中间人攻击吗？如果我成功地伪装成 CA，那你的这一套体系彻底玩儿完。”

张大胖语塞了，折腾了半天，又回到了公钥安全传输的问题！

不过转念一想，想解决鸡生蛋、蛋生鸡的问题必须打破这个怪圈才行，我必须信任某个 CA，并且通过安全的方式获取他们的公钥，这样才能把游戏玩下去。

【注：实际上 CA 本身也有证书来表明自己的身份，但是 CA 的证书怎么验证没被篡改呢？只好由这个 CA 的上一级来验证，然后由再上一级来验证……于是 CA 们形成了一根分级的链条，在链条的根部就是操作系统 / 浏览器预置的顶层 CA 的证书，相当于你自动信任了他们，如图 3-11 所示】

图 3-11　浏览器中内置的根证书

HTTPS

终于可以介绍 HTTPS 了，前面已经介绍了 HTTPS 的原理，你把张大胖替换成浏览器，把 Bill 替换成某个网站就行了。

一个**简化版的**（没有包含 Pre-Master Secret）HTTPS 流程图如图 3-12 所示。如果你理解了前面的原理，这张图就会变得非常简单。

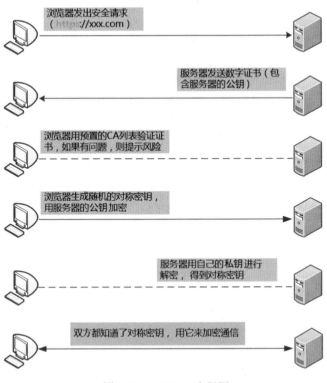

图 3-12 HTTPS 流程图

机房夜话

这家集团财大气粗，竟然自己建了一个数据中心，放了数百台机器，部署了几十个企业内部系统。

在无尘、恒温、恒湿的环境里，这些信息系统的日子过得非常惬意。

他们只需要在白天应对人类的 HTTP 请求，及时做出响应。只要人类一下班，系统的负载就陡然下降，CPU 内存全部空闲下来。大家闲来无事，热热闹闹的机房夜话就开始了。

第一夜

休假系统是用"世界上最好的语言"PHP 做的，他向来消息灵通，今天带来了一则特别新闻："号外，号外，听说了吗？人类要搞 SSO 了。"

Python 写的报销系统、C# 写的车辆管理系统早就看不惯 PHP 这种中英文混杂的风格了："别拽了，说中文！"

PHP 休假系统很不屑："就是单点登录嘛，难道你们没听说过？"

C# 说："不就是登录嘛！人类不是天天登录系统吗？你看他们想调度车辆的时候，就得登录我的系统，输入用户名和密码，我进行验证，验证通过就建立 session，然后把 sessionid 通过 cookie 发送给人类的浏览器，下次人类再访问我的 URL 的时候，cookie 就会发过来，我就知道他已经登录了。"

C# 很得意，向大家炫耀着登录的原理。

"对了，告诉你们一个小秘密，人类的这些密码太简单了，不是 123456，就是 abcd。"

Python 附和道："是啊，人类太懒了，密码超级简单，听说有一个家伙用领导账号成功地登录了系统，于是全集团人员的工资都暴露了！"

"那对于同一个人，你这里的用户名 / 密码和小 C# 那里会一样吗？"PHP 问。

"这个……很有可能不一样。"

PHP 说："对啊，这就是问题了。这么多不同的用户名，有的是邮箱地址，有的是手机号，我们这里有几十个系统，搁谁都记不全啊！这就是他们为什么要搞单点登录，因为在一个地方登录一次，就可以访问我们这里所有的系统了。"

C# 叫道："只需要登录一次？听起来很美好啊！让我想想怎么实现。对了，登录就是 cookie，那我们把 cookie 共享不就可以了吗？人类在报销系统那里登录后，再访问我这个车辆管理系统，把 cookie 发过来不就行了？"

众人纷纷表示赞同。

PHP 心里再次鄙视了一下 C#，说："NO！NO！ cookie 是不能跨域的，a.com 产生的 cookie，浏览器是不会发送到 b.com 去的。"

有人在悄悄地查询，PHP 说的果然没错。

大家赶紧检查了一下自己的域名，有的叫 xxx.vaction.com，有的叫 xxx.hr.com，看来共享 cookie 方案不管用。

PHP 补充道："也许人类能把我们统一到二级域名下，比如 xxx.company.com，这样 cookie 就可以共享了！但是我们后端没有 session 也不行啊，你的 cookie 发过来，我的内存中没有数据，根本不知道你是否已经登录，怎么验证？"

C# 说："session 也可以共享。你看我这个系统中有两台服务器，共享的是 redis 中的 session（见图 3-13）。将来我们这几十个系统都共享同一个 redis，想想都让人激动！"

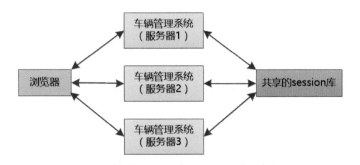

图 3-13 共享的 session 库

Python 说：“这么多系统，架构不同，语言也不同，共享 session 太麻烦了吧？”

C# 发愁地问：“那怎么办？”

这时候，旁边传来了一声怒吼：“你们在那里吵吵什么，老子在生成报表，都没法专心干活儿了！”

这是脾气暴躁的 COBOL 在抱怨了，千万不要惹这个老家伙。于是大家纷纷噤声，老老实实地睡觉去了。

第二夜

第二天晚上，COBOL 程序终于歇着了，大家继续讨论。

Python 提了一个新点子：“要我说，我们别共享 session 了，我们就用 cookie，用户在我这个报销系统里登录了，我就在 cookie 中写一个 token，用户访问别的系统，就可以把 token 带过去，那个系统验证一下 token，如果没问题，就认为用户已经登录（见图 3-14）。”

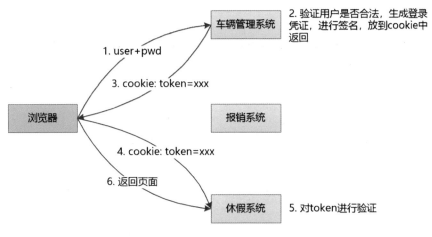

图 3-14 使用 token 做 SSO

"那 token 得加密吧，要不然谁都可以伪造。"C# 的安全意识很强。

"那是自然的。听说过 JWT（JSON Web Token）没有？我们每个系统在生成 token 的时候，都要对数据生成一个签名，防止别人篡改。图 3-15 就是我生成的 token，其中有 header 信息和 userID，你看我用 Hash 算法和密钥生成了一个签名。这个签名也是 token 数据的一部分，到时候也会发送到你的系统中去。"Python 说。

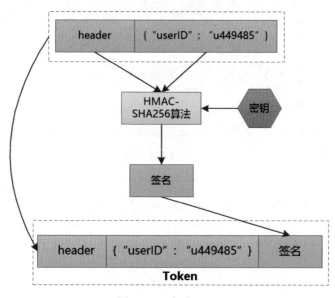

图 3-15　生成 token

C# 说："明白了，我收到了 token，就用同样的算法再计算签名，然后和你计算的签名对比，如果相等，则证明他已经登录，我就可以直接取出 userID 使用了；如果不相等，则说明有人篡改（见图 3-16），我就关门放狗，把他暴揍一顿！"

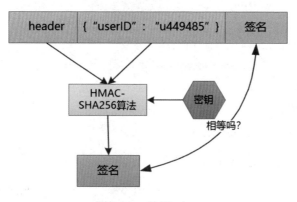

图 3-16　验证 token

Ruby 插嘴说："这个办法不错,轻量级,我喜欢! 只是这个算法和密钥大家都得一致才行。密钥的分发也是一个问题。"

PHP 听了半天,发现了一个漏洞："你的 token 中放了一个 userID,可是我们每个系统的 userID 都不一样,你的 userID 我拿过来没有任何用处,怎么办? "

这的确是一个致命的问题! 每个系统都有一套自己独特的 userID,你的是字母,我的是数字,他的是字母 + 数字,互不共享,这样一来,之前讨论的什么共享 session、共享 cookie 都很难实现了!

一阵沉默,看来没救了。

夜已深,大家讨论得有点累了,纷纷睡去。

第三夜

第三天,机房夜话继续,但还是没有解决方案,气氛有点尴尬。

老成持重的 Java 咳嗽了几声,示意要发言了。

"你们知道吗? 我们是一个企业内部系统,人类搞 SSO 就是想消除多个账号的问题,将来每个系统都不需要维护自己的用户系统,他们会建立一个统一的认证中心,所有的用户注册和认证都在那里完成。"

"这么做行得通吗? 认证中心怎么通知我们用户已经认证了? "C# 问道。

"这个过程稍微复杂一些,"Java 对 C# 说,"举个例子来解释一下。比如,用户通过浏览器先访问你这个系统 www.a.com/pageA,pageA 是一个需要登录才能访问的页面,你发现用户没有登录,这时候你需要做一项额外的操作,就是重定向到认证中心,www.sso.com/login?redirect=www.a.com/pageA。"

C# 说:"为什么后面要跟一个 redirect 的 URL 呢? 噢,明白了,将来认证通过后,还要重定向到我这里来。"

"没错,浏览器会用这个 www.sso.com/login?redirect=www.a.com/pageA 去访问认证中心,认证中心一看,没登录过,就让用户去登录。登录成功以后,认证中心要做几件重要的事情:

(1)建立一个 session。

(2)创建一个 ticket(可以认为是一个随机字符串)。

(3)重定向到你那里,URL 中带着 ticket'www.a.com/pageA?ticket=T123'。与此同时,cookie 也会被发送给浏览器,比如'Set cookie : ssoid=1234;domain= sso.com'。"

"可是这个 cookie 对我一点用处都没有，不能跨域实现访问。"

"人家网站 sso.com 的 cookie 对你肯定没用，浏览器会保存下来（见图 3-17）。但是，注意那个 ticket，"Java 提醒道，"这是一个重要的标识，你拿到以后，需要再次向认证中心进行验证。"

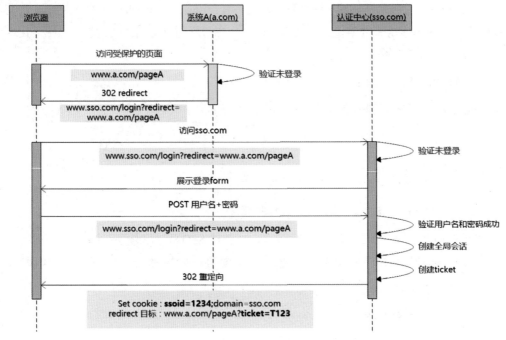

图 3-17　首次登录

"明白，是为了防止不怀好意的人伪造。"

"你拿着 ticket 去问一下认证中心，这是您发的 ticket 吗？认证中心说没错，是我发的，那你就可以认为用户已经在认证中心登录了。"

"那我该做什么事情呢？"

"浏览器向你发出的请求不是 www.a.com/pageA?ticket=T123 吗？这时候你既然认为用户登录过了，那就给他建立 session，返回 pageA 这个资源。"

"嗯，我还需要给浏览器发送一个 cookie，对吧？这是属于我的 cookie，Set cookie：sessionid=xxxx;domain=a.com。"C# 说道。

"孺子可教！注意，这时候浏览器实际上有两个 cookie，一个是你发的，另一个是认证中心发的。"

"如果用户再次访问我的另一个受保护的页面 www.a.com/pageA1，那该怎么办？难道还要去认证中心登录？"C# 继续问。

"当然不用了，你给浏览器发过你自己的 cookie，到时候浏览器自然会带过来，你就知道用户已经登录了（见图 3-18）。"

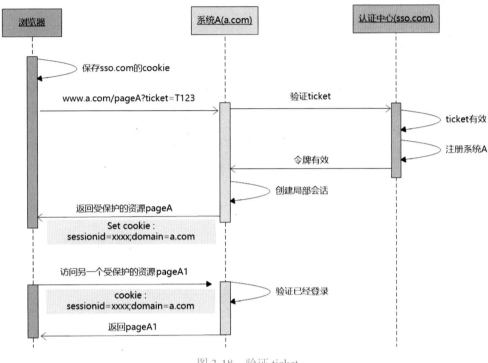

图 3-18　验证 ticket

"原来如此，好麻烦啊！"C# 感慨道。

Python 插了一句："如果用户访问 C# 的系统（www.a.com/pageA）时已经通过认证中心登录了，然后再访问我的系统（www.b.com/pageB），则会发生什么状况呢？"

Java 说："很简单，和访问 www.a.com/pageA 非常类似，唯一不同的就是不需要用户登录了，因为浏览器已经有了认证中心的 cookie，直接发给 www.sso.com 就可以了。"

说着，Java 又画了两张图，如图 3-19 和图 3-20 所示。

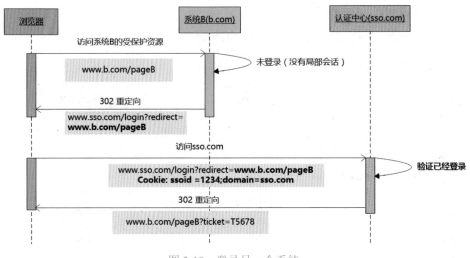

图 3-19　登录另一个系统

同样，认证中心会返回 ticket，www.b.com 需要进行验证。

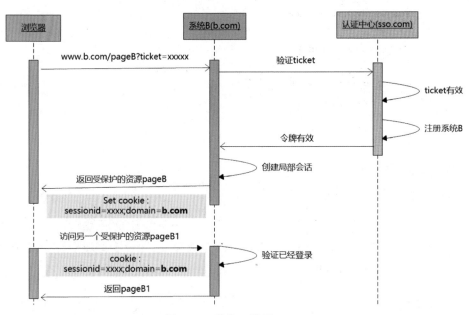

图 3-20　系统 B 验证 ticket

PHP 一直在努力地听，他说："其实本质上就是一个认证中心的 cookie，加上多个子系统的 cookie 而已！"

Java 瞥了一眼 PHP："总结得很精辟！"

C# 发现了一点新东西："在认证中心里，为什么要执行一个系统注册的操作呢？我看到注册了系统 A，还有系统 B。"

"SSO 是单点登录，是不是还要有单点退出？用户在一个系统退出了，认证中心需要把自己的会话和 cookie 消灭，然后还要去通知各个系统，让他们也把自己的会话统统消灭，这样才能在所有的系统中都实现真正的退出。"Java 回答。

大家琢磨了一会儿，很快就喧嚣起来：

"太麻烦了！"

"我们的代码还得改动不少呢！"

"重定向太多了，把我都搞晕了！"

"我觉得人类不会这么搞！"

… …

Java 说："别小看它，这个点子是由耶鲁大学提出来的，叫作 CAS（Central Authentication Service），是一个著名的 SSO 解决方案，弄不好人类就会采用。你们还是好好学学吧。"

从密码到token，一个有关授权的故事

我把密码献给你

小梁开发了一个名为"信用卡管家"的程序，可以自动从邮箱中读取与信用卡相关的邮件，在进行分析、汇总后，形成一张报表。

小梁找到信用卡达人张大胖试用："你的信用卡那么多，看看我这个程序吧，保准你会爱死它。"

张大胖尝试了几下说："咦，你这个程序要读取我的网易邮箱，那需要用户名和密码吧？"

"是啊，你把密码告诉输入程序不就行了？我的程序替你加密保存，保证不会泄露。"

"得了吧你，我可不会告诉你我的密码。为了方便记忆，我的密码都是通用的，万一泄露就完蛋了！"

小梁说："这样吧，我不保存，我就访问邮箱的时候使用一次，用完就扔！"

"你以为你是阿里巴巴啊，有信用背书。你开发的只是一个小网站，我把密码献给你，总觉得不安全。就算我信任你，别人能信任你吗？"

小梁想想也是，这是一个巨大的心理障碍，每个人都要誓死捍卫自己的密码。

token

过了一周，小梁兴致勃勃地把张大胖拉来看"信用卡管家"的升级版。

"升级为 2.0 了，这次不用向你要网易邮箱的用户名和密码了。"

"那你怎么访问我的邮箱？"

"很简单，我提供了一个新的入口，使用网易账号登录。你点了以后，其实就会重定向到网易的认证系统去登录，网易的认证系统会要求你输入用户名和密码，并且询问你是否允许'信用卡管家'访问网易邮箱。你确认了以后，就再次重定向到我的'信用卡管家'网站，同时捎带一个 token 过来，我用这个 token 就可以通过 API 来访问网易邮箱了（见图 3-21）。在这个过程中，我根本不会接触到你的用户名和密码。怎么样，这下满意了吧？"

"你说得轻松，你这个'信用卡管家'是一个小网站，还没有什么名气，网易怎么会相信你这个网站呢？"

"我当然要先在网易上注册一下，网易会给我发一个 app_id 和 app_secret，我重定向到网易的时候需要把这个东西发过去，这样网易就知道是'信用卡管家'这个应用在申请授权了。"

张大胖说："你这重定向来重定向去的，实际上不就是为了拿到一个 token 吗？"

"对啊，因为你不信任我的'信用卡管家'，不让它保存你的密码，那我只好用 token 的方法了。它是网易认证中心颁发的，实际上就代表了你对'信用卡管家'访问邮箱的授权，所以有了这个 token 就可以访问你的邮箱了。"

"对了，"张大胖问道，"你为什么用 JavaScript 的方式来读取 token？"

"这样我的后端服务器就不用参与了，工作都在前端搞定。你注意到那个 URL 中的'#'了吗？ www.a.com/callback#token=< 网易返回的 token>。"

张大胖说："我知道，这个东西叫作 Hash Fragment，只会停留在浏览器端，只有 JavaScript 能访问它，并且它不会再次通过 HTTP Request 发送到别的服务器，我想这是为了提高安全性吧。"

小梁说："没错，那个 token 非常重要，得妥善保存，不能泄露！"

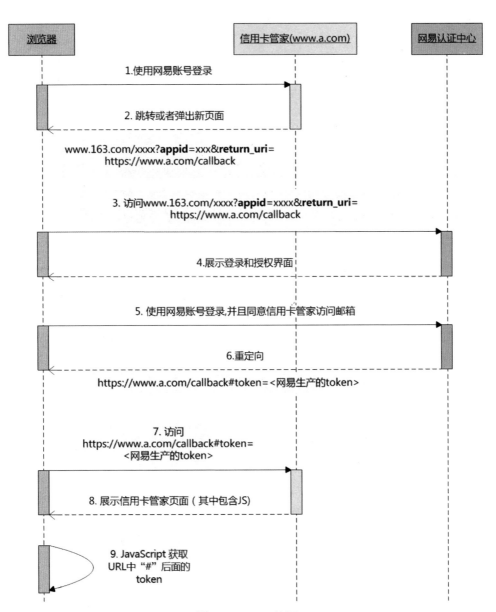

图 3-21　token 认证

"在第 6 步通过重定向把这个 token 以明文的方式发送给我的浏览器，虽然是 HTTPS，不会被别人窃取，但在浏览器的历史记录或者访问日志中就能找到，岂不暴露了？"

小梁说："这个……我说你这个家伙，安全意识很强嘛，让我想想有没有更安全的方式。"

授权码 + token

又过了一周，小梁成功地把"信用卡管家"升级为 3.0。

他对张大胖说："这次我成功地把那个非常重要的、表示授权的 token 隐藏起来了，你要不要看看？"

"你先说说你是怎么隐藏的。"

"其实整体思路和之前的类似，只是我引入了一个叫作 Authorization Code 的中间层。当你用网易账号登录的时候，网易认证中心这次不给我直接发 token，而是发一个授权码（Authorization Code），我的信用卡管家服务器端获取到这个授权码以后，在后台再次访问网易认证中心，这次才发给我真正的 token。还是直接上图吧（见图 3-22）。"

张大胖说："这比较容易理解，本质上就是你拿着这个返回的授权码在服务器后台'偷偷地'完成申请 token 的过程，所以浏览器端根本就接触不到 token，对吧？"

"什么叫偷偷地申请 token？这是我的信用卡管家服务器和网易之间的正常交流，只是你看不到而已。"

"开个玩笑嘛。你虽然隐藏了 token，但是这个授权码却暴露了。你看第 7 步，我在浏览器中都能明文看到，要是被谁获取到，不也照样能获取到 token 吗？"

小梁说："我们肯定有防御措施，比如这个授权码和我的信用卡管家申请的 app_id、app_secret 关联，只有信用卡管家发出的 token 请求，网易认证中心才认为合法；可以让授权码有时间限制，比如 5 分钟失效；还可以让授权码只能换一次 token，第二次就不行了。"

"听起来似乎不错，好吧，这次我可以放心地使用了！"

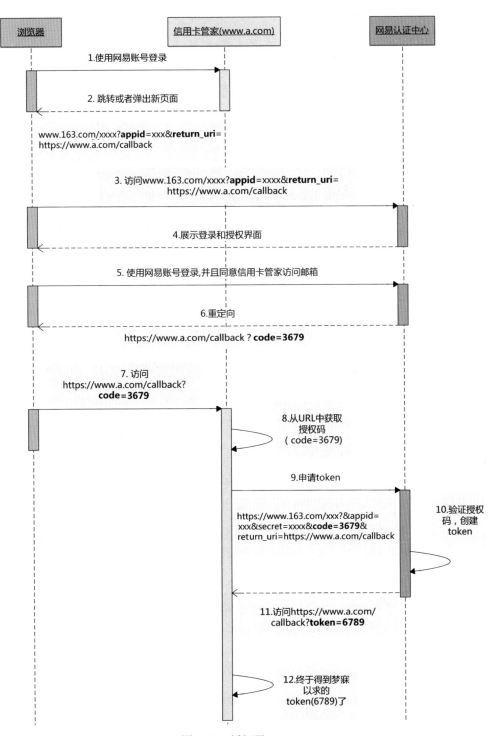

图 3-22　授权码 + token

后记

本文讲的其实就是 OAuth 中的三种认证方式，依次是：

（1）Resource Owner Password Credentials Grant（资源所有者密码凭据许可）。

（2）Implicit Grant（隐式许可）。

（3）Authorization Code Grant（授权码许可）。

还有一种叫作 Client Credentials，用得较少，文章没有涉及。

这些名称有些古怪，但是本质上没那么复杂。在 OAuth 中，还有几个术语大家可以理解一下。

（1）资源所有者：就是上文提到的张大胖。

（2）资源服务器：即网易邮箱。

（3）客户端：就是上文提到的信用卡管家。

（4）授权服务器：即上文提到的网易认证中心。

后端风云

数据库老头儿

我们这个世界很大，生活着很多人，形形色色，各怀绝技。但是被公认为最厉害的一个却是数据库老头儿。他年龄较大，每天都要炫耀几遍他那关系型数据库，那理论有着多么坚实的数学基础，那关系运算是多么的优雅，还有他是多么的稳定，要不他怎么能活这么久，等等。

老头儿有他炫耀的资本，因为我们这个系统的核心数据都在老头儿那里存放着，如用户、订单、交易……我向别人打听过，这些数据已经在老头儿那里积累了 20 多年，最早的时候是 Delphi、PowerBuilder 这些上古的软件写的系统访问，后来慢慢转到互联网，先用 PHP 访问，再后来变为 Java 访问。

看来最宝贵的东西是数据，外界系统可以变，但是数据不能丢。老头儿守着这份财产，活活地熬死了一代人，估计还会再熬死一代人。

更厉害的是，我们要想和数据库老头儿交流，必须说老头儿自己定义的语言：SQL（Structured Query Language），翻译过来就是结构化查询语言。这门语言和 C、Java、PHP 等面向过程的编程语言不一样，它是声明性的，我们每次想问老头儿要点他的宝贵数据，都必须规规矩矩地说 SQL：

```
select * from users where user_id = 36789
```
其实我们想表达的意思是：嗨，老头儿，把用户表中 user_id 等于 36789 的那行数据给我拿过来！

危机

忘了告诉大家最重要的一点，我们每次给老头儿发送 SQL 的时候，都得通过一个叫作数据库连接（Connection）的通道，建立这个通道是极为昂贵的。老头儿经常抱怨，对于每个 Connection，他在数据库那里需要开辟不少缓冲区，用来读取表中的数据，进行 join 操作、sort 操作等，既费时又费力。所以老头儿严格地限制创建数据库连接的个数，不让我们肆意妄为。

有限的 Connection 对于应用程序来说是一个大障碍。人类用户可不管这一套，在局域网时代大家感觉还不明显，到了互联网时代，蜂拥而至的用户只管点击，哪里管 Connection 数目的问题？

这可苦了数据库老头儿，他已经把 Connection 数目增加到了极致，还没日没夜地干活儿，一天 24 小时连轴转，一边干一边骂：你们这些可恶的夜猫子！怎么过了夜里 12 点还不休息！这么多 SQL 我什么时候能处理完？

数据库成了瓶颈！

那些闲下来的人经常喝茶聊天，幸灾乐祸地看着老头儿疲于奔命。

没过几天，倔强的老头儿罢工了，这下整个系统停摆了。

系统党委召开紧急会议，商讨数据库老头儿的罢工问题。

领导对数据库老头儿的不幸遭遇表示了亲切的慰问和极大的同情，现场承诺提高老头儿的福利待遇：把内存增加到 64GB！

可是这治标不治本，并不能彻底解决数据库连接的问题，汹涌而来的用户很快再次让老头儿招架不住，只好第二次罢工。

党委扩大会议

系统党委这次不敢怠慢，召开了扩大会议，列席会议的除了 Nginx、Tomcat、数据库老头儿等软件，还特意邀请了一批硬件代表参加，包括速度飞快的 CPU 阿甘、健忘的内存、慢如蜗牛的硬盘、任劳任怨的网卡……

CPU 阿甘率先发言，他说："数据库老头儿太懒了，你看看我 1 毫秒执行多少条指令。如果老头儿向我学习，加快速度，那多少个 SQL 都不在话下。"

数据库老头儿见势不妙，就把矛头指向硬盘，说数据都在硬盘上存着，每次读 / 写实在太慢了……

硬盘最受不了别人揭他的伤疤，马上反击说："我的磁头需要在磁盘上滑来滑去找磁道、找扇区，就是这么慢，你怎么不用固态硬盘呢？"

领导一看吵起来了，赶紧拨乱反正："阿甘，你不也经常读取硬盘上的文件吗？你是怎么加快速度的？"

CPU 阿甘说："是啊，只不过我每次发出读取数据的指令以后，就进行线程切换去干别的事情了，等到数据进入了内存我才去读。"

内存说道："我的速度只有你的 1/100，数据就是进入了内存也很慢。阿甘，你到底是怎么加快速度的？"

CPU 阿甘说："我有缓存啊，L1、L2、L3 三级缓存呢。我读取数据和指令的时候，先从缓存取，在缓存中找不到才去向你要。"

缓存？！ 是不是也可以把数据库中的数据先缓存起来？真是山重水复疑无路，柳暗花明又一村。

领导咳嗽一声，示意要做总结发言，开始收割这次讨论的成果："**俗话说，计算机行业的所有问题都可以通过增加一个抽象层来解决，我看我们就在应用程序和数据库之间增加一个抽象层——缓存。**这缓存就直接放在内存中吧。"

领导说话就是有水平，立刻上升到理论高度。

领导还是担心大家不明白，又举了一个通俗易懂的例子："比如，用户登录以后，要获得相关的信息，原来都是发 SQL 让老头儿去查，而现在不一样了，先从缓存中找，如果'命中'了，就不用查数据库了；如果没有'命中'，则再从数据库中查，查出来的数据也放到缓存中，以便加快下次访问的速度。"

眼瞅着自己的负担又要加重，内存想要开口抱怨，但是被领导严厉的目光制止了，立刻改为一副恍然大悟的表情："我怎么没想到呢？把常用的数据放到我这儿，那访问起来肯定快了。我坚决支持党委的决定！ 不过……"

"不过什么？"领导问道。

"我这里的容量也是有限的，能不能也给我增加一点福利？"

"好，增加到 64GB！"

数据库老头儿说："先别忙，你们想过没有，这缓存里存放什么格式的数据？原来你们通过 JDBC 来访问我，现在直接访问缓存，总得定义一个格式和协议吧？"

Tomcat 笑道："那还用说，肯定是 Java 对象了！比如一个 User 对象。"

"你的意思是把缓存和应用程序放在一台机器上吗？"

"是啊，难道还让我跨网络访问不成？要是那样，还得对数据做序列化和反序列化，多麻烦啊！"Tomcat 说着，画了一张图，如图 3-23 所示。

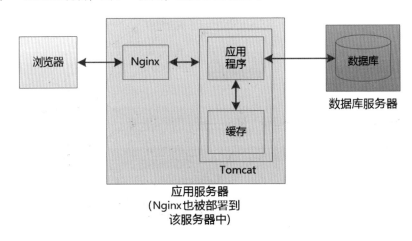

图 3-23　Nginx、应用程序和缓存同在一台机器上

"看看，这缓存和应用程序都在我 Tomcat 中运行，在同一个进程里，缓存的 Java 对象可以直接访问，效率最高！"

```
CacheManager cacheManager = ... 获取 Cache 管理器 ...
cacheManager.set("U35678", user);
user = (User)cacheManager.get("U35678");
```

数据库老头儿说："行吧，这反正是你们的事儿，想存 Java 对象就存 Java 对象，我也管不了，将来出了事可别怪我没提醒你们。"

分家

数据库老头儿的负担减轻了不少，因为很多数据直接可以在缓存中找到，不用劳老头儿大驾了。

但是坏事也不幸被数据库老头儿言中。由于所有的东西都在一台机器上，而一台机器的能力毕竟有限，用户量大的时候处理起来还是力不从心，更重要的是内存、硬盘、网卡等偶尔罢工就会导致整个系统停摆！

系统党委想了一招儿：分家！

Nginx 被分到了一台单独的服务器，高兴得欢天喜地。

系统的核心和骨干 Tomcat 更厉害，被分到了多台服务器，每台服务器都部署相同的应用代码，这样一台服务器停摆了，还有其他服务器可以工作，不会受制于人。

让大家意想不到的是，缓存也入住单独的服务器，自成一家，如图 3-24 所示。

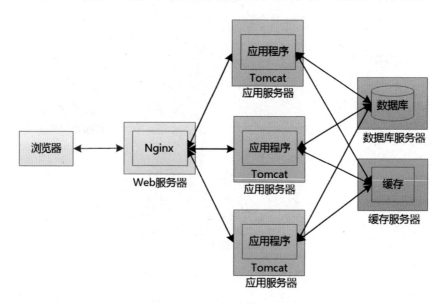

图 3-24　分家

Tomcat 还没来得及高兴，就发现了一个问题：缓存和我不在一台机器上，就得通过网络访问了，就得用到烦人的序列化和反序列化了！

他抱怨道："本来是要加快数据访问的，这样一来不是白白增加了负担吗？"

党委领导不容置疑地说："分家是非常必要的，将来缓存也要像你一样做集群呢。这样，我听说过一个叫作 Redis 的家伙，在这方面表现得非常强悍，我去请他来帮忙。"

Redis

Redis 被领导从官网上下载下来，趾高气扬地在那台独立的缓存服务器上安了家。

大家纷纷围上来，好奇地问个不停。

"Redis，你小子到底有什么能耐？跟我们说说！"

"鄙人不才，最大的优点是能够快速地存储海量的 key-value 字符串！"

"key-value？"大家面面相觑，这也太简单了吧？！

Tomcat 不由问道："那我有一个 User 对象，其中有三个属性，分别是 id、name、email，那我这个对象在你那里该怎么存放？"

Redis 说："你可以写成两个 (key,value) 对来存放，比如 ID 是 36789（假设在系统中是唯一的），那就可以生成两个 (key,value) 对，放到我这里就行了。"

("name_36789": "xxxxx")
("email_36789" : "xxxxxx@xxxx.xxx")

"如果我的属性非常多，那这种方式就太烦人了吧？"Tomcat 说道。

"你也可以把 User 对象序列化，然后作为二进制数据存放在我这里。但是现在大家更喜欢 JSON。听说过 JSON 没有？对，就是把 User 对象变成一个 JSON 字符串（见图 3-25），人类可以直接阅读。很多时候，Web 前端 / 手机端更喜欢 JSON，你把 JSON 字符串放在我这里，等到前端 / 手机端向你要的时候，你直接取出来就可以返回了，多方便！"

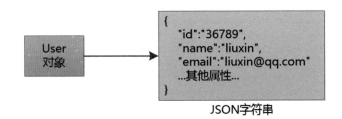

图 3-25　把 User 对象变成 JSON 字符串

Redis 果然见多识广，连手机端都知道！

数据库老头儿冷眼旁观，这时候终于按捺不住了："难道你真的只支持 key-value 吗？你看看我，可以任意自定义关系模型，也就是表格，一张表可以有多个列。比如用户表用来存放用户的数据，订单表用来存放订单的数据，多灵活！"

"老头儿，你那是老皇历了，我们缓存数据库追求的就是快速和简单，数据都在内存中。别小看这简单的结构，用起来是非常方便的。当然，我也支持一些人类程序员最常用的数据结构。

（1）List：列表，可以当作一个队列或者栈来使用。

（2）Set：集合，包含不重复的字符串，没有次序。

（3）Sorted Set：有序集合，有次序的不重复字符串。

（4）Hash：包含键值对的无序散列表，和 Java 中的 HashMap 很像。

有了这 4 种数据结构，人类程序员使用起来就方便多了。"

数据库老头儿沉默了。

Redis 顺手抛给了 Tomcat 一个 Java 客户端软件，叫作 Jedis，说是使用这个客户端软件就可以访问他了。

这 Jedis 客户端明显是 Redis 的小弟（见图 3-26），一出场就赶紧给老大展示代码。

代码清单 3–1　使用 Jedis 访问缓存

```
//初始化pool，192.168.0.10就是缓存服务器
JedisPool pool = new JedisPool(new JedisPoolConfig(), "192.168.0.10");
try (Jedis jedis = pool.getResource()) {
    User user = ...要保存的用户对象...
    jedis.set(user.getID(), user.toJSONString());
}
//关闭pool
pool.close();
```

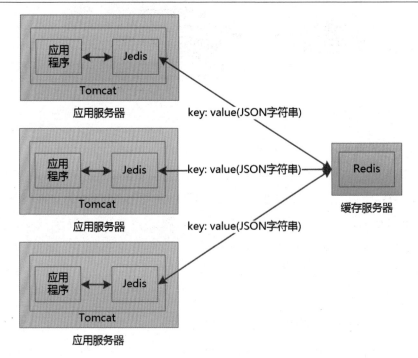

图 3-26　Redis 和 Jedis

Tomcat 一看，不错，不用关心跨网络访问的细节，只要关注把对象转换为 JSON 字符串就可以了，剩下的事情交由 Jedis 就可以搞定了，用起来还算方便，就"凑合"着用吧。

独占一台缓存服务器的 Redis 风光无限。由于极大地提升了速度，大家都喜欢他，越来

越多的数据放入缓存服务器。有一天，这台缓存服务器的内存竟然快用完了！

那就多加几台缓存服务器吧（注意：图 3-27 中画出了一台应用服务器，实际上可以有多台）。

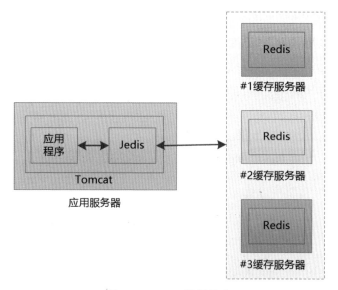

图 3-27　Redis 数据分片

但是极为棘手的问题随之而来：这么多缓存服务器，每个 Redis 存的数据都不一样，对于应用程序来说，每次向 Redis 中存放数据的时候，到底选哪个？ 是存到 1 号缓存服务器，还是 2 号、3 号？

假设已经存到了 1 号缓存服务器，等到取数据的时候，还得去 1 号 Redis 找，要不然都找不到。

此外，数据存储也要尽可能均匀，别让 1 号、2 号缓存服务器由于存储太多而“撑死”，而 3 号缓存服务器因没有数据而“饿死”。

这绝对是脏活、累活，谁都不愿意干。

Redis 说：“我们这几个服务器端的 Redis 虽然是兄弟，但一直是独立的，财务独立核算，老死不相往来，我们想管也管不了！ 让 Jedis 去处理，他知道我们每台服务器的地址。”

余数算法

Jedis 没有办法，在家里憋了两天，想出一个余数算法：

对于用户要存储的 (key, value)，计算出 key 的一个整数 Hash 值，然后用这个 Hash 值对服务器数目求余数。

【注：Hash 在"一个故事讲完 HTTPS"中有详细介绍】

例如，有三台缓存服务器，编号分别为 0、1、2。

现在有两个 key-value 要存储：(key1, value1), (key2, value2)。其中：

hash(key1) = 100，100 对服务器数目 3 求余数，100%3 = 1，存入编号为 1 的服务器。

hash(key2) = 99，99 对服务器数目 3 求余数，99%3 = 0，存入编号为 0 的服务器。

取数据的时候，用同样的办法，计算 Hash 值，求余数，找到服务器，从那台服务器上取出数据（见图 3-28）。

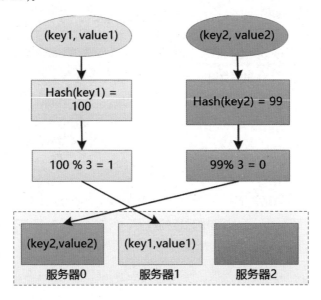

图 3-28　余数算法

大家都觉得 Jedis 的这个方法好，非常简单，计算快速。尤其是在客户端就可以完成，完全不关服务器端的 Redis 三兄弟什么事，三兄弟的财务独立核算也没有问题。

可是沉寂已久的数据库老头儿在算法方面非常在行，他立刻抛出一个无法解决的问题：如果增加了一台新的缓存服务器，变成了 4 台，则会发生什么状况？

假设应用程序在之前已经存入了 (key1, value1), (key2, value2)，现在要来找它们了：

hash(key1) = 100，100 对服务器数目 4 求余数，100%4 = 0，去 0 号服务器找，找不到了（当然找不到了，因为人家本来在 1 号服务器上放着呢）。

hash(key2) = 99，99 对服务器数目 4 求余数，99%4= 3，去 3 号服务器找，也找不到了（见图 3-29）（人家在 0 号服务器上放着呢）。

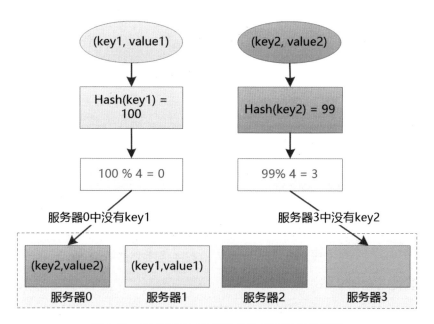

图 3-29　服务器数目的变化导致缓存数据找不到

Jedis 满不在乎地说：“找不到就找不到呗，那就再从数据库中取，反正是缓存嘛！”

Tomcat 说：“这可不行，余数算法如果导致大量缓存失效，那缓存就没用了，大家又一窝蜂地从数据库中取，数据库老头儿估计又要崩溃了。”

数据库老头儿说：“我告诉你们一种算法吧，人家麻省理工大学在 1997 年就发明了，叫作‘一致性 Hash 算法’。”

一致性 Hash 算法

Jedis 好奇地问道：“难道一致性 Hash 算法能解决在增、删缓存服务器时的缓存失效问题？”

“不能完全解决！”老头儿回答。

Jedis 撇撇嘴：“那有什么用处？还是用余数算法吧。”

“但是一致性 Hash 算法能极大地缓解缓存失效问题，换句话说，它能把失效的缓存控制在特定的区间，不像余数算法那样会导致天下大乱。”

大家都很好奇，热切地期待老头儿继续讲。

老头儿画了一个圈：“你们看，在这个圈上我们顺时针地标注 2^{32} 个点，即从 0 到 $2^{32}-1$（见图 3-30）”。

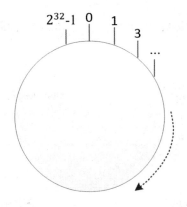

图 3-30 有 2^{32} 个点的圆环

"假设我们有三台服务器，用 Hash 算法得出这三台服务器的 Hash 值。"

"服务器怎么能计算 Hash 值？"

"例如，用服务器的 IP 或者 hostname，调用 hash 函数：hash(ip1) = hashcode1，就得到了，然后就可以把这台服务器的 hashcode 对应到这个圆圈上的某个位置（见图 3-31）。当然，这个 hashcode 的值应该在 2^{32} 之内。"

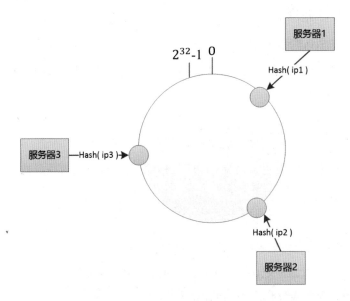

图 3-31 把服务器映射到圆环上

"然后呢？" Jedis 不等老头儿把图画完就迫不及待地问道。

"然后将数据放到这些服务器上。对于 (key1,value1), (key2,value2)，我们要用同样的

Hash 算法计算出 hashcode：hash(key1) = code1, hash(key2)= code2。接下来的问题就是到底把这两个数据放到哪台服务器上？你们可以想一下。"

看来到了一致性 Hash 算法的关键部分，大家都陷入了沉思。

Tomcat 说："现在已经得出了 hashcode，也可以对应到圆圈上的某个位置，难道在圆圈上就近存放？"

数据库老头儿满意地点点头，对 Tomcat 表示赞赏："没错，例如 code1，可以映射到圆圈上的某个位置，然后从这个位置开始，顺时针找到第一台服务器（见图 3-32），放到那里就可以了。"

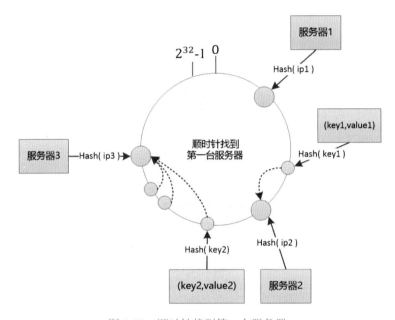

图 3-32　顺时针找到第一台服务器

Tomcat 说："取数据的时候也用同样的算法，先计算 key 的 hashcode，然后顺时针就近查找服务器，对吧？"

老头儿说："没错，看来你已经理解了。"

Jedis 说："慢着！如果增加一台服务器 4，则会发生什么状况？"

数据库老头儿早就料到 Jedis 有这个问题，说道："我来给你画一下（见图 3-33）。"

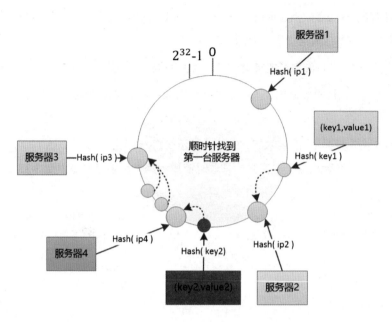

图 3-33 增加一台服务器

"瞧瞧!"数据库老头儿得意地说,"虽然你增加了一台服务器 4,但是受到影响的只有一部分数据,那就是在**服务器 2 和服务器 4 之间的** (key,value),如 (key2, value2),当你查找这些数据的时候,还会顺时针查找,找到了服务器 4,但是数据却不在服务器 4 上。"

"但是,我的算法保证了服务器 4 和服务器 3 之间的数据完全不受影响,照样可以访问。怎么样,小子,服了吧?"老头儿补了一刀。

"什么时候成你的算法了?"Jedis 心想。他拿出一根烟,点着了,准备憋一个大招。

"如果服务器经过 Hash 计算以后,在你的圆圈上不均匀,挤在了一起,那岂不会发生某些服务器负载过高而某些服务器负载太低的情况?"

数据库老头儿胸有成竹地说:"别担心,这个问题大家早就研究过了,方案就是虚拟服务器!"

"虚拟服务器?"

"对啊,就是把一台真实的服务器看作多台虚拟的服务器,让它们分布在圆圈上,增加均匀性(见图 3-34)。"

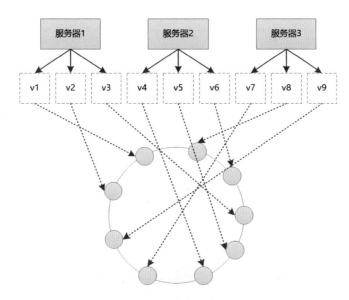

图 3-34　虚拟服务器

"刚才计算服务器 Hash 值的时候，用的是服务器 IP，对于这些虚拟的、不存在的服务器该怎么计算？"

"这个简单，在 IP 后面加一个编号就行了，如 192.168.0.1#001。"Tomcat 说。

"这种所谓的一致性 Hash，其实意思是说，当增、删服务器时，只会影响相邻节点的缓存数据，其他部分的数据与原来保持一致。怎么样，这种办法不错吧？"数据库老头儿得意洋洋地做了总结性发言。

Jedis 客户端给 Redis 老大打了一通电话，把这里热火朝天的讨论进行了汇报，这小子原来是一个"卧底"。

打完电话，他转过头来告诉大家："我们不用讨论了，我们老大已经采用了另一种办法。"

"什么办法？"

"Hash 槽！"

Hash 槽（Hash Slot）

"这 Hash 槽是什么？比我的一致性 Hash 算法还好？"数据库老头儿问道。

"Hash 槽比你刚才的算法要简单，共有 16384 个槽，每台服务器分管其中一部分。比如有三台服务器，第一台服务器负责 [0,5460] 这个范围，第二台服务器负责 [5461,10922] 这个范围，第三台服务器负责 [10923,16383] 这个范围（见图 3-35）。"

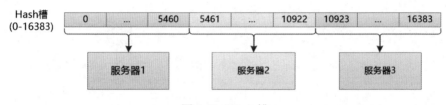

图 3-35　Hash 槽

"噢，我明白了，一会儿等到 (key,value) 过来保存的时候，还是得到 key 的 Hash 值，然后对 16384 求余数，看看余数落在哪个槽里，就放到对应的服务器中（见图 3-36），对吧？"老头儿真是厉害，目光如炬，大家不得不佩服。

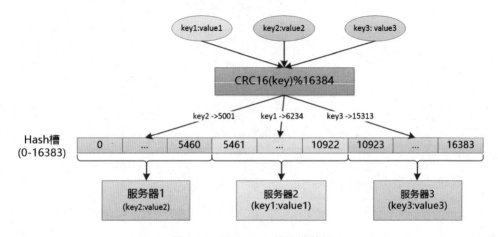

图 3-36　通过 Hash 槽分发数据

"老先生好厉害，就是这个原理，不过这里使用了一种 CRC16 算法，先对 key 产生一个整数值，再对 16384 求余数。"

"那增加新的服务器怎么办呢？"Tomcat 问道，这真是一个烦人的问题。

"我们老大说了，可以对 key 进行迁移，即从一台服务器搬到另一台服务器。比如，增加服务器 4，那就会从服务器 1、服务器 2、服务器 3 负责的槽中各自分出一些交给服务器 4 管理（见图 3-37），对应的数据也要搬过去。"

"嗯，似乎这个 Hash 槽的办法介于余数算法和一致性 Hash 算法之间。你想想，如果把这个槽首尾相连，那它不就是一个圈吗？这个圈上有很多位置，分别由多台服务器来负责。"

Tomcat 说："还有一个关键的问题，你作为 Redis 的客户端，在获取缓存数据的时候到底向哪台服务器发出请求？"

"我们老大规定，客户端可以向**任意一个节点**发出请求。例如，get(key1) 这个请求我发给了服务器 1，但是 key1 对应的数据在服务器 2 上存着，那服务器 1 就会告诉我：'小子，我这儿没有，不过我知道在服务器 2 上有，你去那里取吧。'然后我再向服务器 2 要数据。这有点像浏览器的重定向。"

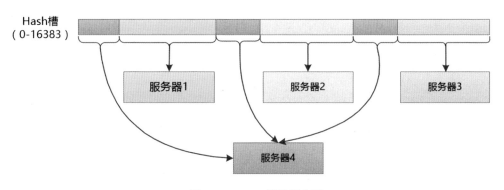

图 3-37　Hash 槽重新分配

嘶……只听到周围的人都吸了一口凉气，要是这样，那各台 Redis 服务器之间还得通信，要不然怎么能互通有无呢？

Tomcat 说："上次 Redis 说他们各台缓存服务器之间都是独立的，难道现在又开始'勾勾搭搭'了？"

Jedis 说："你说得真难听，什么叫勾勾搭搭？这叫 Redis Cluster！具体的细节统统由我们老大在服务器端搞定，我只要遵循他告诉我的协议干活儿就行了。"

故障转移

Tomcat 说："如果是集群（Cluster），那肯定得支持故障转移吧？"

"那是自然！"不知道什么时候，Redis 也来到了这里，加入了讨论。客户端 Jedis 一脸崇敬地看着老大，赶紧殷勤地端茶倒水。

"我特别提供了 master-slave 功能，你们瞧瞧，"Redis 展开了一张图 3-38 这样的图，"现在 Hash 槽被分为两组，一组由 nodeA、nodeA1、nodeA2 负责，另一组由 nodeB、nodeB1、nodeB2 负责，每组服务器中有一台是 master，如 nodeA 和 nodeB，其他的被称为 slave。"

Jedis 更加佩服了，心想:我们老大真厉害，连术语用的都和我们不一样！都不用服务器，用 node 了！

Tomcat 接着问道："那些 slave 节点的数据和 master 节点的数据是一样的吧？"

"那是自然！ slave 节点虽然是备份，但是时刻准备着替换 master。如果 master 节点 nodeA 挂掉，那我就用某种算法自动从剩下的 slave 中选取一个当作新的 master（见图 3-39）。怎么样？够智能吧？"

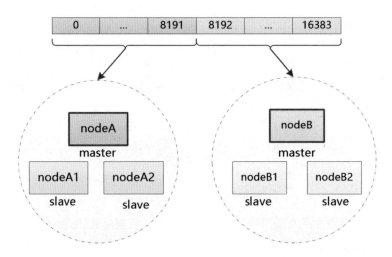

图 3-38　Redis master-slave 结构

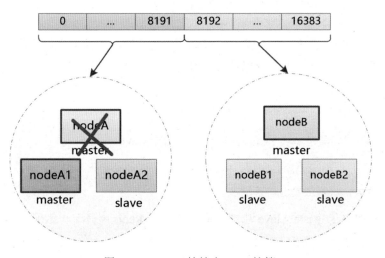

图 3-39　master 挂掉由 slave 接管

众人纷纷点头：确实厉害！

数据库老头儿还有点不服气，心想：这也太复杂了，缓存服务器之间互相通信，支持服务器动态地增加和删除，还支持缓存数据的备份和故障转移。今天聊了这么多算法和实现，真是累死我了，太烧脑了，回去好好休息一会儿，明天再给他找茬儿！

高可用的 Nginx

数据库老头儿一觉醒来，还没有想好怎么去给 Redis 找茬儿，却被领导率先找上门来，一起来的还有 Nginx 和 Tomcat。

数据库老头儿不敢怠慢，赶紧看座上茶。

"MySQL 同志，你们几个昨天已经热火朝天地讨论了缓存的各种实现方式和算法，非常不错。今天，我特意把 Nginx 和 Tomcat 也叫过来，是想和你聊聊另一个问题：高可用性。"领导亲切的话语中透露着威严。

MySQL 眼珠一转，迅速清醒过来："高可用性？昨天我们已经讨论过了，Redis 支持集群，高可用性没问题！"

"不是 Redis 的高可用性，而是你们几个的！"

Nginx 接腔说："就拿我来说吧，上次分家，我不是分到了一台服务器吗？可是只有一台，如果它罢工了，不干活儿了，我就接收不到人类发过来的请求，也就没法向你们转发了。这叫什么来着？对，**单点失败**。"

你不派活儿给我们，那我们正好乐得清闲。MySQL 心想。

领导说："所以说 Nginx 是一名好同志，昨天晚上回去以后，连夜设计出一套方案，实现了高可用性。Nginx，你跟 MySQL 说说你是怎么弄的。"

"是这样的，昨天听了 Redis 对集群的描述，我深受触动，我的工作主要是处理人类的 HTTP 请求，虽然非常稳定、异常强大，但毕竟只有一个实例，也要考虑万一服务器出事了该怎么处理。人总要追求进步不是？"

得了，别自夸了，MySQL 最看不惯这一点，他说："快点切入主题吧。"

"首先，领导得再分给我一台机器，让我的兄弟入住。但是我们兄弟俩都可以工作了，人类到底访问哪一个呢？我发现有一个叫作 Keepalived 的家伙，他能够把我们兄弟俩形成一种 master-slave 结构，同一时刻只有一个工作，另一个原地待命。如果工作的那个挂掉了，待命的那个就接管。更重要的是，我们兄弟俩对外只提供了一个 IP 地址，在人类看来好像只有一台机器（见图 3-40）。"

MySQL 表面上不动声色，但心里还是想：这是一个好办法。

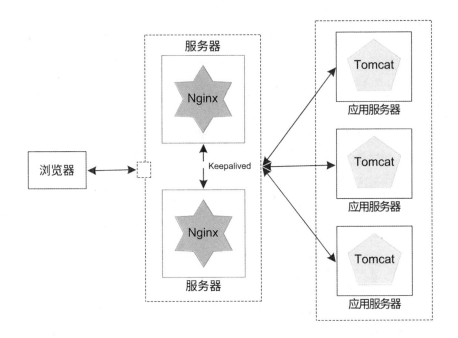

图 3-40　高可用的 Nginx

高可用的 Tomcat

Tomcat 说："领导，我也可以这么做吧？也让 Keepalived 这小子把我的这几台服务器形成 master-slave 结构，一台工作，其他待命！"

"你想得美，人家 Nginx 为了给用户提供唯一的入口，迫不得已这么做，你又不需要直接面对用户，为什么想偷懒啊？我们系统的业务逻辑主要在你们这里处理的，你的这些 Tomcat 兄弟都得干活儿！ Nginx 只会处理简单的静态资源（HTML、JS、CSS）请求，对于那些动态资源请求，Nginx 都会转发给你们兄弟，你们不干活儿怎么行？"

Tomcat 的如意算盘没有得逞，赶紧说："领导批评得对，我们这几个兄弟组成了一个集群，如果哪个不幸挂掉了，那么其他几个兄弟会帮忙处理的，只要 Nginx 能把请求转发过来就行。"

Nginx 说："看来 Tomcat 兄已经实现高可用性了。你放心，兄弟我肯定只把请求转发到还在工作的 Tomcat 上。"

"不仅如此，Nginx，你要保证 Tomcat 的**负载均衡**，不要把请求一股脑地发给某几台机器，要尽可能平均地分配到每个人，别让忙的忙死，闲的闲死。"

　　MySQL 心想：坏了，这俩都高可用了，只剩下我了。但是转念一想，便发现了问题："不对，这 Nginx 只是转发请求，不保存状态，实现高可用性很容易，但是 Tomcat 这边有 session 啊！"

　　session 确实是一个大问题，用户访问系统，在 Tomcat #1 上创建了一个购物车，并向其中加入了几件商品，然后 Tomcat #1 挂掉了，用户的后续访问就找不到 Tomcat #1 了，这时候 Nginx 会进行**失效转移**，把请求转移到其他的 Tomcat 上。

　　可是问题来了：在 Tomcat #2、Tomcat #3 上有用户的购物车吗？如果没有，用户就会抱怨，我刚创建的购物车到哪里去了？

　　还有更严重的，假设用户是在 Tomcat #1 上登录的，用户登录过的信息保存到了该服务器的 session 中，现在这台服务器挂掉了，用户的 session 自然也不见了。当用户被失效转移到其他服务器上的时候，其他服务器发现用户没有登录，就把用户踢到了登录界面，让用户再次登录！

　　状态、状态、状态！用户的登录信息、购物车等都是状态信息，处理不好状态的问题，Tomcat 集群的威力就大打折扣，无法完成真正的失效转移，甚至无法使用。

　　领导说："我听说像 WebSphere、WebLogic 这样的应用服务器可以把状态信息在集群的各台服务器之间复制，让集群的各台服务器达成一致。Tomcat，你能不能也学习一下？"

　　Tomcat 说："我知道他们的那种方式，但是通过网络复制状态信息效率很低。如果服务器多了，仅仅复制 session 就把我们累死了。"

　　Nginx 说："我有一个办法，有一种叫作 session sticky 的技术，可以保证来自同一个客户端的请求一直被转发到同一台 Tomcat 机器上，这样 session 就不用复制了。"

　　"那也不行，万一那个 Tomcat 挂掉了，session 还是丢失了啊！"

　　"要不把这些 session 保存到 MySQL 那里，他采用集中式存储，你们多个 Tomcat 都可以访问。"领导突发奇想。

　　"不不不，我可不敢，数据库老头儿太慢了。"Tomcat 吓得连连摆手。

　　"你们都忘了 Redis 了吗？为什么不把 session 放到 Redis 集群中保存呢？"Nginx 的提议立刻让大家柳暗花明了（见图 3-41）。

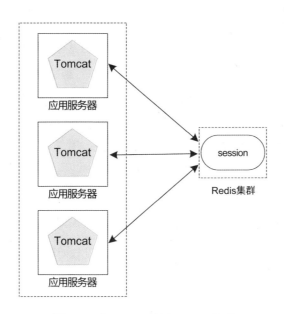

应用服务器

应用服务器

应用服务器

session

Redis集群

图 3-41　把 session 放入 Redis 集群

数据库的读写分离

MySQL 心中一凉：完了，只剩下自己了。

看到领导把热切的目光转向自己，MySQL 狠下一条心："领导，您肯定知道，我们数据库很难搞集群啊！"

"为什么呢？你看人家 Redis、Tomcat、Nginx 同志，都能通过集群的方式提高可用性，你怎么就不行呢？对了，Oracle 有一个 RAC（Real Application Clusters），那不就是集群吗？"领导就是领导，了解的东西就是多，马上给了 MySQL 一记重击。

作为一个老江湖，MySQL 脸上不动声色："领导，Oracle 的 RAC 虽然看起来有多个数据库实例在运行，但是底层只有一个共享的存储系统，这个共享的存储系统仍有单点失败的风险，如果它罢工了，那么使用它的数据库也就玩儿完了。"

"那为什么不在每台机器上都创建一份独立的数据呢？"

"那肯定可以，但是处理起来无比麻烦。就说数据的一致性吧，比如领导您有一个银行账户，有余额 1000 元，这 1000 元会同时存在于两台机器的**两个独立的数据库**中，注意是独立的！如果一个程序对您在机器 A 上的账户进行了修改，把余额增加了 100 元，现在机器 A 上的余额是 1100 元；还有另一个程序对您在机器 B 上的账户也进行了修改，如减少了 50 元，现在机器 B 上的余额是 950 元。最后您的账户余额到底是多少元呢？这就不一致了。"

"肯定不能这么搞，你得想办法保证一致性！"

"领导，**在一个分布式的环境中，保持数据的强一致性是非常难的**，稍微不小心就会出岔子。"

"嗯，你这里存放着极为宝贵的数据，可不能乱了套！"

看到领导沿着自己的思路在思考，MySQL 老头儿心里暗暗得意：也许这一关躲过去了，没事儿了。

领导可不是这么容易被糊弄的："你也是老同志了，要充分理解组织的难处，组织上已经制订了一个新的 5 年计划，一定要提升我们系统的可用性。现在就剩下你了，我不管你用什么手段，一定要把系统的可用性提高，组织上决不允许动不动就罢工！"

MySQL 老头儿苦笑了一下，看来还是躲不过啊。

怎么办？怎么办？老头儿冥思苦想，突然想到了 Redis 集群，其中不是有所谓的 master 和 slave 吗？他山之石，可以攻玉，我也可以借鉴一下。

先设置一个 master 的数据库，然后再设置一个或者几个 slave 的数据库。不过我要做一点限制，master 库可读可写，slave 库只能读、不能写。最后，还要将 master 库的数据尽快地复制到 slave 库，让数据保持一致。MySQL 一边想，一边画了一张图（见图 3-42）。

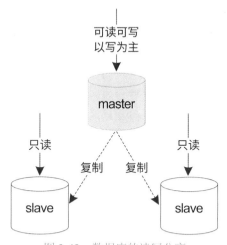

图 3-42　数据库的读写分离

想到这里，MySQL 老头儿对 Tomcat 说："你试试直接访问数据库，看看这样做行不行？"

Tomcat 盯着这张图看了半天，嘴里还念念有词："一个 master 库，多个 slave 库，你这么做到底有什么好处？"

"好处大了去了！"老头儿试图说服 Tomcat，"你看，master 库主要负责写，slave 库主要负责读，这样读写就分离了。一般来讲，一个 Web 应用程序的读操作是远远多于写操作的，现在有专门的数据库负责读，那效率肯定能提高。"

"还有，你应该很清楚我的数据库事务吧，为了实现不同的隔离级别，我特别发明了 X 锁（排他锁，写数据的时候用）和 S 锁（共享锁，读数据的时候用）。现在读写分离了，能极大地缓解程序对 X 锁和 S 锁的争用。"

"最重要的是，"MySQL 开始用领导的意志给 Tomcat 施压，"领导现在不是要求高可用性吗？你看，假设我这个 master 库挂掉了，或者罢工了，那个 slave 库可以成为 master（见图 3-43），继续干活儿！"

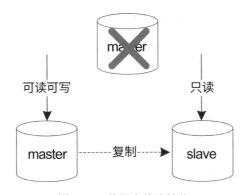

图 3-43　数据库故障转移

"你这里提高了可用性，可是我访问起来就麻烦了，我还得在代码中找到那些写数据的操作（INSERT/UPDATE），发到你的 master 库去执行；找到读数据的操作（SELECT），发到你的 slave 库去执行。如果你有多个 slave 库（见图 3-44），那我到底发到哪里去？这实在是难为我呀！"Tomcat 一边挠头一边说，心里已经开始打退堂鼓了。

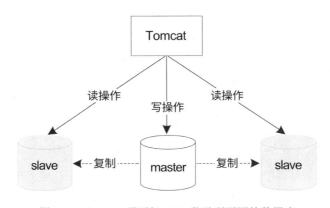

图 3-44　Tomcat 需要把 SQL 发送到不同的数据库

看到自己的大好计划就要被 Tomcat 这个胆小鬼给破坏了，MySQL 不由得着急起来，怎么办？他灵机一动，想到一个主意：

"老土了不是？你可以向领导申请一下，添加一个中间层嘛！"

"中间层？"

"对啊，假如这个中间层叫作 MySQL Proxy（见图 3-45），你只管正常地向它发出请求，根本不用区分读和写，由这个 MySQL Proxy 去把脏活、累活干了！"MySQL 主动帮助 Tomcat 推脱责任。

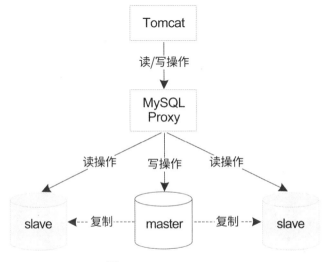

图 3-45　MySQL Proxy

"好吧，我赞同！"很明显，这样的方案打动了 Tomcat，毕竟对 Tomcat 来说也没什么损失，估计除了多一些配置文件，生活也变化不大。

领导看到 MySQL 老头儿终于拿出了方案，满意地点点头，宣布：从明天开始，正式实施各个系统的高可用和负载均衡的方案！

我是一个函数

我是一个函数，生活在内存当中，我的家——用你们的"黑话"来说——就是进程的地址空间。我的邻居也是一个函数，其中有一段很有趣的代码。

我经常去拜访他，去的时候当然不能空着手，我会携带 4 个数字作为礼物送给他计算，耐心等待他在 CPU 中忙活半天。最后，作为回赠的礼物，他告诉我一个地址，让我去那里取结果。

拜访的次数多了，我慢慢地琢磨出了我这个邻居所做的事情：房贷计算。

我发给他的 4 个参数分别是房贷总额、利率、贷款年限、还款方式（等额本息用数字 1 表示，等额本金用数字 2 表示）。他经过计算后，会告诉我一个地址，其实就是一个列表，里面存放着每月应还的月供、本金和利息（见图 3-46）。

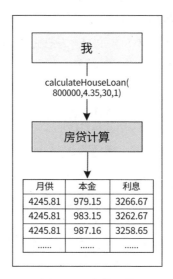

图 3-46　房贷计算

用你们的"黑话"来说就是这样的：

```
List calculateHouseLoan(float total, float interstate, int years, int loanType)
```

所有的调用都发生在本机内的一个进程中，大家把这种方式称为**本地过程调用**。

这种调用方式速度飞快，眨眼间就可以完成。

有时候，房贷计算邻居会惊呼道："哇，你给我发了一个多大的数啊，800 万元的贷款总额！"

我就知道，帝都的房价又涨了！

日子过了一天又一天，房价也涨了一天又一天。

一天早上，我一觉醒来感觉不太对劲，头晕晕的，一般情况下这就表示昨天夜里系统重启了。

还没等我清醒过来，我就接到上司（调用我的函数）的命令，又要计算房贷了。我忍着头晕赶紧去找邻居，可是这次却换成了陌生人，他笑眯眯地说："是不是要找你的邻居房贷计算啊？"

"是啊！"

"他已经搬走了！"

"啊？他搬到哪儿去了？我怎么计算房贷？"

"他搬到另一台机器去住了，具体位置我也不清楚，不过从 IP 看应该在同一个机房。"

说实话，这条消息让我大吃一惊。我听人说过，想和网络上的机器通信，那可比本机的同一进程内的通信麻烦多了。

之前我们生活在同一个进程中，每个函数的住处（地址）对大家来说都是可见的，想要调用了，直接去函数的住处执行代码即可。

现在这个函数搬走了，我也不知道新的地址，就算知道了，跨域网络的调用据说得使用什么 socket 建立连接，在连接上按双方商量好的格式、次序来发送数据、接收数据。听着就头大，打死我也搞不定。

陌生人看出了我的担心，笑着说："放心吧，我是他的**客户端代理**，你尽管把那 4 个参数交给我，我来帮你搞定。"

这个自称客户端代理的家伙竟然知道那 4 个参数，也许能行！对我来说反正调用方式没什么变化，于是我将信将疑地像以前那样把 4 个参数传递过去，他马上就忙活起来，建立连接，发送数据，接收数据。过了很久（我感觉比平时要慢了 100 倍），他才说："房贷已经计算好了，数据在地址 XXXX 处，你去拿吧。"

我去那个地方一查，像往常一样，每月的还款结果已经整整齐齐地摆在那里了。

"你这个房贷计算的客户端代理还真不含糊啊！既然你是客户端代理，难道还有服务器端代理？"

"没错，我还有一个好朋友，他在服务器端忙活，我和他约定好了消息的格式，你交给我的数据其实我都通过 socket 发给他了，由他来调用真正的房贷计算，然后再把结果发回来。"

"难道这就是传说中的远程过程调用（RPC）？"我问道。

"是的，我们这两个代理人把脏活、累活都帮着你们做了，把那些复杂的网络细节都隐藏起来了，在你们看来和本地调用一样（见图 3-47）。对了，有人会把我称为 Stub，把我的好朋友称为 Skeleton，我和他之间的交互是通过 socket 进行的。有些 RPC 的代理可能不用这么底层的东西，直接用 HTTP。不过没关系，只要两端的代理约定好就行了，关键是要给你们提供一种舒适的体验。"

"我想到一个问题，如果我传递给你的不是简单的 float、int 型的参数，而是内存中的对象，那该怎么处理？"

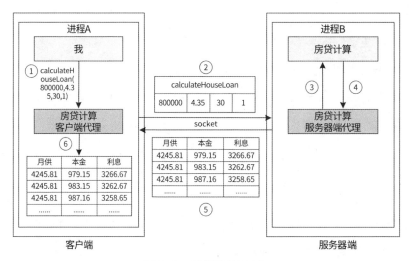

图 3-47　房贷计算 RPC

"当然要进行序列化了，要不然怎么通过网络发送？其实 float、int 也得进行序列化，把内存中的值和对象变成二进制数据流，这样才能发送出去。到了我的好朋友那边，他还得进行反序列化，把二进制数据流再转换为对象，然后才能调用真正的函数。唉，这工作实在麻烦。"

我对他表示了深切的同情和敬意，为了我们能做透明的远程过程调用，这些代理真不容易。

"我听说还能用 XML 和 JSON，是吗？"我问道。

"你知道的还不少嘛！有些人在使用 HTTP 作为通信协议的时候，喜欢把对象变成文本，如 XML/JSON，可读性比较好。你要知道，虽然在应用层的 HTTP 中看起来是文本，但是到了底层通道（如 TCP）发送出去的时候，还得变成二进制数据流，到了目的地再把它们转换成文本。"

网络的世界远比单机精彩！不知不觉我已经和这个客户端代理聊了将近 2000 毫秒，我的上司已经等不及了，他抱怨道："这次怎么这么慢？难道人类在调试，在你这里加了断点？"

我说："没有调试，原来是本地过程调用，现在变成了远程过程调用！"

从SOA到微服务

小明毕业后，进入一家大型国企的信息部门工作。这家国企不差钱，几十年来随着 IT 系统的发展，也与时俱进地兴建了多个信息系统，只不过自家开发的极少，从外边购买的极多。虽然信息部门也有开发能力，但是当甲方的感觉是最妙的，何况出了问题还可以把责任推出去。

在这些系统中，小一点的有自动化办公系统（OA）、休假系统、车辆管理系统、薪水支付系统，大一点的有客户关系管理系统、ERP 系统……可以说是琳琅满目，让人目不暇接，几十年来 IT 发展的技术几乎都能在公司的 IT 环境中找到。

小明的工作之一就是维护现在的 IT 系统博物馆，博物馆中大部分是遗留系统，虽然能工作，但是非常老旧。硬件平台、软件环境、开发语言各不相同，都是异构的。

就说那个休假系统吧，还是用 20 世纪流行的 Delphi 写的。还有那个 OA 系统，也是 20 世纪的 ASP，运行在 IIS 上，虽然界面丑陋，但是勉强能用。

也有一点新东西，比如上周上线的那个维修系统就用了最新的前端技术，小明也着实激动了一阵，看了两天的 React。

有一天，一家知名外企的销售来到小明所在的公司，与信息部门的老大进行商谈。

第二天，老大向国企老总做了汇报。过了一段时间，公司发文了：

为了提升 IT 效率，打破各个信息孤岛，实现各个信息系统之间的互联互通，让业务和 IT 进行对齐，达到业务敏捷性，公司经慎重研究决定，邀请 xxx 公司作为咨询顾问，从即日起开始实施 SOA 战略。

小明看了一遍，愣住了，上面的字全都认识，但连起来就不知道是什么意思了。唯一确定的是，咨询顾问要来了，要开始实施 SOA 战略了。

咨询顾问果然来了，先给小明所在的信息部门进行了培训，小明的脑海中被各种新式的名词所充斥着：SOA、ESB、SCA、BEPL……下了课，小明和同事们讨论了很久，逐渐明白了要做什么事情。

好像是把这些遗留的异构系统包装成粗粒度的服务，还是 Web 服务，可以通过 HTTP 来访问。大家可以互相调用，甚至可以把这些服务进行编排，形成一个大的业务流程，完成更高层次的业务。听起来挺有意思的。

外企的销售非常精明，趁势卖了一大批硬件和软件，还有昂贵的服务。他们的技术团队帮着做了一个小的验证系统，实现了一个业务场景，展示给公司老总看，老总非常满意：不错，我们公司又一次站到了 IT 技术的前沿！

然后就没有下文了，领导们似乎忘记了，SOA 似乎没有发生过，互联互通呢？业务敏捷呢？

小明很困惑，周末约着张大胖去吃饭。

张大胖在一家互联网公司工作，主要研究网上约车系统，用的都是前沿的技术。他说："听起来你们要把这些**遗留的异构系统做数据和信息的集成**，只是没有做下去而已。你知道我们公司在做什么事儿吗？"

小明说："不会和我们一样吧？"

"完全不同！我们公司才成立几年，最重要的就是这个网上约车系统，当然，我们公司现在发展得很快，这三年来系统已经快变成一个巨无霸了，代码已经达到百万行级别，没人能搞明白了。代码库非常难以管理，冲突不断。系统部署也非常困难，一点小改动都需要巨无霸式的整体部署。你能想象得到吗？我们的系统重启一次需要 25 分钟！"

"哇，这么慢？不可思议！我用过你们的打车软件，用起来还可以啊。"

"唉，金玉其外，败絮其中！你不知道我们每次发布新版本有多痛苦，但是竞争激烈，我们还得频繁发布。所以**我们做的事情和你们相反，不是集成，而是拆分**！把一个巨无霸变成一些小的组件，让这些小组件能完全独立地开发、测试和部署。"

"那你们的开发团队怎么办？"小明问。

"我们的组织结构也要随着这些小组件来重构。我们分成了'乘客管理''司机管理''旅程管理''支付管理'等好多组，每个组只负责特定的一部分功能，并且每个组里面都有设计、开发、测试、部署等人员，一应俱全，他们全程负责。"

"有意思，这些小组件都是独立的，每个组件实例都是一个进程。那这些小组件怎么交互？难道也通过我们公司所用的 Web Service？"

"不，我们不用那重量级的 Web Service，什么 WSDL、SOAP，我们统统不用，我们只用最轻量级的、基于 HTTP 的 RESTful 来对外提供接口。"

小明突然想到一个问题："你们每个组负责一项特定功能，那数据怎么办？还用统一的数据库吗？"

"问得好，这是一个老大难问题，我们得做数据库的拆分。唉，一言难尽。"张大胖喝了一杯酒。

小明说："可以理解，不过这样一来确实更加敏捷了，比如'乘客管理'模块添加了新的功能或者修复了 Bug，就可以独立升级，当然接口必须向后兼容，对吧？"

张大胖说："对的。这还不是最厉害的，最厉害的是我们能快速地自动化部署这些小组件，并且能为它们创建很多实例来运行，有一个挂掉了也没关系，别人可以调用那些还在运行的。"

"难道你们用的是 docker？我之前看过一点。"

"没错，这个 docker 非常好用。原来我们都是把编译好的代码部署到某个环境中，如 Tomcat。现在好了，代码和环境在一起可以成为一个镜像（Image），把这个镜像（Image）放到服务器端的 docker 运行环境中，运行起来就行了，开发环境、测试环境、生产环境轻松保持一致，非常方便。"

小明两眼放光："这真是一个好东西！"

张大胖说："对了，告诉你一个小秘密，我们在生产环境下会做一些'猴子测试'，通过写脚本随机地停掉一些实例，看看我们的系统运行得怎么样。"

小明说："厉害啊，你们玩的可都是心跳啊。"

"没有办法，只有在生产环境下才能发现真正的问题！"

"难道你们的这种方式没有缺点吗？"

"当然有了，就拿数据库来说吧，数据做了分区，一致性怎么保证？选择分布式事务非常麻烦，有时候不得不选择最终一致性来妥协。还有，服务多了，客户调用起来非常麻烦，所以经常需要把多个接口 API 进行封装，对外提供一个简单的接口。当然，这种基于 HTTP 的调用远远没有原来在一个进程内的方式效率高。还有一个要命的问题就是监控，你想想，这么多运行的实例，相互之间有调用关系，一个地方出错了，怎么追踪？很麻烦。"

"无论如何，你们这种把系统拆分，让一个独立的组织负责独立的部分的方法还是很敏捷的。对了，你说的小组件，难道没有一个像 SOA 这样的高级名字吗？"

"当然有了，业界把这种方式叫作**微服务**！虽然这个词不能完整地表达我们所做的事情。我现在期望 Martin Fowler 给它起一个更贴切的名字，就像 Dependency Injection 那样，比之前的 IoC 强多了。"

在回去的路上，小明心想：天下大势，真是分久必合、合久必分啊！我们在做零散系统的集成，张大胖他们又在搞巨无霸应用的拆分。

相比而言，小明还是很羡慕张大胖的，羡慕他们公司的朝气蓬勃。他虽然明白自己所在国企的信息系统和张大胖所在公司做的不一样，但是暮气沉沉的感觉让人看不到希望，再这么混下去，自己热爱的技术可就真的废了。

想到这里，小明毫不迟疑地跳槽到张大胖所在的公司，去研究微服务了。

什么是框架

张大胖立志走上 Java 之路，听了大神 Bill 的指点，先学了 Java SE，把集合、线程、反射、I/O、泛型、注解之类的基础知识学了一遍，在 Bill 的严厉督促下，写了大量的代码。

然后开始学 Web 基础，什么 HTTP、HTML、JavaScript、CSS、Servlet、JSP、Tomcat……又是一大堆知识点。

他找了一个小网站，自己模拟着做了一下。虽然不是专业美工，界面惨不忍睹，但总算把功能模仿了七七八八，很有成就感。

张大胖拿去给 Bill 看了，Bill 夸奖道："功能实现得还可以，没有用任何框架能做成这样子，很不错。"

张大胖说："框架？什么是框架？"

Bill 愣了一下："你还突然把我给问住了。我们整天开口框架、闭口框架，现在让我给框架下一个定义，我还真说不出来，让我想想。"

Bill 闭目养神，张大胖虔诚等待。

不到一炷香的工夫，Bill 睁开眼睛："我来给你举个例子。你不是刚刚用 Servlet 和 JSP 做了一小的 Web 项目吗？假设有人出钱让你再做一个类似的系统，你会怎么办？"

"那我就把现在的代码复制一下，在上面改改，不就得了？"

"如果有十个八个类似这样的项目呢？难道你都通过复制粘贴来做吗？"Bill 问。

"十个八个？我还是跳楼去吧。"

"那你没有想想把其中重复的一些东西抽取出来，形成可以复用的东西？"

张大胖说："听你这么说，还真的有一点可以复用的东西，比如 URL 和业务代码的映射。我经常遇到类似这样的 URL'www.xxx.com?action=login'，在后台的 Servlet 中我就判断，如果 action 的名称是 login，我就把 userName、password 这样的参数从表单中提取出来，执行登录的代码。我得写很多的 if else 才能支持不同的业务逻辑，很折磨人。有时候我就想，如果有一种方法，能够把 URL 和 Java 类直接映射起来就好了，这样就轻松多了！"

"没错，这是一个很好的想法。还有吗？"Bill 笑着问。

"嗯……再比如数据验证，登录时如果用户名或者密码出错，那要在浏览器端显示错误提示信息，这也很难搞，错误提示的字体、颜色、图标、位置太烦人了。"

"还有吗？"

"对了，访问数据库也是一个大问题。我写了很多的 SQL、很多的 JDBC 代码，仅仅为了把数据从数据库中取出来，放到 Java 对象中去。你肯定知道，直接用 JDBC 编程需要处理很多细节问题：一定要记住关闭连接了、处理异常了……不瞒你说，很多代码都是我复制粘贴的。"

"难道你不能写一个通用的类，传入 SQL，返回结果集吗？"Bill 问道。

"那我肯定写了，但是把结果集变成 Java 对象还有一段很长的路，没什么技术含量，纯粹体力活，怪不得人家叫我们码农！"张大胖愤愤地说。

Bill 说："我刚才翻了翻你的代码，我发现很多地方都不尽如人意。比如，你几乎把所有的业务逻辑都写到 Servlet 中了，中间还掺杂着页面控制和跳转，这么乱七八糟像意大利面条一样的代码，过了一个月，估计连你自己都看不明白了。"

张大胖不好意思地笑了："不用一个月，这刚过了一个星期我就犯晕了。"

"其实你的这些问题我们的前辈早就遇到了，他们也在苦苦探索，不断寻找好的实现方式，找到以后就把各种经验固化下来，称为**最佳实践**。"

"最佳实践？能举个例子吗？"

"比如在 Web 开发中就有一个很好的实践，叫作 MVC。就是针对你上面的业务逻辑和页面控制混在一起的问题提出的解决办法。这个实践会强烈地建议你把数据模型、页面展示、页面跳转控制分开来写，防止搅成一团。"

Bill 意犹未尽，继续举例："再比如你说的第一个问题，也早就有解决方案了，可以利用 XML 或者 Java 注解来描述 URL 和 Java 类之间的关系，你只需要声明一下，背后的操作都交由框架去处理。还有你的 Java 对象和数据库表的对应关系，也只需要声明一下，框架就可以帮你把数据取出来，填充到 Java 对象中去，这就极大地减少了你的工作量。"

"可不可以这么说，框架就像一个模板，里面预置了一些公认的最佳实践，如果想用，就把与项目相关的东西填充进去就可以了？"

"可以这么理解，**框架是一个半成品，是无法独立运行的**，必须由开发人员按照它定义的规则，把项目的代码放置到指定的地方，由框架整合起来，这才是一个完整的应用程序。"

张大胖挠着头说："那框架其实也没什么，我只要理解了那些最佳实践，掌握了它的规则，不就学会了吗？"

"没错，现在很多 Java Web 系统都是基于像 Spring MVC、Hibernate、MyBatis 这样的流行框架构造起来的，框架不得不学。但是如果只会使用框架，只会填充代码，那只能是一名 HTML 填空人员。"

"那我学完了框架，可以用框架做项目了，接下来学什么？"张大胖心里有点没底。

"你如果对 Java 后端编程感兴趣，那还有很多东西可学。用框架实现了业务只是很小一方面，还有系统架构设计、缓存、性能、高可用性、分布式、安全、备份等很多内容。你学得越多，就会发现无知的领域更多，所谓学无止境，就是如此。"

张大胖目视远方，沉默了……

HTTP Server：一个差生的逆袭

我刚毕业那会儿，国家还是包分配工作的，我的死党张大胖被分配到一座叫数据库的大城市，天天都可以坐在高端、大气、上档次的机房里，专门执行 SQL 查询优化，工作既稳定又舒适；隔壁宿舍的小白被分配到编译器镇，在那里专门把 C 源文件编译成 EXE 程序，虽然累，但是技术含量高、工资高、假期多。

我的成绩不太好，是典型的差生，被分配到一个不知道什么名字的村庄，据说要处理什么 HTTP 请求。这个村庄其实就是一台破旧的电脑，令我欣慰的是可以上网，还能时不时地和死党通信。

不过辅导员说了，我们都有光明的前途。

HTTP Server 1.0

HTTP 是一个新鲜的事物，能够激起我一点点工作的兴趣，不至于沉沦下去。

一上班，操作系统老大扔给我一大堆文档："这是 HTTP 协议，两天看完！"

我这样的英文水平，这几十页的英文 HTTP 协议我不吃、不喝、不睡两天也看不完。死猪不怕开水烫，慢慢磨吧。

两个星期以后，我大概明白了这 HTTP 是怎么回事儿：无非是有些电脑上的浏览器向我这台破电脑发送一个预先定义的文本（HTTP Request），我这边处理一下（通常是从硬盘上取一个扩展名是 .html 的文件），然后再把这个文件通过文本方式发送回去（HTTP Response），就这么简单。

唯一麻烦的是，我得请操作系统给我建立 HTTP 层下面的 TCP 连接通道，因为所有的文本数据都得通过这些 TCP 连接通道接收和发送，这个连接通道是用 socket 建立的。

弄明白了原理，我很快就写出了第一版程序。

代码清单 3-2　HTTP Server 1.0

```
listenfd = socket(...);
bind(listenfd, 服务器的IP和知名端口如80, ...);
listen(listenfd,...);
while(true){
    connfd = accept(listenfd, ...);
    receive(connfd, ...);
    send(connfd,...);
}
```

看看，这些 socket、bind、listen、accept 等都是操作系统老大提供的接口，我能做的也就是把它们组装起来：先在 80 端口监听，然后进入无限循环，如果有连接请求来了，就接受（Accept），创建新的 socket，最后才可以通过这个 socket 来接收、发送 HTTP 数据。

老大给我的程序起了一个名字——HTTP Server，版本 1.0。

这个名字听起来挺高端的，我喜欢。

我兴冲冲地拿来实验，程序启动了，在 80 端口"蹲守"，过了一会儿就有连接请求了，赶紧接收，建立新的 socket，成功！接下来就需要从 socket 中读取 HTTP 请求了。

可是这个 receive 调用好慢，我足足等了 100 毫秒还没有响应！我被阻塞（Block）住了！

操作系统老大说："别急，我也在等着从网卡那里读数据，读完以后就会复制给你。"

我乐得清闲，可以休息一下。

可是操作系统老大说："别介啊，后面还有很多浏览器要发起连接，你不能在这儿歇着啊。"

我说："不歇着怎么办？ receive 调用在你这里阻塞着，我除了加入阻塞队列，让出 CPU 让别人用，还能干什么？ "

老大说："唉，你在大学里没听说过多进程吗？你现在很明显是单进程，一旦阻塞就完蛋了，想办法用一下多进程，每个进程处理一个请求！ "

老大教训的是，我忘了多进程并发编程了。

HTTP Server 2.0：多进程

多进程的思路非常简单：当接收连接以后，对于这个新的 socket，不在主进程里处理，而是新创建子进程来接管。这样主进程就不会阻塞在 receive 上，可以继续接收新的连接了。

我改写了代码，把 HTTP Server 升级为 2.0 版本（见图 3-48）。这次运行顺畅了很多，能并发地处理很多连接了。

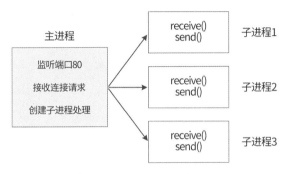

图 3-48　HTTP Server 2.0

这个时候 Web 刚刚兴起，我这个 HTTP Server 访问的人还不多，每分钟也就那么几十个连接发过来，我轻松应对。

由于是新鲜事物，所以我还有资本给搞数据库的小明和做编译的小白吹吹牛，告诉他们我可是网络高手。

没过几年，Web 迅速发展，我所在的破旧机器也不行了，换成了一台性能强悍的服务器，也搬到了四季如春的机房里。

现在每秒都有上百个连接请求了，有些连接持续的时间还相当长，所以我经常需要创建成百上千的进程来处理它们，每个进程都要耗费大量的系统资源。很明显，操作系统老大已经不堪重负了。

他说："咱们不能这么干了，这么多进程，仅仅做进程切换就把我累死了。"

"要不对每个 socket 连接我不用进程了，改用线程？"

"可能好一点，但我还是得切换线程，你想办法限制一下数量吧。"

我怎么限制？我只能说同一时刻仅支持 x 个连接，其他的连接只能排队等待。

这肯定不是一种好的办法。

HTTP Server 3.0：select 模型

老大说："我们仔细合计合计。对我来说，一个 socket 连接就是一个所谓的文件描述符（File Descriptor，以下简称 fd，是一个整数），这个 fd 背后是一个简单的数据结构，但是我们用了一个重量级的东西'进程'来表示对它的读 / 写操作，有点浪费。"

我说："要不咱们切换回单进程模型？但是又会回到老路上去，一个 receive 的阻塞就什么事儿都干不了了。"

"单进程也不是不可以，但是我们要改变一下工作方式。"

"改成什么？"我猜不透老大在卖什么关子。

"你想想你阻塞的本质原因，还不是因为浏览器还没有把数据发过来，我自然也没法给你，而你又迫不及待地想去读，我只好把你阻塞。在单进程情况下，一阻塞，别的事儿都干不了了。"

"对，就是这样的。"

"所以你接受了客户端连接以后，不能那么着急地去读。咱们这么办，你的每个 socket fd 都有编号，你每次把一批 socket 的编号告诉我，就可以阻塞休息了。"

【注：实际上，HTTP Server 和操作系统之间传递的并不是 socket fd 的编号，而是一个叫作 fd_set 的数据结构】

我问道："这不和以前一样吗？原来是调用 receive 时阻塞，现在还是阻塞。"

"听我说完。我会在后台检查这些编号的 socket，如果发现这些 socket 可以读 / 写，那我会把对应的 socket 做一个标记，把你唤醒去处理这些 socket 的数据；你处理完了，再把你的那些 socket fd 告诉我，再次进入阻塞，如此循环往复。"

我有点明白了："这是我们俩的一种通信方式，我告诉你我要等待什么，然后阻塞，如果事情发生了，你就把我唤醒，让我做事情。"

"对，关键点是你等我的通知。我把你从阻塞状态唤醒后，你一定要去遍历所有的 socket fd（实际上就是那个 fd_set 的数据结构），看看谁有标记，有标记的就做相应处理。我把这种方式叫作 select 模型（见图 3-49）。"我用 select 的方式改写了 HTTP Server，抛弃了一个 socket 请求对应一个进程的模式。现在我用一个进程就可以处理所有的 socket 了。

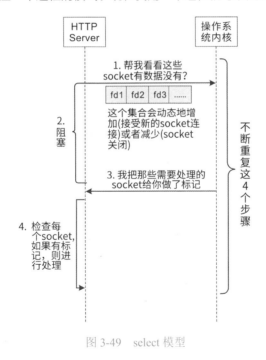

图 3-49　select 模型

HTTP Server 4.0：epoll 模型

这种被称为 select 的方式运行了一段时间，效果还不错，我只管把 socket fd 告诉老大，然后等着他通知我就行了。

有一次，我无意中问老大："我每次最多可以告诉你多少个 socket fd？"

"1024 个。"

"那就是说我的一个进程最多只能监控 1024 个 socket？"

"是的，你可以考虑多用几个进程。"

这倒是一种办法，不过 select 的方式用得多了，我就发现了弊端，最大的问题就是我需要把 socket 的编号（实际上是 fd_set 数据结构）不断地复制给操作系统老大，这挺耗资源的，还有就是我从阻塞中恢复以后，需要遍历这 1000 多个 socket fd，看看有没有标志位需要处理。

实际的情况是，很多 socket 并不活跃，在一段时间内浏览器并没有数据发过来，这1000 多个 socket 可能只有那么几十个真正需要处理，但是我不得不查看所有的 socket。这挺烦人的。

难道老大不能把那些发生了变化的 socket 告诉我吗？

我把这个想法跟老大说了，他说："现在访问量越来越大，select 方式已经不能满足要求了，我们需要与时俱进。我想了一种新的方式，叫作 epoll（见图 3-50）。"

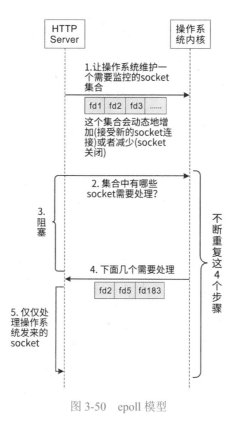

图 3-50　epoll 模型

"看到没有？使用 epoll 和 select 其实类似，"老大接着说，"不同的地方是，我只会告诉你那些可以读 / 写的 socket，你只需要处理这些准备就绪的 socket 就可以了。"

"看来老大想得很周全，这种方式对我来说就简单多了。"

我用 epoll 把 HTTP Server 再次升级。由于不需要遍历全部集合，只需要处理那些有变化的、活跃的 socket fd，所以系统的处理能力有了飞跃式的提升。

我的 HTTP Server 受到了广泛的欢迎，全世界有无数人在使用。最后我的死党——数据库小明也知道了，他问我："大家都说你能轻松地支持好几万个并发连接，真是这样的吗？"

我谦虚地说："过奖，其实还得做系统的优化。"

他说："厉害啊，你小子走了狗屎运了！"

我回答："毕业那会儿辅导员就说过，每个人都有光明的前途。"

第 **4** 章

代码管理那些事儿

版本管理简史

"人肉"版本管理

小李在大学里很上进，把专业课学好之余还经常跟着老师做一些项目，这些项目都不大，小李经常一个人就能完成。

在电脑上写代码的时候，小李也有烦恼：修改了一个 Java 类，写了一堆代码之后，突然想尝试另一种方案，但是又不想放弃辛辛苦苦写的这些代码——万一新方案行不通呢？

怎么办？那就另存为一个新文件吧，这是每款软件都提供的标准功能。

于是小李的电脑上就出现了这样的情况：

Person.java

Person_2015_10_12_ 还有希望 .java

Person_2015_10_15_ 这个算法也不错 .java

Person_2015_10_18_ 老师喜欢这个方案 .java

【注：这其实就是一种版本管理系统，只不过是"人肉"版的，我在大学里也这么做过，因为小微项目没必要搞得那么复杂】

锁定文件：避免互相覆盖

后来老师给小李介绍了一个大一点的项目：在线商城。它类似京东的缩水版，但即便如此，小李一个人也搞不定了。

小李叫来好朋友小梁，两人意气风发，坚决要把这个项目如期拿下。

两人把工作分了一下，小李负责订单模块，小梁负责产品模块，还有一个公用的部分，谁都可以改。

项目也相应地分了这么几个大目录：Order，Product，Common。

两人约定各自闷头开发，每周把代码合并一次测试，合并的方法就是小梁把所有代码都复制给小李。

第一周相安无事。

第二周相安无事。

第三周两人就打起来了。

因为小李把小梁的代码复制到自己的电脑以后，发现出了大问题：自己对 Common 目录下的 public.js 进行了大量修改，代码改动了好几百行，可是这些改动竟然被小梁的 public.js 覆盖了，这一周的改动都丢失了！

两人吵了半天，最后还得寻求解决办法。有室友推荐了一款软件 Beyond Compare（见图 4-1），可以清晰地比较两人的代码目录和文件，改动一目了然。

图 4-1　Beyond Compare 界面

小李和小梁试用了一下，Beyond Compare 的功能很强大，只是改动多了，手工工作量还是挺大的。

干脆一不做、二不休，开发一个版本控制系统（Version Control System，VCS），彻底解决文件被覆盖的问题。

这个 VCS 支持这样的功能：

（1）支持把代码放到一台服务器上，这样即使本地电脑出了问题也不怕。

（2）任何人想对一个文件进行修改，需要先对该文件执行一个 checkout 操作，这会把文件锁住，其他人无法修改。

（3）修改完以后，需要执行一个 checkin 操作，修改会被发送到服务器端保存，形成新的版本，并且释放文件锁，别人就可以再 checkout 来修改了。

（4）可以支持回退的功能，也就是说，可以回退到之前的版本中。

【注：微软的 Visual Source Safe 就是这种风格的。文件被一个人独占式地锁住进行修改，除非这个人 checkin 代码，否则别人无法修改】

这个 VCS 包括服务器端，主要用来存放代码，进行版本管理。

还有一个客户端，主要用来和服务器端打交道，checkout/checkin 代码。

允许冲突：退一步海阔天空

有了这个 VCS，小李和小梁如虎添翼，再也不怕合作期间文件互相覆盖的问题了。

只是原定半年要完成的项目，毫无悬念地要延迟了。

老师又给小李和小梁介绍了三个师弟，来帮助加快进度。

小师弟们对 VCS 不太熟，经常性地把自己根本不用修改的文件也都 checkout，并且迟迟不 checkin，搞得其他想修改代码的人根本没法修改。

不止是小师弟们，连小李和小梁也经常犯类似的错误，让大家工作起来非常不舒服。

怎么办？小李去找小梁商量："要不咱们把锁定文件的功能去掉？"

小梁说："可是两个人，甚至多个人修改了同一个文件怎么办？怎么提交？以谁的为准？"

举个例子，小李修改了 Person.java，并且成功地提交到服务器的 VCS 中。与此同时，小梁也修改了 Person.java，在提交的时候，系统就会提示："对不起，小李已经修改了，请下载最新版本。"

这时候小梁有两个选择：

（1）先把自己的修改提取出来，放到其他文件中暂存，然后把服务器端的最新版本（包含小李的修改）下载到本机，再把自己的修改加上去，最后提交到服务器。

（2）把 VCS 客户端扩展一下，自动获取服务器端的最新版本，然后与自己本地的 Person.java 进行合并（Merge）。

这时候又会出现两种情况：

（1）小梁和小李的修改位于不同的地方，没有冲突，这时候就可以自动合并，合并后向服务器端提交即可。

（2）小梁和小李对同一行进行了修改，出现了冲突，这时候只好由人工来确定到底用谁的代码，人工合并后再向服务器端提交。

鉴于同时改动一个地方的可能性比较小，所以小李和小梁决定：

放弃文件锁，提供一个合并的功能就可以了。

【注：开源的版本管理系统 CVS、SVN 采用的就是这种方式】

分支：多版本并行

电子商城项目在师弟们的帮助下，花了 10 个月才推向市场，没想到大受欢迎，高兴之余，也带来了新问题：

（1）已经上市的老版本有不少 Bug 需要修改。

（2）用户提了一大批新功能，有些新功能还需要修改老代码，有的不需要。

很明显，这就不能在一个代码库中进行修改了。如果这么做，那修正了老版本的 Bug 以后就没法发布了，因为也包含新功能的代码，可能还没完成测试。

小李决定，再次扩展现有的 VCS，支持分支的功能！

以刚刚发布的产品为基准，创建一个新的分支 V2.0，原来的分支叫 V1.0。

由两拨人分别在两个分支上进行开发，这样两者互不冲突，V1.0 的 Bug 修改以后就可以发布，不用考虑 V2.0。

到了某个时间点，如 V2.0 开发完成，即将进入测试的时候，需要把 V1.0 分支的代码修改合并到 V2.0 中来。为什么要这么做呢？

如果不合并过来，那 V2.0 岂不还是有老版本遗留的 Bug？

当然，合并的时候有很大的可能会出现"冲突"，需要自动或者人工小心地处理。

如果在 V2.0 开发过程中又有了新的需求，则还可以创建新的分支，只要选择好基于哪个出发点来创建就行了。

分布式管理：给程序员放权

随着电子商务越来越火，越来越多的人也想用小李和小梁的这套软件搭建一个独立的电子商城系统。

小李决定把源码开放出去，让网络上的程序员都参与开发，让电子商城系统发展壮大！

互联网的力量远远超出小李的想象，参与到这个电子商城系统开发的竟然多达几百人。人多了，原来的版本管理系统显得有点力不从心，出现了各种新情况。

首先，有些喜欢"小步提交"的人感到特别不爽，因为版本管理系统的服务器是集中式的，不太稳定，时不时停机，导致他们无法提交代码。

其次，出现了"多人一起竞争"的情况，多人对同一个文件进行了修改，为了获得最新版本，非常麻烦。有时候以为自己拿到了最新版本，但是提交的时候发现还是被别人捷足先登了，所以只好再获取一次最新版本来合并。

还有一些人，喜欢两人之间先交流一下代码，然后再提交到服务器。由于现在没有合适的技术，只好通过 E-mail 把文件发来发去。

但这些都不是最重要的，最重要的是有些程序员的代码没有经过系统测试就提交到主要的代码库，惹了不少乱子。

如果在代码提交之前有人进行代码审批就好了，这样就能够保证代码质量。

之前的代码仓库是共享的，这样就无法解决现在遇到的如图 4-2 所示的问题。

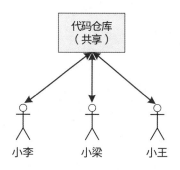

图 4-2　共享的代码仓库

小李突发奇想：要不给每个人设置一个本地私有代码仓库（见图 4-3）？

工作之前先把服务器端的代码全部复制到本地私有代码仓库，喜欢小步提交的人在本机想怎么折腾就怎么折腾，没有网络也可以，只有在必要的时候再提交到集中式的服务器中。

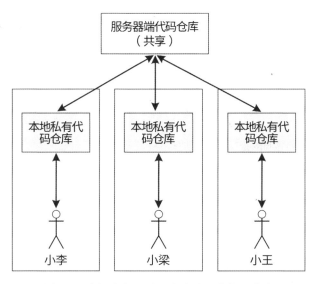

图 4-3　给每个人设置一个本地私有代码仓库

但这么做依然解决不了提交代码时进行审批的需求。

如果心胸再开阔一点，干脆让每个程序员的代码仓库都独立，搞成图 4-4 这样。

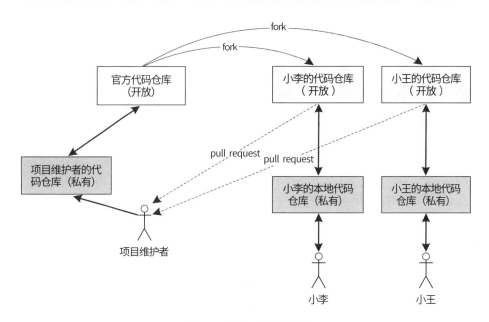

图 4-4　分布式代码仓库

工作流程也得改一改：

（1）官方先设置一个代码仓库。

（2）每个程序员都可以"fork"官方代码仓库，"clone"到本地，做出修改。

（3）修改完以后，不直接推送到官方代码仓库，相反，推送到自己的代码仓库。

（4）通知项目维护者，请求他去拉取自己的修改。

（5）项目维护者在自己的私有代码仓库中获得贡献者的修改，然后决定是否接受这个修改。

（6）项目维护者将最新的改动推送到官方代码仓库。

这样一来大家都轻松了，每个人都有自己的一亩三分地，想怎么折腾就怎么折腾，两个程序员之间也可以通过开放的代码仓库交换代码。

项目维护者终于对代码提交有了"审批"的权利，只把那些优秀的代码纳入官方代码仓库。

小李为新的版本控制系统起了一个神气的名字，叫作 Git。他的内心隐隐约约地觉得 Git 才是版本管理系统的未来，于是决定不再管那个什么电子商城系统，全力投入 Git 的开发中。

【注：分布式版本管理系统除 Git 之外，还有 Mercury、IBM 的 RTC 等】

程序员也爱社交

等到 Git 系统发布以后，小李惊奇地发现，整个开源世界似乎发生了巨变。

之前小李想参与一个开源项目，或者说拿到 committer（提交者）权限是非常难的，你得有很多的积累才行。

有一次，小李发现了 Struts 的一个安全隐患，并且进行了漂亮的修改，但是苦于自己没有提交权限，无法提交到 Struts 的代码仓库中，通过 E-mail 把 Bug 修改发给了 Struts 的维护者，几乎石沉大海。

现在好了，Git 是分布式的，可以创建一个完全属于自己的 Struts 代码仓库，想怎么改就怎么改，完全没有限制。

如果觉得代码不错，就向 Struts 的官方维护者发送一个请求，让他们去合并就可以了。

Git 受到了开源世界的极大好评。

小李决定趁热打铁，进一步降低使用 Git 的门槛，把 Git 用一个 Web 系统包装起来，不但能完成上述基本功能，还要进行一点社交化的创新。

以后每个人都有自己的专属页面，上面能展示自己参与的开源项目、关注的项目、最近一段时间的活动（代码提交等）。

还要像微博那样让大家互相关注，那些推出了好项目、提交了好代码的大 V 就能变成程序员中的明星，就像图 4-5 中这位。

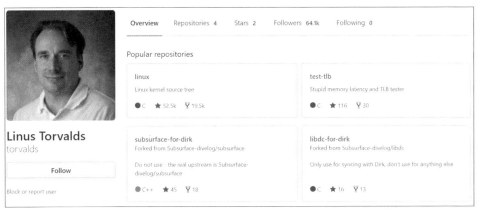

图 4-5　Linus@GitHub

小李决定把这个 Web 版本的源码管理系统叫作 GitHub。

程序员们在 GitHub 上玩得不亦乐乎，关注他人，参与开源项目，合作，分享。慢慢地，开源世界的主要项目都搬到 GitHub 上来了。

连一些著名企业在招聘的时候，都要问应聘者的 GitHub 账号，看看他在上面的活动情况。GitHub 火了。

Build的演进之路

手工 Build 的烦恼

要不是为了和女朋友留在一座城市，小李肯定去北上广奋斗了。

现在他只能留在这座 2.5 线城市，进入这家软件开发公司，七八个人，十来条枪，是一个典型的软件小作坊。

上班第一天，CTO 兼架构师兼项目经理兼开发组长兼 DBA 老张把小李叫去，谆谆教导说："小李啊，我看了你的简历，我对你在公司的发展还是挺看好的。不过，作为新人，你对新业务还不熟悉，没法开发核心系统。这段时间你要一边学习，一边帮着项目完成一项很重要的工作——Build。"

小李心想：又不是外企，你给我拽什么英文啊？虽然心里这么想，但小李还是不动声色、面带微笑地问："这 Build 是什么？"

老张说："我非常忙，没时间给你解释，这儿有一个文档，你看看就知道了。"

说着，老张甩给了他几张纸，补充道："有问题问小王，他比你早来一个月，做 Build 已经很熟练了。"

小李仔细看了一遍，上面写着：

XXX 公司 Build 流程（测试环境）

（1）设置 Eclipse 工作区，编码为 UTF-8，Java 编译级别为 JDK 1.7。

（2）从 SVN 下载最新源码到 Eclipse 工作区。

（3）确保 Eclipse 工作区没有编译错误（有错误先自己解决，搞不定找老张）。

（4）手工修改下面 20 个配置文件：

>   database.properties
>
>   cache.properties
>
>   user.properties
>
>   ……

（5）把 Eclipse 中的 Web 项目导出为 WAR 包。

小王还特别在这里用红色的笔加了标注：Web 项目所依赖的其他 Java 项目也会被自动包含到 WAR 包的 WEB-INF/lib 目录下。

（6）上传到测试服务器，安装。

（7）进行冒烟测试。

小李冷笑了一声：这不就是一个编译、打包、部署、测试的流程吗？还 Build！

正在这时，开发骨干小梁叫小李了："新来的那个谁，噢，对，小李，我改了几个 Bug，马上要测试，赶紧给我做一个测试环境的 Build。"

小李不敢怠慢，立刻按照文档做了一遍，花了将近半个小时才折腾完。

可是到了最后一步——进行冒烟测试的时候，系统却启动不了了！

小李查了好久才发现，原来测试环境的 JDK 是 1.6，但是 Build 文档上写的是 1.7，当然运行不起来了。

小李暗暗地骂前任小王：你小子肯定知道这里有一个坑，怎么不在文档上标注出来？

小李赶紧做了一个新的 Build 放到测试环境里，这次冒烟测试顺利通过了。

刚松了一口气，测试小赵喊道："小梁，你那个 Bug 没有修复啊。"

开发骨干小梁本能地反应道："这不可能！我的代码在本地都测试过了，代码也提交了。"

小梁接着把矛头指向了小李："对了，小李，你的 Build 是不是又搞错了？"

小李心头一惊，赶紧去查，果然，在第（4）步，手工修改配置文件的时候把数据库改错了，指向了开发库，而不是测试库。

赶紧改吧，原来做 Build 的小王也跑过来凑热闹。在前 Build 专员小王、开发小梁和测试小赵三双眼睛的严厉注视下，小李头上都要冒汗了。

还好，第三次终于成功了，所有的测试都顺利通过了。

当然，小李在紧张的忙碌中也忘了去更新那个文档，把 JDK 改成 1.6。

就这样过了一周，小李每天都得战战兢兢地做四五个 Build，技术越来越纯熟，出错越来越少，但每天还是占用了不少时间。

大好年华就要在 Build 中蹉跎了吗？坚决不行！

自动化 Build

小李决定把这个手工的、费事的、容易出错的 Build 自动化，将来不管谁做测试环境的 Build，只需执行一条命令即可。

用什么语言来实现呢？当然是 Java 大法好！小李在大学里修炼了那么久，自认为对 OOD（面向对象设计）、设计模式已经炉火纯青了，现在终于有了用武之地。

小李白天工作，晚上回到住处就开发这个自动化的 Build，每天工作到 12 点才罢休。

但是小李不觉得累，每天都恋恋不舍地去上床睡觉，因为创造一个新工具，造福大家的想法一直激励着自己，有时候甚至觉得很快乐。

一个月后，自动化工具新鲜出炉。这其实是 Java 的一套 API，小李把它称为 BuildTool V1.0，专门用于下载源码、编译、打包、部署、测试。

例如，如果你想编译 Java 代码，可以按照图 4-6 这么写。

小李对于 FileSet 这个抽象很得意，它能代表一个文件集合，既可以是 Java 源文件路径，也可以是 classpath 的路径。

其他的 API 像下载源码、打包、部署、测试也是类似的。

现在小李真的只需执行一条命令，就可以为**测试环境**生成一个 Build：

`java BuildTool test`

小李的工作量一下子减少了很多，并且由机器运行，基本上不会出错。

```
String baseDir = "C:/build/";

//定义源文件集合
FileSet javaSrc = new FileSet();
javaSrc.setDir(baseDir+"src");
javaSrc.setExcludeFiles("*.properties");

//定义编译所依赖的JAR包
FileSet classPaths = new FileSet();
classPaths.add(baseDir+"lib/log4j.jar");
classPaths.add(baseDir+"lib/commons-io.jar");
//添加更多其他JAR包，过程略

CompilerCommand cmd = new CompilerCommand();
cmd.setSrc(javaSrc);
cmd.setDest(baseDir+"classes");
cmd.setClassPath(classPaths);
cmd.setComplierLevel("1.6");

cmd.execute();
```

图 4-6　BuildTool V1.0

小李因为开发了这个自动化的 BuildTool 获得了公司的嘉奖，还涨了工资。

对小李来说，这都不是最重要的，最重要的是通过设计和实现这个 BuildTool，自己的能力有了很大的提升。

自己已经不仅仅是一个只会用 SSH 框架的 HTML 填空人员了！

【注：大部分人只会抱怨项目很无趣、没有挑战，遇到问题也只会安于现状。只有少数人会发现工作中的"痛点"，并且真正动手解决它，给公司带来价值。这是提高自己，让自己和别人区分开来的重要方法】

Java 与 XML

今年的形势大好，公司业务发展得不错，招了一批新人，一下子接了三四个新项目，小李主动请缨，替这些项目建立一个自动化的 Build。

但是小李很快就发现了问题：直接用 Java 语言来编写，功能虽然能实现，但是看起来太烦琐了。

自己写的代码过几天看也得思考一下才能明白。

是自己的 BuildTool API 设计得不好吗？那可是精心设计的啊！

仔细思考了两天，小李终于意识到了问题所在：不是自己设计得不好，是 Java 语言太"低级"了！

自动化 Build 要描述的其实是任务，如编译、打包、部署，是更高层面的东西。

而 Java 是一门什么都能干的通用语言，用它来写肯定引入了太多的细节，导致了阅读和编写的难度！

小李想：能不能开发一套新的、专门为自动化 Build 所使用的语言呢？

【注：这其实就是所谓的领域特定语言（Domain Specific Language，DSL）】

但是开发一套新语言的成本比较高，得不偿失。

小李百思不得其解，直到有一天听到小梁和项目经理在讨论 Hibernate 的配置文件，突然想到像 Spring、Hibernate 都是用 XML 来描述系统的。

"那我的 BuildTool 也完全可以用 XML 来描述啊！"小李赶紧把那个编译 Java 的程序改用 XML 描述了一下。

代码清单 4-1　用 XML 描述 Build

```
<project name="XXX Build">
    <!-- 定义一个base.dir变量,以后可以用${base.dir}来引用 -->
    <property name="base.dir" location="C:/build"/>

    <javac dest="${base.dir}/classes" complierLevel="1.6">
        <src>
            <fileset dir="${base.dir}/src">
                <exclude name="*.properties"/>
            </fileset>
        </src>
        <classpath>
            <fileset dir="${base.dir}/lib">
                <include name="*.jar"/>
            </fileset>
        </classpath>
    </javac>
</project>
```

果然清爽多了！和原来的 Java 程序比起来，这段 XML 几乎就是自解释的！

XML 的可扩展性极强，可以任意自定义标签，如 <javac>、<src>、<classpath>，用它来描述 Build 的逻辑。

唯一不爽的地方就是：XML 无法像 Java 程序那样运行，只是纯文本而已。

不过这也无妨，只要用 Java 写一个解析器，用来解析这些 XML 文件，然后在 Java 中执行就可以了。有了 BuildTool V1.0 作为基础，写一个解析器不是什么难事，不就是再包装一下嘛！很快，BuildTool V2.0 新鲜出炉了。

小李不再帮其他项目组写 Build 程序，因为用 XML 描述以后，大家很快就能学会，并且乐在其中。

CTO 老张看到这个工具，大为赞赏，他跟小李说："别叫什么 BuildTool，太俗，别人听了一点感觉都没有。我帮你起一个名字，叫 Ant。"

"Ant？"小李似乎看到很多小蚂蚁在不辞劳苦地帮着做 Build，心里暗暗佩服老张：这个名字起得太好了，姜还是老的辣！

消除重复

这个 Ant 确实好用，现在不仅仅是小李的公司，连其他公司的朋友听说了，也拿去使用，交口称赞。

只是小李发现了一点奇怪的现象，每个人在开始写新项目的 Ant build.xml 文件之前，都会找到自己说：

"小李，把你的那个 build.xml 文件发给我一份，让我参考一下。"

小李的那份 build.xml 其实是自己项目的第一个 Ant 脚本，为什么大家都要复制它呢？刚开始的时候，小李以为大家不会写，要按照自己的模板照葫芦画瓢。

偶然一次，小李看到了别人项目的 Ant build 脚本，不由大吃一惊，这简直和自己原始的 build.xml 如出一辙！

小李赶紧把公司内所有项目的 Ant 脚本都要过来，仔细观察了一下，很快就发现了这些脚本中蕴藏着一些共同的"模式"，这些模式主要体现在 Build 的步骤上：

（1）从版本控制系统中下载代码。

（2）编译 Java 文件，形成 JAR 包。

（3）运行单元测试。

（4）生成代码覆盖度报告和测试报告。

（5）打包形成 WAR 文件。

（6）上传到测试服务器上，进行安装。

其实这也难怪，实际的 Build 不就是这样的吗？但是中间也有不同之处。

（1）路径不同，例如：

Java 源文件下载后放置的位置不同，五花八门。

编译后的 Java class 文件放置的位置不同。

测试报告放置的位置不同。

WAR 包生成后放置的位置不同。

… …

（2）项目依赖不同，例如：

各个项目依赖的第三方 JAR 包可能是不一样的。

各个项目都有一个 Web 子项目，它依赖其他 Java 项目，所以在创建的时候，要先创建这些 Java 项目才行。

例如图 4-7 中的 OnlineShop，这是一个 Web 项目，它依赖 ApplicationConfig、LoggingFramework、OnlineShopAPI 这三个子项目。

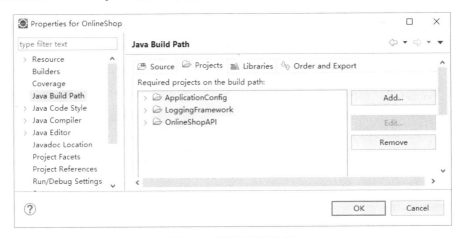

图 4-7　项目之间的依赖

项目依赖毕竟是各个项目的业务所要求的，小李没有办法改变。

但是那些不同的路径真的是必要的吗？能不能让大家的路径保持一致呢？

一个新的主意闪电般划过黑暗的夜空：确实可以保持一致，但是大家都要遵循一定的约定（见表 4-1）。

表 4-1　路径的约定

文　　件	路　　径
Java 源文件	src/main/java
Resource 文件	src/main/resources
Web 应用的源码	src/main/webapp
Java 单元测试源文件	src/test/java
Java 单元测试 Resource 文件	src/test/resources
编译后的 Java class 文件	target/classes

如果大家都这么做，小李就可以增强一下 Ant，只要运行 ant compile，就会自动到 src/main/java 路径下寻找源文件进行编译；只要运行 ant test，就会自动到 src/test/java 路径下寻找测试用例进行编译并运行。

换句话说，**只要遵循路径的约定，大家就不用费心费力地指定各种路径了，一切由工具自动完成**。这样一来，Build 脚本就可以极大地简化，只需寥寥几行即可。

这只是一个 Java 项目，如果多个 Java 项目之间有依赖关系，像上面提到的 OnlineShop 依赖 AppplicationConfig、LoggingFramework、OnlineShopAPI，那该怎么处理？

这也不难，小李想：首先，每个 Java 项目都必须遵循上述约定；其次，需要定义项目之间的依赖关系，也可以用 XML 描述出来。

每个 Java 项目都需要一个名为 pom.xml 的文件，如 OnlineShop 这个项目的 pom.xml 文件内容如下。

代码清单 4-2　　pom.xml

```
<?xml version="1.0" encoding="UTF-8"?>
<project name="XXX Build">
    <!-- groupID,如果公司有多个应用，则可以区分 -->
    <groupId>com.coderising.shop</groupId>
    <!-- 对于OnlineShop这个项目，分配一个ID -->
    <artifactId>online-shop-web</artifactId>
    <dependencies>
        <!-- 定义依赖关系，该Java项目依赖下面的三个Java项目 -->
        <dependency>
            <groupId>com.coderising.shop</groupId>
            <artifactId>online-shop-api</artifactId>
        </dependency>
        <dependency>
            <groupId>com.coderising.shop</groupId>
```

```
            <artifactId>app-config</artifactId>
        </dependency>
        <dependency>
            <groupId>com.coderising.shop</groupId>
            <artifactId>logging-framework</artifactId>
        </dependency>
    </dependencies>
</project>
```

这样一来，工具就能自动找到被依赖的项目，然后进行编译、打包。

此外，各个 Java 项目之间也需要按约定来组织目录，例如：

+- pom.xml

+- online-shop-web

| +- pom.xml

| +- src

| +- main

| +- webapp

+- online-shop-api

| +- pom.xml

| +- src

| +- main

| +- java

+- logging-framework

| +- pom.xml

| +- src

| +- main

| +- java

+- app-config

| +- pom.xml

| +- src

| +- main

| +- java

如果扩展一下，那么第三方的 JAR 文件如 JUnit 也可以用这种方式来描述。

代码清单 4-3 管理 JUnit 依赖

```
<dependency>
    <groupId>junit</groupId>
    <artifactId>junit</artifactId>
    <version>4.11</version>
    <scope>test</scope>
</dependency>
```

想到这一层，小李不禁激动起来，因为第三方的 JAR 管理一直是一个令人头疼的问题，最早的时候大家都是手工地复制来复制去，由于版本不同导致的错误难以被发现。

每个人在建立自己的 Eclipse workspace（工作区）的时候，必须拿到所有依赖的 JAR 包，并且在项目上设置好，非常费力。

如果利用这种声明的办法，那每个人岂不卸下了一只巨大的包袱？

当然，公司需要建立一个公用的第三方 JAR 文件版本库，把公司最常用的第三方 JAR 包都放进去，工具在分析项目的配置文件 pom.xml 的时候，就可以到公司的版本库里读取并且下载到本地。

将来有新人进入公司，只要给他一个 pom.xml，用 Eclipse 导入，就能轻松地把一个可以直接运行的 workspace 建立起来，再也不需要设置那些烦心的 JAR 了。

如果将来在网络上建立公开的软件版本库，任何人都可以从那里下载各种软件包，那受惠的可不仅仅是自己的公司了，而是所有程序员，真是一个激动人心的场景！

不过还是从自己的公司开始吧。小李冷静下来分析了一下：让所有的项目组都使用约定的路径，并且建立一个公司级别的软件库，自己可没有这样的权限。小李去找 CTO 老张求助。

老张不愧是老江湖，听了小李的简要介绍，马上就明白了，并且把这个想法提升了一个高度：

"你这叫**约定重于配置**，知道不？从 Ruby on Rails 开始，这个词就流行开来。大家现在都很忙，Ant build 脚本用着也没问题，先不改了。"

小李还是不死心："可是这么做对以后的新项目大有好处，不用复制烦琐的 build 脚本了，也不用费心地折腾工作区（workspace）了。"

"那也不能现在改，项目进度最重要，大家都没时间。这样吧，等大家闲下来再改动如何？"老张妥协了一下。

可是在公司里基本上不会有空闲的时间，一个个新需求压得大家透不过气来。偶尔有空闲时间，大家也都犯懒了，总是想着休息。

此外，惯性的力量是惊人的，大家都愿意待在舒适区里，不愿意变化，虽然也看到了新工具的好处，但大家都懒得换新的。

时间过得很快，一年过去了，小李看着自己辛辛苦苦加班写出来的 Ant 2.0 还是无人采用，很是伤心。

经过公司的允许，小李决定把这个工具开源。为了和 Ant 区分开来，小李特地起了一个新的名字：Maven。

Maven 迅速被大家用了起来，除了小李的公司。

又过了半年，小李跳槽了。

烂代码传奇

现在你们叫我烂代码，实在委屈我了。在我年轻的时候，那可真是人见人爱、花见花开、气质高贵、身段优雅，无数程序员对我着迷。那个时候你们叫我什么来着？好像是优雅代码、漂亮代码吧。

请注意，虽然被你们称为烂代码，但我是一直在生产环境下运行的代码，支持成千上万的并发访问和计算，所以准确地说，我叫**遗留代码**。

我为什么会变成这样？你们程序员负有不可推卸的责任。如果你看看我的版本管理历史，对，就是 2010 年以前的，那还能看到既年轻又漂亮的我。但也是从那个时候开始，多变的需求、进度的压力、人员的素质、混乱的管理，让我慢慢走上了这条不归路。

我清楚地记得那一天，一名叫小董的程序员奉命开发一项新功能，要对我这一部分代码进行改动，当时有两种方案：一种是对我重构，继续保持优雅的身段，但是工作量比较大；另一种是就地修改，只需寥寥几行代码即可。在进度的压力下，小董为了少加班，没有禁住魔鬼的诱惑，不假思索地选择了后一种方案。

我本来想抗议一下，但是看着他睡眼惺忪的样子，想到他昨晚加班到凌晨 3 点才睡，心就软了。

体谅一下码农，忍了吧，不就多了两三个看起来非常丑陋的 if 分支嘛。

小董的代码被传到了组长那里进行代码评审（Code Review），曾经要求非常严格的组长这时候忙得四脚朝天，根本没时间细看，这段丑陋的代码作为漏网之鱼，轻松地进入了版本管理系统的代码仓库。

心太软的后果很严重，这个丑陋的 if 分支如同我漂亮面孔上的一道伤疤，开了一个恶劣的先例，时刻在诱惑着程序员们：大家都不要有心理负担了，以后想怎么改就怎么改，反正已经开始腐化了！

三天以后，张大胖毫不留情地在这里补了一刀，又是一个丑陋的特殊判断！不过张大胖还算有良心，写了"长达"10 个字的注释，努力地辩解代码的意图。实际上，我的内心非常清楚，这 10 个字完全词不达意，把人带到沟里的可能性是 99.9%。

一周以后，项目进度依然落后，经理招了一大批新人入职，终极"杀人王"小李出现了！

小李是一个典型的使用面向对象语言写面向过程代码的年轻人，刚进团队的时候，他还纳闷地说：这个项目的代码怎么和自己见到的不一样呢？这里的代码读起来怎么这么难理解？

其实他不知道，面向对象的代码由于是针对接口编程的，所以每当你去找接口实现的时候是比较费劲的，比起直接的面向过程代码，读起来是一个不小的障碍。

然后小李便发现了被改得面目全非的我，熟悉的配方，熟悉的味道。他欣喜若狂，举着一把杀猪刀，在我这里大砍大杀，我疼得昏倒在地，在被编译器唤醒以后，看到这数不清的伤疤，我吐血三升，再次晕倒。

拖着伤痕累累的身体，我和伙伴们又进入了编译器，让他把我们编译成二进制代码。这些二进制代码长都差不多，也无法看出曾经的丑陋伤疤，他们乐呵呵地奔向生产系统。

编译器看到我们的疑惑，解释说："你们这些源码主要是给人看的，所以很在乎自己的外表。但是二进制代码是让机器执行的，都是指令而已，根本不用关心长得如何，能执行就行。"

我心里一阵羡慕：二进制代码的生活真好，单纯而快乐。

一年以后，这个系统的源码已经变得凌乱不堪、极难维护了。

有一回，高层领导震怒了：为什么新加一个小小的功能，你们这里都得改一个月？客户可等不及啊，加班！

可是加班也不行，代码太难懂了，这简直就是一片黑暗丛林，程序员通常有去无回。

领导又说了：你们的瀑布开发流程有问题，现在敏捷软件开发很有效，赶紧转型敏捷。

于是敏捷教练来了，看到我们这些烂代码，不禁露出了得意的笑容："看看，和我之前估计的一模一样吧，这么烂的代码你们还想迅速响应市场变化？一定得重构啊！"

可是没有人敢重构我们这些遗留代码。张大胖说："不是不想重构，而是不敢重构，这些代码牵一发而动全身，万一改错了怎么办？"

教练说："想重构必须有测试，你们必须先写测试用例！"

那就写吧，在敏捷教练的指导下，我们开始了轰轰烈烈的单元测试运动。可是刚推进没多久就被迫停止了，因为我们这些遗留代码很难写测试用例，我们经常依赖数据库、网络、文件系统的数据，按照单元测试的做法，需要把它们用 Mock 技术模拟出来，但是要想mock，代码中必须有"接缝[1]"才行。

但是我们这些"烂代码"中哪里有"接缝"？为了提供接缝，必须在没有测试保护的情况下对遗留代码进行修改，这就回到了原始的问题：张大胖他们不敢改啊！

敏捷教练说："张大胖，你们得有勇气做啊。"张大胖说："你真是站着说话不腰疼，万一改错了你又不承担责任，都是我们的错，必须由我们来负责，你拍拍屁股就走了……"

敏捷教练无语，真的走了。有人提议重新写，但是也被否决了，原因是业务这么复杂，重写怎么能考虑到这么多细节，重写出来的代码 Bug 会更多！

于是只好保持现状。三年过去了，开发人员都换了一茬儿，能够透彻理解系统的人几乎没有了。

经历了这么多事，我也就破罐子破摔了，完全不在意自己的相貌了。

有时候，程序员为了理解代码逻辑，翻起了代码的早期版本，惊叹于当时的优雅代码，我也就有机会跟着自我陶醉一下，仅此而已。

敏捷下的单元测试

敏捷运动

张大胖所在的公司正在掀起一场轰轰烈烈的敏捷运动。

似乎一夜之间，每个人的嘴边都挂起了 Scrum、XP、TDD、User Story 等敏捷词汇。

公司要求，每个开发人员必须掌握单元测试这个非常基本的敏捷实践，为此公司还专门组织了单元测试培训。

张大胖自然不能落后，他热情满满地参与了培训，在会议上了解了单元测试的各种好处，学会了 JUnit 这个既简单又强大的测试工具，理解了一个测试用例在执行之前会调用"setUp"方法进行必要的初始化，在执行完毕以后会调用"tearDown"方法进行清理。

1　接缝的概念来自《修改代码的艺术》，是指程序中一些特殊的点，在这些点上无须修改现有代码，只需要写扩展代码就可以达到改动程序行为的目的。Mock 代码通常可以在这里安插。

培训中还特别提到了如何做 Mock 对象，这让张大胖印象深刻：原来那些不存在的或者难以 new 出来的对象（比如访问数据库的对象、访问网络的对象）可以使用 Mock 工具（EasyMock、Jmockit 等）来"造假"啊！

公司还专门定义了什么是优秀的单元测试：

（1）单元测试是"白盒测试"，应该覆盖各个分支流程、异常条件。

（2）单元测试面向的是一个单元（Unit），是由 Java 中的一个类或者几个类组成的单元。

（3）单元测试的运行速度一定要快！

（4）单元测试一定是可重复执行的！

（5）单元测试之间不能有相互依赖，应该是独立的！

（6）单元测试代码和业务代码同等重要，要一并维护！

培训结束了，张大胖信心满满：写单元测试简直就是小菜一碟！

精明的项目经理趁热打铁、不失时机地向大家提出了要求：兄弟们，我听说隔壁组定了一个目标——单元测试的代码覆盖率要达到 70%。我们一定要超过他们，覆盖率要达到 75%！

困惑

张大胖摩拳擦掌，准备大干一场。他打开 Eclipse，开始查看自己之前写的代码，准备全部加上单元测试用例，搞一个代码 100% 覆盖，勇夺覆盖率冠军！

可是第一个小模块就把张大胖给难住了，你看看这代码，action 调用 service，service 调用 dao，dao 里都是 sql，简单的增、删、改、查，这有什么可测试的？

唉，为了代码覆盖率，硬着头皮写吧。按照分层测试的原则，测试 action 的时候把 service 给 mock 出来，测试 service 的时候把 dao 给 mock 出来……但张大胖总觉得不太对劲，总觉得自己是在测试框架，而不是在测试业务代码！

当然，张大胖也遇到了一些有一定业务逻辑的模块，但是这些模块患有重度依赖症，依赖十几个其他模块的接口。为了单独测试它们，张大胖费了九牛二虎之力，做了十多个 Mock 对象才把依赖解除。

但是 Mock 对象过多，协调它们进入一致的状态来正确执行测试十分困难：当接口 1 处于 A 状态，接口 2 处于 B 状态，接口 3 处于 C 状态……并且接口 10 处于 X 状态时，测试才能正确执行。唉，真是不容易啊！

一天下来，这个 Mock 就把张大胖弄得晕头转向。

大胖感慨道：敏捷教练大谈单元测试的好处，可用来展示的都是非常简单的例子，什么计算器、货币转换，现实的代码要复杂得多。

第二天便发生了状况，同组的小李修改了业务代码，却忘记修改单元测试代码，导致很多单元测试失败，那一大片醒目的红色让人触目惊心。

小李去修改单元测试代码，可是怎么都读不懂张大胖的测试用例，他不满地说："大胖，我觉得你的测试代码比业务代码都要复杂，你是怎么写出来的？"

张大胖委屈地说："别说你了，看看这么多的 Mock 对象，我自己都头晕。这该怎么办呢？"

小李也没辙，这样下去，别说业务代码了，光是维护单元测试就把人给累死了。

讨论

他们俩去找项目经理诉苦，经理说："有不少人在谈论这个问题，我们召开一次会议来讨论一下吧！"

项目经理召集了几个经验丰富的骨干专门来讨论这个问题。他先发言：

"我们现在的单元测试进行得如火如荼，我们组做得还是非常好的，其他组遇到的像'单元测试运行慢''单元测试不能重复执行，换一台机器就出错''单元测试互相依赖'等常见问题我们组基本没有，我们遇到的主要问题有两个。

（1）张大胖和小李反映单元测试代码过于复杂，难以维护。张大胖那个 mock 了十多个接口的测试想必你们也看到了。

（2）大家认为有些非常简单的增、删、改、查没必要做单元测试。

如果单元测试维护成本越来越高，那我担心大家会慢慢地抛弃它们。大家一起来想想办法吧。"

老梁说："我做单元测试的时间比较久了，我认为，如果测试代码需要很复杂的 Setup 才能开始测试，那就反映了一个问题——我们的业务代码接口设计有问题！"

张大胖佩服地说："老梁真厉害，一下子就看出了问题的本质。我当时只想着怎么把测试搞定，没想到是业务代码的问题。"

老蔡也附和道："没错，简单的单元测试谁不会啊？关键还是要处理现实中的遗留代码。我们之前有些模块的 API 设计确实有问题，看来到了重构的时候。我们趁着这股东风把一些不好的设计提升一下，这样测试肯定会变得简单。重构的过程基本上就是一个重新设计的过程，这可是一个学习的好机会啊。"

张大胖说："我也了解过一些重构，正好练习一下。"

大家都表示同意，只是项目经理为难地说："重构可能会很费时间，还有可能引入新的Bug，测试也要介入，这样做会不会影响我们的进度？"

老梁说："这也是没办法的事情，如果不重构，不要说单元测试了，就连我们的代码都可能今天被贴一个补丁，明天再被贴一个补丁，慢慢地腐化下去，越来越难以维护，最后无人能懂、无人敢改，维护成本可是天价了。"

张大胖说："没事，为了学习，我愿意加班来做。"

经理赞赏地看着张大胖，心想："这孩子不错，挺上进的，年终考核的时候得倾斜一下。"

"好吧，就这么决定，"经理说，"大胖，相关的重构你来做，有问题请教老梁和老蔡吧！"

"那增、删、改、查到底要不要测试？"

老梁说："我那天仔细思考了一下，这些代码没有逻辑，就是一层调用一层，我觉得做单元测试的必要性不大。"

"如果不测试，那怎么保证正确性呢？我们的代码覆盖率也肯定达不到 75% 了。"张大胖说。

"没有必要特别追求代码覆盖率。要不这样，"老蔡说，"对于这样的代码，咱们就不要做单元测试了，还是通过自动化的功能测试来覆盖。"

"嗯，我觉得这样可行，功能测试可以由开发人员来写，也可以由测试人员来写。"项目经理说。

老梁说："同意。还有一点建议是，之前都是程序员在自己的机器上运行单元测试，以后要把运行的过程加入自动化的 Build 当中，包括单元测试和功能测试，作为重要的质量保证。"

一年以后

经过团队艰苦的努力，张大胖所在的项目组通过单元测试和功能测试编织起了一张密密麻麻的安全大网，不管多么微小的变动，都有测试用例做回归测试，现在大家需要改动代码时比原来自信多了。

更重要的是，对关键的核心代码进行了重构，接口 API 变得越来越好，代码易读、易维护，没有了脏代码的羁绊，新需求实现起来也更加容易。

张大胖感慨道："实现了自动化的单元测试，我们确实变得更敏捷了。"

别人问他是怎么做单元测试的，张大胖说："告诉你吧，关键就在于如何处理遗留代码！"

后记：以上内容描绘了一个实现自动化单元测试的理想项目组，但在实际情况下，很多公司都是浅尝辄止，没有精力和时间去完成代码的重构，单元测试变成了鸡肋，最后还是被废弃，回到老路子上去了。

再见！Bug

俗话说：源码之前，了无秘密。张大胖第一次看到知名产品的源码，不禁倒吸了一口凉气：这和想象中的也差得太远了吧，这 JSP 竟然长达上千行，那 Java 类的方法也凌乱不堪，尤其是随处可见的注释。

//Fix Bug #39587：一个组里可以有多个管理员。

//Fix Bug #58743：解决在 360 浏览器下极速模式的显示问题。

//Fix Bug #35672：搜索用户时需要支持汉语拼音。

//Fix Bug #58304：不允许两个用户同时登录手机端。

……

想象中那优美的架构、简洁而富有表现力的代码，以及各种各样的设计模式…… 这种美好的东西在哪里呢？

产品的界面美轮美奂，谁能想到后台的代码竟然如此的丑陋？！

张大胖感到深深的失望，甚至有深深的被欺骗感。

正在这时，项目经理过来了，对他说："大胖，给你派一个活儿吧，改一个小 Bug，就算作熟悉项目的热身，有问题问你的师傅老李，他很有经验。"

老李很热心，关照了一下新来的徒弟，专门花了半天时间给他讲了讲业务知识和整体的技术架构，还很贴心地讲了一下这个 Bug，接下来就需要张大胖自己去行动了。

张大胖没有了师傅的陪伴，只能自己去追踪这个隐藏的 Bug。他小心翼翼，确切地说是战战兢兢地在黑暗的代码丛林中穿行，到处都是毒刺，到处都是陷阱，一不小心就会掉进去。

经历了千辛万苦，身上被划得遍体鳞伤之后，他终于找到了 Bug 的踪影。但他还是不放心，请师傅看了一下，确认是 Bug，这才动手去修改。

修改的过程又是一次炼狱，仔细地翻开代码，避开那些不知道是谁在什么时候写的含义不明的变量，定位到一个奇怪的代码分支，加了一个判断，修复了 Bug，这才松了一口气。

让师傅审查一下代码，老李表示了赞许，但是又提了一个恐怖的要求："大胖，你看这个 Bug 周边的代码实在太乱了，顺便重构一下吧！"

这个要求对张大胖来说无疑是五雷轰顶："师傅，你还是饶了我吧。"

老李笑了："走吧，先去吃饭。"

公司餐厅的饭菜还算可口，但是张大胖心中一直想着那个问题，都没有品出啥滋味。

他小心翼翼地问老李："咱们这个项目的代码质量好像不怎么样吧？和我想象的差距比较大。"

老李说："你还算是运气好的，我 5 年前刚进项目组的时候更差呢。"

张大胖觉得不可思议，鼓起勇气说："怎么可能呢？我觉得现在已经够烂了，最好的办法就是推倒重来。"

"我刚开始也是这么想的，干脆另起炉灶，重新写一版得了。可是新需求一个个地来，一直没有时间去写。后来我下定决心，在业余时间自己做一下试试！"

张大胖说："那后来的结果怎么样？"

"在技术上倒是没有遇到什么困难，但是在业务上我发现自己理解得还远远不够。你别看我们的代码烂，它可是在生产环境下运行的代码，每天有无数用户在用，经历了这么多年的严酷考验，已经把系统中方方面面的 Bug，尤其是一些深层次的 Bug 暴露得差不多了，也改得差不多了。你上午看到了很多 Fix Bug 这样的注释，每个注释和对应的修改都是无数前人心血和时间的结晶，这里面有多少加班和熬夜你知不知道？你如果从头再来，能保证考虑到这么多种情况吗？能保证把边边角角、犄角旮旯儿的东西都包括进去吗？"

张大胖呆住了，自己确实没有想到这一层，在学校里老师就一直说软件的复杂性，尤其是复杂在细节上，看来就体现在这里了。

张大胖看代码的时候也顺便瞄了一眼 Bug 库，真是蔚为壮观，有很多看起来微不足道、匪夷所思的 Bug。

老李接着说："每个程序员都梦想从头写一个东西，不愿意读别人的代码，甚至同行相轻，瞧不起别人的代码。但实际情况是，自己重写一遍，不见得能比现在已经运行的代码好到哪里去，甚至更差！除非你了解了所有的细节，用大量的时间仔细规划、小心编程，但是现实中哪有时间让你这么玩啊？"

张大胖有点儿不服气："难道大家都这样？没有公司能推倒重来？"

"有,但我听说过的极少,要么业务发生了变革,要么技术进行了转型,如从 C/S 转到 B/S,"老李回答,"这也是我要求你去做重构的原因。既然我们没有办法推倒重来,还不如承认现实,脚踏实地,从当下做起,慢慢地重构代码,让代码的质量朝着更好的方向发展。"

"这就是所谓的革新,而不是革命吧!"张大胖感慨道。

吃过饭,张大胖回到座位上老老实实地重构代码去了。

第**5**章

我的编程语言简史

JavaScript：一个草根的逆袭

是的，我就是鼎鼎大名的 JavaScript，典型的"高富帅"，前端编程之王，数以百万计的程序员使用我来编程。如果你没有用过我，就太落后了。

不过，当我是一个草根时，真的没有想到能发展到如今的地位……

出世

我出生在上古时代的浏览器 Netscape 中，那个时候的网页真是乏善可陈，你可能都想象不到，主要是一些丑陋的静态文本和简单的图片，和现在美轮美奂的页面相比，差得实在太远了。不信请看当年著名的 Yahoo! 网站，如图 5-1 所示。

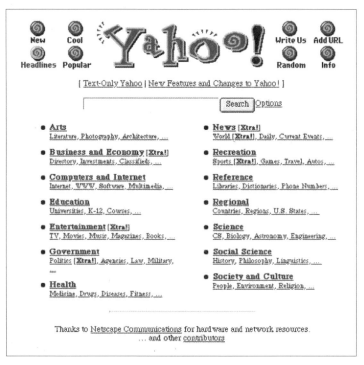

图 5-1 Yahoo! 网站

那个时候人们还在用 Modem（调制解调器）通过电话线拨号上网，每次拨号都有一种吱吱啦啦的声音，就像拿一块铁片努力地刮一只锅底，让无数人抓狂不已。

这还不算什么，网速只有 28.8kbit/s，下载一个网页都得耐心地等待半天。

我的主人 Brendan Eich 有一回用公司的 Netscape 上网购物，需要注册用户，填了一个表单，单击了提交按钮，等待了 38s，然后服务器告诉他："对不起，您忘了选择性别！"

他几乎要崩溃："怎么能够这样！这么简单的问题浏览器怎么不告诉我，还得让我把数据提交到几千公里以外的服务器网站，然后在那里检查才能发现问题吗？！"

对浏览器进行改革势在必行！

于是 Brendan Eich 去找老板："我实在受不了了，我需要一种脚本语言运行在浏览器中，帮助我完成这些本来就应该在浏览器中完成的任务。"

老板："我们 Netscape 公司也早有此意，要不你来设计一个吧？"

Brendan Eich："好啊，你听说过 LISP（确切地说是 Scheme）吗？当今最高级的编程语言，我们公司何不把 LISP 运行在浏览器中呢？"

老板："LISP 有谁会用啊？"

Brendan Eich："……"

老板："我们正在和 Sun 公司合作，你听说过他们刚发明的 Java 吗？那个运行在浏览器中的 Applet 简直酷毙了，Java 肯定是未来的网络语言。所以你开发一门新的语言出来，要和 Java 足够相似，但是要比 Java 简单得多，这样那些网页开发人员就可以用了。"

我的主人 Brendan Eich 很郁闷，但是也没有办法。他对 Java 毫无兴趣，为了应付公司的任务，他只花了 10 天就把我设计出来了。对了，我本来叫 LiveScript，但是为了向"万恶"的 Java 示好，我竟然被改成了 JavaScript！

由于设计时间太短，我的一些细节考虑得不够严谨，导致后来很长一段时间用 JavaScript 写出来的程序混乱不堪。如果主人能够预见到未来这种语言会成为互联网第一大语言，全世界有成千上万的学习者，那他会不会多花一点时间呢？

成长

Java 是当时的明星语言，年轻、活力四射，他经常嘲笑我："你小子到底是一门计算机语言吗？"

我说："是啊，我的语法和你的差不多呢！"

Java："你为什么只能在浏览器中运行？你能写一个程序单独运行吗？你能读取一个文件吗？"

我当然读取不了文件，我生活在浏览器里，用我写的程序只能嵌入 HTML 网页中，由浏览器来执行。他们给这个执行模块起了一个很有动感的名字：JavaScript 引擎。

我于是反击 Java："我有一个引擎你知道吗？"

但是 Java 轻松地就把我打翻在地："我还有一个虚拟机呢！"

年长的 C 也问我："你怎么不编译运行啊？你看我编译以后，变成机器语言，运行得多快。"

我说："省省吧，如果每个页面打开后都先编译 JavaScript，那多慢啊。"

不仅仅是 Java 和 C，包括 VB、Delphi 等当时流行的语言都瞧不起我，背地里叫我"草根"。

也是，我没法独立运行，也不能像 VB、Delphi 那样画出漂亮的界面，我能做的就是操作 HTML 的 DOM 和浏览器。

你可能不知道 DOM 是什么，这么说吧，浏览器从服务器那里获取到 HTML 网页以后，会展示成页面，但在他的内部其实会把 HTML 组织成一棵树，这棵树可以被称为 DOM。例如这个页面：

代码清单 5–1　Hello World HTML 版本

```
<html>
 <head>
   <title>一个简单的页面</title>
 </head>
 <body>
   <p>你好，我是HTML</p>
 </body>
</html>
```

DOM 树会长成图 5-2 这样。

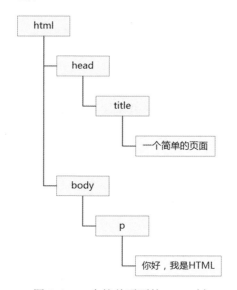

图 5–2　一个简单页面的 DOM 树

有了这棵树，我就能大展身手了。我可以定位到 DOM 树中的任意一个节点，然后对这个节点进行操作，如隐藏节点、显示节点、改变颜色、获得文本的值、改变文本的值、添加一个响应点击事件的函数等，几乎可以为所欲为了。

更重要的是，这些操作可以立刻展示出效果来，你完全不用刷新网页。

注意：这些操作完全是在内部进行的，HTML 源码并不会改变。所以，有时候你打开 HTML 源码，会发现这些源码和你在浏览器中看到的效果并不一致，那是因为我在背后改变了这棵 DOM 树。

这样一来，我的主人 Brendan Eich 最初遇到的问题简直就是小菜一碟了，做一个简单的表单验证，太简单了。

不只是操作 DOM，我还能控制浏览器，比如打开窗口，在一个窗口内前进、后退，获得浏览器的名称、版本等。

你可能要问了：为什么还要获得浏览器的名称和版本呢？

说起来惭愧，在 Netscape 和 IE 进行浏览器之战期间，他们争相在自己的浏览器中支持 JavaScript。并且为了锁定程序员，他们还开发了很多自己浏览器的独特功能，有些功能只能在 IE 中使用，而有些功能只能在 Netscape 中使用，所以必须判断是什么浏览器，才能进行特殊处理。

不管怎么说，我的这些本事让浏览器中的网页变得更加动态、有趣好玩了。

但仅限于此，我被困在浏览器和网页上，别的什么也干不了。

用 Java 的话来说："这些都是雕虫小技，只是一个挂着我的羊头卖狗肉的草根而已。"

第一桶金

互联网的发展超出了所有人的预料，我被应用在几乎每个网站上，但我一直很苦闷：我作为一门语言，仅在浏览器中运行，没法像 Java 那样访问网络，也就没有办法调用服务器端的接口来获取数据。

用户只能通过 GET 或者 POST 向服务器发送请求，这时候服务器返回的数据是整个页面，而不是页面中的一个片段，也就是说整个页面都得刷新一遍，哪怕页面中只有一个文字的改变。

1998 年，我和积极进取的 IE5 举行了一次会谈，双方就共同关心的话题深入地交换了意见，最后一致同意，在 IE5 中引入一项新的功能：XMLHttpRequest。这项新功能将允许我直接向服务器发起接口调用！

每当发起接口调用时，IE5 通常会这么说：

"小 JS 啊，来，你拿这个用户名和密码访问一下服务器端处理登录的接口，这个过程很费时间，我就不等你了，先干别的事儿去了。你得到服务器端的返回数据以后，一定要记着调用一下我给你的这个函数啊。"

我知道这其实叫作异步调用，于是就乖乖地通过 XMLHttpRequest 访问那个登录的 URL，耐心地等待服务器干完活儿，把数据传输回来，然后我就去调用那个函数，基本上就是把 DOM 树中的某个节点更新一下，例如，让那个包含用户名和密码的登录框消失，再附加一条提示消息：登录成功！这事儿我擅长。

如果服务器处理和网络速度都足够快，用户就会发现：咦，我没有刷新整个页面，竟然已经登录了。

我和 IE 都没有料到，这项功能带来了一场革命：这种方式可以使得网页局部刷新，让用户浏览网页的体验极佳，尤其是 Google 地图、Gmail 等应用让互联网应用火了起来。

其他浏览器也迅速跟进，实现了类似功能，各种各样交互性极佳的网站如雨后春笋般涌现。

VB 和 Delphi 慢慢地不再嘲笑我了，因为他们绝望地发现，他们擅长的桌面应用慢慢地被搬到了互联网上，没人再喜欢他们了。

我，JavaScript，挖到了第一桶金，开始走向人生巅峰。

发明 JSON

后来有一个好事之徒把上面的那种处理方式称为 AJAX，即 Asynchronous JavaScript And XML（异步 JavaScript 和 XML）。其实异步挺好的，但是 XML 就很不爽了。

比如，服务器返回了下面这段 XML。

代码清单 5-2 XML 片段

```
<book>
    <isbn>978-7-229-03093-3</isbn>
    <name>三体</name>
    <author>刘慈欣</author>
    <introduction>中国最牛的科幻书</introduction>
    <price>38.00</price>
</book>
```

真正的数据很少，标签（如 <name>）反而占了大头，把数据都给淹没了。

我对 XML 说："你是不是太臃肿了？传输起来多费劲啊。"

XML 说："你这就不懂了，这样很优雅，格式化良好，人可以读，程序也可以读。"

"还优雅呢，无用的数据这么多，我还得用 XML 解析器来解析你，费了大劲了！"

"你真是草根啊，连解析都搞不定。你看人家 Java，用我用得多顺手，Spring、Struts、Hibernate……几乎所有的配置文件都是我。"

Java 也在一旁帮腔："是啊，我解析的时候还用 DTD 做校验，看看 XML 数据合不合法。"

我无语。

记得 CPU 阿甘说过：既然改变不了别人，那就改变一下自己吧。

　　我看了看我的语法，里面有一个叫对象的东西，它有一对花括号，在花括号内部，对象的属性以名称和值对的形式（name : value）来定义，属性由逗号分隔，就像这样。

代码清单 5-3　JSON 片段

```
var book = {
    "isbn": "978-7-229-03093-3",
    "name": "三体",
    "author": "刘慈欣",
    "introduction": "中国最牛的科幻书",
    "price": "38.00"
}
```

　　这种结构完全可以表达上面的 XML 内容！

　　我的语法还支持数组，这样表达多个对象也不在话下。

代码清单 5-4　JSON 数组

```
var books = [
 {
    "isbn": "978-7-229-03093-3",
    "name": "三体",
    "author": "刘慈欣",
    "introduction": "中国最牛的科幻书",
    "price": "38.00"
 },
 {
    "isbn": "978-7-229-03094-1",
    "name": "我是一个线程",
    "author": "刘欣",
    "introduction": "一个线程的自述",
    "price": "0.0"
 }
]
```

　　数组和对象都支持嵌套，任何复杂的结构都可以保存！

　　更重要的是，如果采用这种结构，那我根本不用什么 XML 解析器去解析，它就是我语言的一部分，直接拿来用即可。

　　books[0].name →返回"三体"

　　books[1].introduction →返回"一个线程的自述"

生活不要太爽啊！

我把这种简洁的格式叫作 JSON，并且和服务器约定，我们以后都用 JSON 来传输数据。

至于 XML，还是让 Java 这样的老学究去用吧！

人生巅峰

HTML 负责结构，CSS 负责展示，而我（加上 AJAX、JSON）负责逻辑。

于是，前端编程"三剑客"形成了。

ExtJS、prototype、jQuery 这些框架把前端编程推向了另一个高峰。

甚至出现了 AngularJS 这样的奇葩，实现了 SPA（单一页面应用程序），实在难以想象。

我对 Java 说："Java 兄，现在我完全可以在浏览器端实现 MVC 了，你只需要在服务器端通过接口给我提供数据就行了。"

但 Java 还是给我泼了一盆冷水："别得意忘形了，服务器端才是核心，要不你到服务器端试试？"

我很诧异："服务器端？我还真没有想过，住在 64GB 内存、32 核的 CPU 这种拥有几乎无限资源的机器上是什么感觉？"

"感觉没你想象的好，"Java 没好气地说，"多线程编程，很多东西都要加锁，一不留神就掉到坑里。我这里基本上一个请求就由一个线程来处理，遇到数据库操作，虽然慢得要死，但线程也得等待。"

"那不能改成异步操作吗？像我的 AJAX 一样，等数据来了再通知我。"我问 Java。

"不行，码农一开始就把我写成这样，现在改不了。"

把 JavaScript 放到服务器端执行会怎么样？这个想法是够疯狂的。

首先得把浏览器端的运行环境，也就是 JavaScript 引擎移到服务器端，这个引擎执行 JavaScript 必须足够快，要不 Java 还不得笑死我。

原来的引擎一直不合格，直到 Chrome V8 的出现，才解决了问题。

其次得绕开 Java 服务器的问题：线程遇到 I/O、数据库、网络这样的耗时操作，不能等待，需改成异步处理。

但的确有人这么做了，在我的创始人 Brendan Eich 发明了我十几年以后，又一位高手 Ryan Dahl 于 2009 年真的把我放到了服务器端，这就是 Node.js。

这下 Java 无话可说了，虽然他还是对我在服务器端执行持怀疑态度，但越来越多使用

Node.js 的网站证明，JavaScript 的确可以在服务器端立足，并且有一个巨大的优势：前端和后端都用同样的开发语言，那就是我 JavaScript！

原来的前端开发现在竟然也可以毫无障碍地写后端的程序了，成了所谓的"全栈工程师"！

这就是我，一个草根的逆袭，我的创始人绝对想不到十几年后我能成为这么一个"高富帅"。我估计他在夜里经常会想："唉，当年太仓促了，我要是把 JavaScript 设计得更好一点就好了。"

Node.js：我只需要一个店小二

在美丽的七侠镇上有一条美食街，很多著名的饭店都开在这里，有老字号的 Apache、PHP，最近几年火热的 Ruby on Rail，还有那些重量级的餐饮集团 WebSphere、WebLogic 等。

这些饭店老板根据自己的实力，或多或少地雇佣了一些店小二来招待顾客。这些店小二干活儿都非常殷勤，没有一个偷奸耍滑，把顾客招待得舒舒服服，所以平日里饭店运转得还不错，相安无事。

但是随着《武林外传》的拍摄和播放，七侠镇的旅游业大爆发，游客像潮水般蜂拥而至。现有的店小二招待不过来了，到了饭点，每家的门前都排起了长队，游客们吃不上饭，个个怨声载道。

看到这种情况，有些老板咬了咬牙，在人工费不断上涨的情况下，多雇了一些店小二来帮忙，无奈总是赶不上顾客增长的速度。

某一天，一个美国人来到七侠镇旅游，也遇到了吃不上饭的问题。他仔细分析了一番后，发现了一个秘密：原来这些店都采用了一种叫作"全程贴心服务"的模式。这种模式很有意思：

客人来了以后，马上有一个店小二殷勤地迎上去，带着找座位，点菜，给后厨下单。

由于后厨做菜需要很长时间，所以店小二就站在客人的旁边等着。

后厨一摇铃铛，大喊一声：上菜！店小二马上把菜端到客人面前，然后站在一边等着客人吃完。

客人说：结账！小二收钱，找钱，送客，迎接下一位。

通常这个时候门口都排了好几百人！

这种 VIP 服务实在太贴心了！但其导致的结果也很明显，饭店有几个店小二，就只能同时接待几位顾客。

（当然，现实中是没有饭店这么做的，否则就等着关门吧）

这个美国人一声不吭地回去了。

过了几个月，美食一条街上出现了一家无比火爆的饭店：Node.js。

虽然这家饭店中人满为患，但门口竟然没有排队的！

更让人吃惊的是，这家店声称：我只需要一个店小二！

Node.js 这个美国人开的饭店确实只用了一个店小二，只不过这个小二干活儿的方式与众不同，他把所有的工作分为两类：

（1）马上就能干完的，如迎客、点菜、找座、下单等。

（2）需要等待别人干完才能干的，如厨师做完菜以后"上菜"、顾客吃完后"结账"。

对于第一类工作，店小二毫不犹豫，马上干活儿。

对于第二类工作，店小二不会等待，他只是告诉别人，"你弄完了告诉我一声，我会接着干"，然后马上去做第一类工作。

客人来了以后，这个店小二殷勤地迎上去，带着找座位，点菜，给后厨下单。

由于后厨做菜需要很长时间，所以店小二闪电般地离开，去干别的活儿了，可能是迎客、点菜、找座等，总之是那些不用等待、迅速干完的活儿。

后厨大喊一声：上菜！店小二马上把菜端到客人面前，然后离开，干其他活儿。

客人说：结账！店小二收钱、找钱，然后迅速闪人，干其他活儿。

这个唯一的店小二的能力被发挥到了极致，一刻不停，闪电般地在饭店里跑来跑去，因为老板明确地告诉他：不要等！

Node.js 饭店的基础设施很强大，一旦那些耗时的操作完成，店小二立刻就能知道，飞奔过来接着干；如果遇到新的耗时的操作，那店小二会毫不留情地离开。

就这么简单，Node.js 饭店火了，它同时接待客人的数量大大增加，而服务质量保持基本不变。

这是我杜撰的一个不成熟的故事，帮助大家来理解 Node.js 的特点：只用一个线程来处理所有请求，由事件驱动编程。

如果我们拿饭店和计算机系统相对比，就会更加清楚，如表 5-1 所示。

表 5-1　饭店和计算机系统的对比

饭　　店	计算机系统
店小二	线程
顾客	HTTP 请求
第一类工作（迎客、找座、下单）	在服务器端的代码，能够快速执行
后厨做菜 客人吃饭	耗时的 I/O 操作（数据库读 / 写、RPC 调用等）
后厨大喊一声：上菜 客人说：结账	长时间的 I/O 操作完成后所发出的事件
第二类工作（上菜、结账）	同样是能快速执行的代码，但是它们需要等待那些耗时的 I/O 操作完成才能开始，确切地说，在收到系统发出的事件以后才开始执行。在 Node.js 中，实际上是在回调函数中执行的

下面是 Node.js 服务模式的伪代码。

代码清单 5-5　Node.js 服务模式的伪代码

```
迎客();
找座();
下单();
后厨处理("做菜完成事件", function(){
    上菜处理();
    客人吃饭("吃饭完成事件", function(){
        结账处理();
        送客();
    });
});
```

需要引起注意的是：

（1）"后厨处理 ()"这个函数接收两个参数，其中一个是事件名，另一个是匿名的回调函数。只有事件发生后，回调函数才会执行。

"客人吃饭 ()" 函数也是如此。

Node.js 使用 JavaScript 作为服务器端的编程语言，这种回调的方式对于 JavaScript 程序员来说是非常自然的事情，同时从代码的角度来讲，也显得非常清晰。

另外，Node.js 使用 Chrome V8 引擎来执行 JavaScript，效率非常高。

（2）我们能不能把代码写成下面这样？

代码清单 5-6 店小二的错误处理

```
迎客();
找座();
下单();
后厨处理("做菜完成事件", function(){
    上菜处理();
});
客人吃饭("吃饭完成事件", function(){
    结账处理();
});
送客();
```

肯定不行！因为 Node.js 在执行"后厨处理 ()"函数时，只是在那里安插了一个匿名的回调函数，并不会等待（非阻塞 I/O），反而马上会执行"客人吃饭 ()"函数，所以上述写法会引起逻辑上的错误：还没上菜就开始吃饭了！

所以，习惯了"顺序阻塞 I/O"的我们需要改变一下思维方式，进入事件驱动的世界中。

（3）如果某个操作如"上菜处理"是一个 CPU 密集型的计算任务，那么 Node.js 那个唯一的线程就会忙于执行这个计算任务而无法响应其他的请求，由此带来的后果很严重：整个服务器都无法响应！这时候需要考虑把这样的代码进行异步处理，也变成 Node.js 所擅长的事件驱动的方式。

C老头儿和Java小子的硬盘夜话

这是一个程序员的电脑硬盘，在一个叫作"学习"的目录下有两个小程序，其中一个叫作 Hello.java，另一个叫作 hello.c。

Hello.java 自视甚高，有点看不起老派的 hello.c，经常叫他"C 老头儿"。

hello.c 也瞧不起"嚣张"的 Java 程序，也给他起了一个绰号——Java 小子。

但是这个目录下没有其他人，每到深夜，主人睡去以后，就是无边的黑暗和无尽的孤独。尽管互相看不顺眼，但 C 老头儿和 Java 小子还是得聊聊天解闷儿。

"老头儿，我听说你们 C 语言在诞生的时候也是以可移植性著称的？"Java 小子率先发难，明显是话里有话、笑里藏刀。

可移植性是 Java 最引以为傲的亮点，"编写一次，处处运行"可不是说着玩儿的。他决定以己之长，攻彼之短，先给 C 老头儿挖一个坑，等他入坑后再羞辱他一番。

"哪里，哪里，我们可比不上你们 Java。"没想到 C 老头儿竟然不跳坑，Java 小子的招数被化于无形。

"那你们怎么号称可移植性好啊？难道在 Windows 平台上开发的程序能运行在 Linux 上？"Java 小子心有不甘，继续穷追不舍。

"我们那是代码的可移植性，而不是程序的可移植性。比如，像我这个 hello.c 既可以在 Windows 上编译运行，也可以在 Linux 上编译运行，完全不用修改代码。"

代码清单 5-7　hello.c

```
#include <stdio.h>
int main(){
    printf("hello world\n");
    return 0;
}
```

Java 小子感到很吃惊，这是**一次编写到处编译**啊，好像不比自己差。他觉得有点沮丧，看来这一板斧砍不下去了。

可是转念一想，hello.c 只是一个非常简单的程序，在 Windows、Linux 上都有它的编译器和标准程序库，那肯定可以移植了。如果使用了系统平台的接口呢？

"你如果调用了 Windows 平台的 API，例如，创建一个线程，那拿到 Linux 上怎么办？"

"那我们 C 语言就用条件编译。"C 老头儿早就料到 Java 小子会这么问。

代码清单 5-8　条件编译

```
#ifdef _WINDOWS_
    CreateThread(...);  //Windows
#else
    Pthread_create(...); //Linux
#endif
```

"哈哈，有没有搞错，这么麻烦啊？源码中有这么多古怪的 #ifdef，程序员们还不得累死？"Java 小子终于抓住了 C 老头儿的把柄。

"这已经很不错了，在我们 C 语言刚刚诞生的时候，也就是 20 世纪 70 年代，根本没有什么 Java 虚拟机之说，没有什么抽象层能屏蔽底层的平台 API，可不得辛苦程序员？"C 老头儿说得很客观，Java 小子的嚣张气焰消失了一大半。

"那 C 语言怎么不与时俱进，也搞一个虚拟机呢？"Java 小子异想天开。

"这你就不懂了，C 语言生来就是做系统级编程的，就是要贴近硬件，追求性能和效率，弄一个虚拟机，我怎么去直接操作内存、和硬件交互？对了，我们可以用指针直接操作内存，效率极高，你的 Java 就不行了吧。"

"Java 当然没有指针了，那玩意儿太容易出错，也容易出现漏洞，我们的 James Gosling 老爹一直禁止我们直接操作内存。"

"我们 C 语言一旦编译链接以后，就成为一个可以独立执行的程序了。而你呢，只是变成一个 Hello.class 而已，没有虚拟机，你都运行不了。说得难听一点，就是一只寄生虫。"C 老头儿不动声色，开始组织反击。

Java 小子表示无言以对。

"还有，我的 hello.exe 一旦运行，那就是一个独立的进程，拥有一个独立的地址空间，被 CPU 独立调度；而你的 Hello.class 什么都不是，Java 虚拟机（java.exe）才是一个进程，Hello.class 被装载以后只能在这个进程里作为一个线程来运行，生活的空间也就是什么方法区、堆……这境界也差得太远了吧。"

姜还是老的辣，C 老头儿招招致命。

"等等,你刚才说了一个什么词来着？链接？这是什么鬼东西？"Java 小子抓住了一根稻草。

"链接你都不懂？真够老土的！简单来说是把一个符号和这个符号的地址绑定起来。"

"我们 Java 世界没看到什么链接，你那个定义太抽象了，没人能听懂！"

C 老头儿心里鄙视了一下 Java 小子，所学果然浅薄，盘算着举个例子来说明一下什么是链接。

"你知道编译是怎么回事儿吗？"C 老头儿打算另辟蹊径、迂回包抄。

"那我肯定知道啊，我这个 Hello.java 经过编译以后，不就变成 Hello.class 了吗？"

"我们 C 语言的程序经过预处理、编译、汇编等步骤以后，能变成一个叫作'目标文件'的东西（见图 5-3）。"

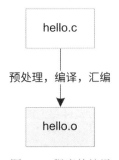

图 5-3　程序的编译

"假设我这个 hello.c 程序又调用了 cal.c 中的函数 add。"

代码清单 5–9　调用 add 函数的 hello.c

```c
#include <stdio.h>
int add(int a,int b);
int main(){
    add(10,20);
    printf("hello world\n");
    return 0;
}
```

代码清单 5–10　calc.c

```c
int add(int a,int b){
        return a+b;
}
```

"那就会生成两个目标文件：hello.o 和 cal.o（见图 5-4）。"

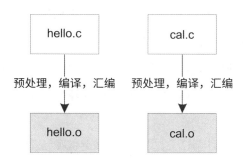

图 5-4　两个 C 语言程序的编译

Java 小子问道："难道你这个 hello.o 不能执行吗？"

"那肯定不能执行，你看那个 add 函数的定义在 cal.o 这个目标文件中，在 hello.o 中根本就没有，怎么执行？所以编译器只好在 hello.o 中记录类似这样的东西：hello.o 中需要调用 add 函数，但是这个函数的实际地址不在本文件中，链接的时候需要找到实际地址，把它给替换掉！替换的过程就是一个重定位的过程，这一步做完了，才可以执行（见图 5-5）。"

Java 小子说："不对吧，假设我也调用了另一个类 Calculator.java 中的 add 函数，我们俩编译以后生成两个 .class 文件，这两个文件完全独立（见图 5-6），不用做链接，直接就可以运行啊。"

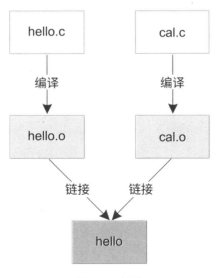

图 5-5 链接

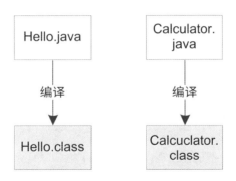

图 5-6 Java 程序的编译

"你们肯定会做链接,只不过这个链接不是在**编译期**做的,而是在**运行期**做的。等到 Hello.class 被装入你的 Java 虚拟机运行的时候,就会发现有一条指令要调用 Calculator.java 中的 add 函数,这时候就需要装载 Calculator.class,找到 add 函数来调用执行。这也是一种链接,只不过是运行时的动态链接而已。"C 老头儿进行了总结陈述。

Java 小子现在明白了 C 老头儿所说的链接的含义:把一个符号(add 函数的名称)和这个符号的地址(add 函数的真正地址,那里有 add 函数的指令)绑定起来。

"这老头儿还挺厉害嘛!" Java 小子心里不禁对 C 老头儿产生了敬意,他决定从明天开始,不再叫他 C 老头儿了,叫他老师,向他多多请教。

眼看着天马上亮了,两人互道晚安。

第二天半夜，Java 小子兴冲冲地找 C 老师讨教，可是已经找不到 hello.c 了，在同一个目录下来了一个叫作 hello.py 的新家伙，他热情地向 Java 小子打招呼："你好，我是 Python，初来乍到，请多多关照。"

"你知道 hello.c 去哪儿了吗？"

"他呀，程序员主人觉得 C 语言的指针太复杂了，实在学不会，就放弃了，顺便把 hello.c 删除了！"

编程语言的"爱恨情仇"

我小时候在农村长大，高中才搬到小镇里，上大学之前只在电视里看到过计算机，根本没有实际接触过。后来我看到一些高手回忆说小时候玩什么学习机，十几岁就开始学编程，用 Basic 写程序，学 Pascal 参加编程比赛，我心里就很羡慕：人和人的差距可真大啊！

让人怀疑的 C 语言

我上大学之后学的第一门语言就是 C，学了一个学期，我沮丧地发现，连一个图形界面的程序都写不了，净是一些基于命令行的小程序。

有一天晚上，我听着 Winamp 中播放着 Beyond 的歌，在 Turbo C 里敲完了一段链表的小程序，走出宿舍，仰望星空，突然间对计算机业产生了深深的怀疑：这玩意儿到底能干啥？

当时我确实是井底之蛙，不知道写图形界面程序，掌握了 Windows GUI 编程即可。更何况 Visual Basic、Delphi 工具已经出现，可以快速开发 GUI 程序。

这其实反映了一个大问题：什么语言适合入门？

C 语言贴近硬件，直接操作内存，无比强大，是编写系统级软件的不二之选，但是真的适合入门吗？

由于太底层，刚接触计算机的学生也不能写操作系统、数据库、中间件等系统级软件，哪怕写一个简单的、粗糙的软件也很难。只能写一点与数据结构相关的小程序，再加上被指针不断地"蹂躏摧残"，很容易丧失斗志。

其实学习是一个螺旋上升的过程，在这个上升过程中，成就感很重要，直接决定了一个人能不能继续学习下去。我在刚开始学习 C 语言的过程中就因为没有成就感，差点放弃了。

通常来说，带图形界面的程序容易激发成就感，如果再带上游戏功能和网络功能，那就更吸引人了。但是，仅仅靠大学里所教的 C 语言是搞不定这些的。

所以，我认为 C 语言不太适合入门。

我当时能坚持下来，估计得感谢高级程序员（现在应该叫作软件设计师）考试，备考的时候把严蔚敏的《数据结构》一书中的习题做了一遍，当然用的是 C 语言，收获很大，极大地锻炼了我的逻辑思维能力。

虽然 C 语言不适合入门，但还是应该学习一下，因为 C 语言太贴近硬件了，能帮助你理解程序在机器层面到底是怎么工作的。

如果你在此过程中又深入学习了网络编程、与 Linux 相关的系统编程，你就会发现这个领域也是非常有趣的。想想看，自己用 C 语言写一个小的 Web 服务器、简单的数据库、简单的分布式文件管理系统，是不是也很酷？更重要的是，**系统级编程博大精深，并且非常稳定，值得深入钻研，成为专家。**

我后来进入了应用层进行编程，更多地考虑怎么去实现那些"不讲逻辑"的业务逻辑，离底层越来越远了，但我一直对那些在系统层编程的兄弟们充满敬意，因为他们提供了那些让我们赖以生存的系统软件。

被忘却的 VB & Visual FoxPro

我在读大二的时候接触到了 Visual Basic（VB），终于有了图形界面，实现了人生理想，很开心。

在 VB 中拖拖拽拽就能把界面搞定，再加上一点事件处理程序，一个程序就写好了，这种成就感是无与伦比的。

当时 CSDN 出了一个光盘叫《程序员大本营》，里边有无数与 VB 相关的控件，复制下来，设置一下属性，基本上就可以使用了，极为方便。

记得我用 VB 写了一个小程序，能够动态地把数学函数画出来，很漂亮。

可是跟着老师干活儿的时候，用的是 Visual FoxPro，这款软件的最后一个版本是 2007 年的 Visual FoxPro 9，从那以后微软就把它"抛弃"了。

Visual FoxPro 在当时是一款开发桌面型数据库应用的神器，它的语法类似 VB，也具备 VB 那种 GUI 的快速开发能力，更重要的是，它具备强大的数据库开发能力，是开发单机数据库应用的不二之选。

但坏就坏在"单机"上，后来互联网时代来临，开发桌面应用的 VB、Visual FoxPro 和 Delphi 很快就没落了，我的这两门手艺也就慢慢淡忘了。

蹂躏我的 C++

我对 C++ 的感觉可以用一句话来概括：世界上怎么会有这么复杂的语言！

2000 年左右，计算机图书市场出现了一本神书《深入浅出 MFC》（见图 5-7），此书一举奠定了侯俊杰老师在中国的地位和影响力。

图 5-7 《深入浅出 MFC》

像我等这样头脑容易发热、容易随大流的热血青年，肯定也要扑上去好好学习一番，于是我就跳上了 C++ 的"贼船"。

其实大学里就开设了 C++ 课程，只是我没有好好学习，工作后一边实践一边读书，包括《C++ Primer》《深入理解 C++ 对象模型》《Effective C++》《VC++ 技术内幕》《深入浅出MFC》……读了这么多书，可是写程序的时候还是觉得战战兢兢、如履薄冰，一不小心就会出错，远远达不到后来使用 Java 得心应手的境界。

记得 C++ 之父说过："现在 C++ 教育似乎进入了一个怪圈，要教会一个人 C++，唯一的办法就是把他教成 C++ 高手。"

看到这句话我就释然了，看来不是我的问题，是 C++ 的问题。

当时我的工作主要是用 C++ 开发 COM 组件，用来封装业务逻辑，被 ASP 调用，有点类似于 EJB 的角色。为了搞定 COM，我又读了一堆书，像什么《COM 本质论》《COM 技术内幕》《COM 原理与应用》……

被 COM 这门技术折腾得死去活来，直到 2003 年，项目转到使用 Java，我终于感到脱离了苦海。

现在反思，我在 C++ 学习上的教训就是：**读书太多，而实践太少**，尤其是看优秀的源码太少。我当时孤陋寡闻，也没找到优秀的源码，除了侯俊杰老师推荐的 STL。

这导致我时间投入了很多，却没有成为 C++ 高手，太可惜了。

唉，不说了，说多了都是泪。

赖以谋生的 Java

我第一次听到 Java 是在大学宿舍里，精瘦的室友躺在上铺，翻看着一本可能是从图书馆借来的 Java 书，突然大叫一声："原来 Java 就是虚拟机啊！"

不知道为什么，这句话对身为微软粉丝的我刺激颇大，久久地回荡在脑海里，指引着我走向 Java 之路。

其实，作为备受 C++ "蹂躏" 的程序员，我第一次来到 Java 世界，感动得简直要哭了：语法如此简单！没有指针！不用自己管理内存！

还有强大的内置类库可用，看看这 String 类，有这么多好用的方法。

还有这完全不用考虑容量大小的 List、Map、Stack 集合框架。

还有这无数开源的小工具，再加上这庞大的生态系统。

作为 Java 程序员，我感到了码农翻身做主人的幸福感。

被 Java 打了鸡血以后，我开始一头扎进《Effective Java》《Java 编程思想》《Java 核心技术》《深入 Java 虚拟机》等书籍当中。

这一次我吸取了学习 C++ 的教训，不仅看书，还去读 JUnit 源码、Spring 源码、Hsqldb 源码、Jive 源码，再加上工作中写的大量代码，终于可以得心应手地使用 Java 编程了。

我最早用 Java 开发 Applet，对，就是那个运行在浏览器中的小玩意儿。但是我很快发现这东西在一个内网里，让自己人用用还行，千万不能面向互联网用户。

一是速度慢，二是丑，加载等待的时候有一个很丑的灰色区域。用 Java 的 Swing/AWT 写出来的界面实在不敢恭维，更不要说和那些美轮美奂的 Web 页面相比了。

后来我明白了，Java 最适合的还是后端编程，别让它干那些它不想干也干不好的事情，如桌面编程。

我自己也不太清楚为什么，我对于编写界面好像天生有一种抵触心理，也可能是在大学里自学了 Photoshop，把我给吓住了：连一点简单的特效都做不出来！

从此我明白了，做一名优秀的 UI 设计师对我这等土包子而言太难了，那是有艺术细胞的人应该做的事情。所以我一头扎入了后端的世界，抛弃了界面，从此乐此不疲。

后端编程不仅仅是 SSH/SSM 框架，还有很多事情需要处理，像负载均衡、灾难恢复、缓存、消息、分布式、数据备份、搜索等，这慢慢地引导着我走向架构之路。

在新技术层出不穷的 IT 业，每天恨不得出现 100 个新框架，后端的技术相对还是稳定的，这些知识介于业务层和系统层之间，值得发掘和积累。

有人戏称，用 Java 编程就像穿着西装，正襟危坐、一本正经地敲代码。这说的是 Java 语言本身有些"守旧"的传统，为了保持向后的兼容，牺牲了灵活性。

很多时候用 Java 解决一个问题，基本上只有那么一种方案，照着规矩做就是了。不像 Ruby，对一个问题有各种解决方案，有时候需要靠项目的约定来规范一下。这么说来，Java 本身的特点也适合大型项目的团队合作开发。

Java 踏准了互联网的浪潮，迅速发展，让人没想到的是，它竟然还入侵了移动开发和大数据领域。现在 Java 是第一大编程语言，并且已经保持了很多年。语言成熟，工具成熟，社区成熟，我估计这个势头还会继续保持下去。

对我而言，用 Java 做了很多项目以后，最后变成了赖以谋生的工具。说实话，这个工具真心不错。

优雅的 Ruby

2005 年，我正沉浸在 Java 的幸福感当中，看到了一篇英文文章，说的是出现了一门新语言，它的开发速度是 Java 的 10 倍。这简直是当头一棒，我赶紧下载文章并且打印出来，拿回去仔细研读。

这是我第一次接触 Ruby，确切地说是 Ruby on Rails（RoR）。

由于我不懂 Ruby，所以文章看起来很吃力，只记住了一个命令：scaffold（脚手架）。可以通过这个命令立刻生成一个 Web 项目的绝大部分 MVC 模板代码，包括简单的 CRUD 和数据库表的建立，可以直接运行，然后由码农去修改、补充业务逻辑就可以了。

相比 Java，既需要把框架搭建起来，还需要埋头写 View 层、业务逻辑层、数据存取逻辑，想从头把一个 CRUD 运行起来，颇费一番周折，显得比较笨拙，比 RoR 慢很多（当然现在 Spring Boot 表现得很好）。

RoR 这种紧密的集成能力使得当时的 Java EE 技术栈相形见绌，当时流行这么一张图，非常形象，如图 5-8 所示。

这两本有关 Ruby 的书就是《Programming Ruby》《应用 Rails 进行敏捷 Web 开发》，非常经典。

图 5-8　Java VS Ruby

读过以后，我才慢慢地体会到 Ruby 这门动态语言的好处和它惊人的开发效率。一言以蔽之：RoR 总结了 Web 开发领域的一些最佳实践，简直就是 Web 开发的 DSL（领域特定语言）！

什么是 DSL？简单类比，SQL 就是对数据库操作的 DSL，没有 SQL，码农需要自己直接去读数据库中的表，写程序对两张表进行关联；有了 SQL，只需要声明性地告诉数据库把这两张表按某某字段关联起来就可以了。

RoR 利用 Ruby 语言近乎"变态"的灵活性，以及"约定重于配置"这样的实践，把 Web 开发简化到了极致。

可是动态性是一把双刃剑，由于缺乏编译期的类型检查，Ruby 的很多错误只能在运行期暴露出来。像 Java 的 IDE（如 Eclipse）提供的重构能力，Ruby 就很难做到。

经常是看到一个变量，但是不知道它的类型，这种感觉实在不爽。在修改 Ruby 代码的时候，似乎又回到了提心吊胆的时代，生怕代码改动会带来意想不到的后果。

由于缺乏静态检查，所以只好把运行时检查写好，这就是单元测试。对 Ruby 来说，测试代码量和业务代码量 1:1 是非常正常的事情，有的甚至是 2:1。

你给我一段没有单元测试的代码，我还真不敢贸然动手去改。

其实 Python 也类似，动态语言都有这样的劣势，但我们主要还是要利用它们的优点，让我们的编程生活更加舒适，不是吗？

我个人非常喜欢 Ruby，用它写出的代码简洁、优雅、富有表现力。

这是一门能带来乐趣的语言，非常值得学习。

命令式编程 VS 声明式编程

一则小故事

早上刚上班，经理找到张大胖说："大胖啊，给你交代一件事儿，咱们今天中午要聚餐，软件园旁边有几家餐馆，如九头鸟、大鸭梨、巫山烤全鱼，你到大众点评上挨个调查一下，也可以去问问吃过的同事，看看哪家的口碑好。我们有 14 人，预订一张大桌吧。然后用滴滴约 4 辆车，每辆车坐 3 ～ 4 人。记住，我们会在 11:30 出发。"

张大胖遵照经理的指示，赶紧上网看点评，问同事，打电话预订座位，用滴滴约车，最后顺利地完成了任务。

如果经理是程序员，张大胖是计算机，那么经理用的就是**命令式的编程风格**，指令清晰，面面俱到：在什么时间，做什么事情，怎么做，描述得非常清楚。

张大胖这台计算机只需遵循指令一步步完成即可，执行过程中也可能会出现异常，例如，餐馆爆满，订不上座位，那这段程序就要退出，因为没有异常处理。

实际上，经理肯定是不会这么费心的，正常的故事是这样的：

早上刚上班，经理找到张大胖说："大胖啊，给你交代一件事儿，咱们今天中午要聚餐，你在软件园旁边找一家合适的餐馆，我们有 14 人，11:30 出发。"

这就是**声明式的编程风格**，经理不会说具体怎么做（How），只会描述要做什么事（What），剩下的具体步骤需要由张大胖去完成。

命令式编程

实际上，绝大多数程序员都用命令式风格在编程，这是和我们的冯·诺依曼计算机结构分不开的。

在一台冯·诺依曼计算机中，最核心的就是 CPU 和内存，指令和数据都存放在内存当中，CPU 每次取出一条指令，译码、执行，然后把结果写回内存，本质就这么简单。

这些指令是需要程序员精确地告诉计算机的，当然，CPU 所能理解的都是二进制的机器语言。只有高手才能用机器语言和汇编语言写大型程序，普通人只能用高级语言来编程，如 C、C++、Java、Python 等，但是高级语言还是要被编译成二进制的机器语言或者用虚拟机 / 解释器来执行的。

但是，即使我们观察一下所谓的"高级语言"，其背后依然是冯·诺依曼计算机的影子。

比如变量的声明（例如 int counter; ），其实就对应着内存的一个存储单元，流程控制语句（if else、while 等）对应着 CPU 的跳转指令，函数调用对应着内存中的栈帧。

那面向对象编程呢？

其实面向对象在本质上也和面向过程差不多，只是在语言层面做了一层漂亮的"外衣"（封装、继承、多态）。在运行时，这层漂亮的外衣会被去除，也变成赋值语句、顺序、条件、循环加上函数调用，和面向过程的程序一样。

命令式编程就是对硬件操作的抽象，程序员需要通过指令精确地告诉计算机做什么事情。

这就是程序员辛苦的地方：需要把复杂、容易产生歧义的人类语言翻译成精确的计算机语言指令。

声明式编程

声明式编程最知名的就是 SQL 了。

代码清单 5-11　SQL 例子

```sql
SELECT id,name,score
FROM    STUDENT stu,STUDENT_SCORE ss
WHERE   stu.id=ss.id
AND     ss.score >80
```

SQL 最大的特点就是只声明**我想要什么**（What），**就是不说怎么做**（How）。

这个"怎么做"的部分是由数据库管理系统来完成的，具体的细节仍然需要用命令式的编程风格来实现：把 STUDENT 表和 STUDENT_SCORE 表进行关联，从磁盘上读取数据，找出那些分数在 80 分以上的记录，取出 id、name、score 后返回。

再用 Java 举个例子。有一个学生列表，我们要计算出年龄小于 18 岁的学生数量，如果用传统的命令式编程，那么代码是这样的。

代码清单 5-12　使用命令式风格计算年龄小于 18 岁的学生数量

```java
int count = 0;
Iterator<Student> iter = students.iterator();

while(iter.hasNext()){
    Student s = iter.next();
    if(s.getAge() < 18) {
```

```
        count++;
    }
}
```

代码很简单：声明一个计数器 count，对 students 这个集合逐个遍历，如果学生的年龄小于 18 岁，就把计数器的值加 1。

在 Java 8 中，它对应的声明式编程则是这样的。

代码清单 5-13　使用声明式风格计算年龄小于 18 岁的学生数量

```
int count = students.stream()
    .filter(s -> s.getAge()<18)
    .count();
```

这段代码表达的意思是：我要过滤（filter）一下这个 students 构成的流（stream），只把那些年龄小于 18 岁的留下，然后计算出个数就行了。

同样的功能，声明式的代码是不是看起来清爽得多？

"声明性"是函数式编程的一个重要特点，当然，函数式编程还有其他特点，像高阶函数、函数没有 side effect、只有值而没有变量、用递归而不用迭代等。想要完全掌握函数式编程，需要你彻底地刷新思维，甚至忘掉命令式的习惯，所以学习曲线比较陡峭。

但是这并不妨碍"声明性"这个特点在某些特定领域的应用，因为它的确能极大地简化代码。除了上面提到的 SQL 和 Java 8 的例子，在很多特定领域中，我们的目标就是试图把一个问题尽可能抽象，创造一门简单的"小语言"，以声明性的方式来描述问题和编程，这样不但能简化程序员的工作，甚至连一些业务人员都可以使用。

第 **6** 章

老司机的精进

凡事必先骑上虎背，和性格内向的程序员聊几句

有人问我，说他所在的是一家中小型公司，开发团队有十来个人、七八条枪，做行业软件，现在公司没有技术经理，只有一个懂业务的总监来管理所有开发人员，而且开发人员都是初级水平，大部分只有一两年经验，相比而言，他还算老人。

总监认可他的技术，似乎有意让他做技术经理，最近公司招人也让他去面试。但是他不太自信，觉得表达能力不行，有些技术还比较薄弱，不知道怎么提升，所以向我请教。

我告诉他，这对他来说是一个非常好的机会，他只要再勇敢一点、再积极一点，也许很快就能当上技术经理了，关键是：

（1）要对老板、总监展示出自己的能力。

（2）要对组里的成员也展示出自己的能力，让大家认可你、服你，这样才有可能形成技术领导力。

但他觉得自己的技术还是有短板的，基础理论不扎实，领导布置的功能可以做出来，但是说原理就有可能卡壳。我告诉他，这正好是一次机会，是最好的学习时机，有了问题的引导，你会疯狂地学习，迅速地提升自己。

我想起了 2009 年看过的一本书《陈寅恪与傅斯年》，里面形容傅斯年的性格是"凡事必先骑上虎背"，这句话我一直印象深刻。

对于我这样一个性格内向的程序员来说，我在遇到机会，犹豫不决、缩手缩脚的时候总会想起这句话，然后鼓起勇气先骑上虎背，让自己下不来台再说，但是真的尽自己最大努力以后就会发现，事情没那么难，最后还都把事情完成了。

作为一个擅长和机器打交道的群体，大部分程序员的性格都比较内向、沉默。别看在网络上、在 QQ 群里谈笑风生、幽默有趣，斗图斗得不亦乐乎，但是回到现实中，面对一群"真人"的时候，连准确地表达自己的观点可能都做不到，更不用说去柔中带刚、唇枪舌剑地争抢某个东西了。

我自己也是这样的，从农村出来，老实巴交，谨小慎微，很多事情不敢也不会去努力争取，完全靠自己的能力吃饭，幸运的是遇到了几任好领导，混得还算不错。

但这样很吃亏，因为你的能力无法完全体现，在工作中只能表现出一部分，比如 10 分的能力只能显露出 7 分，剩下的 3 分可能就被埋没了。

对于一个内向的人来说，害怕失败，害怕开始做领导以后被别人说自己不够格，所以总想把自己修炼得尽善尽美，在达到甚至远远超越那个职位的要求以后心里才会踏实，才会想着领导会看到，让自己去负责那项工作。可是反过来讲，世上哪儿有等你完全准备好以后才开始做的事情？你觉得完全准备好以后，黄花菜都凉了。

IBM 每年暑期都有一项叫作"蓝色之路"的实习生计划，招聘学生到公司实习，在这项计划中有四五个被称为 Extreme Blue（青出于蓝）的项目，面向的是优秀的大学实习生。这个 Extreme Blue 项目是由 IBM 的员工提出有创新的、有商业价值的想法，由这些优秀的学生去实现。我在 2008 年提出了一个想法：在一个 3D 虚拟世界中构建一个支持敏捷软件开发的环境，有幸被选中作为 Extreme Blue 项目之一。

当时我对敏捷软件开发还算了解，但是对于在 3D 虚拟世界中建模、编程一无所知。可是已然骑上虎背，下不来了，接下来马上要带着实习生来实现，怎么办？只剩华山一条路，明知山有虎，偏向虎山行。那就是逼着自己赶紧进入未知领域，拼命地去学，像海绵一样吸收各种知识。几个月以后，我们确实把这个项目做出来了。

举这个例子就是想说：**对于性格内向的程序员，很多时候你认为基本准备好了其实就够了**，凡事必先骑上虎背，勇敢地迈出去，努力地争取一下，你就会发现自己登上了更高一层的台阶。

码农需要知道的"潜规则"

吴思先生在《潜规则》（中国历史中的真实游戏）一书中讲述了很多生动有趣的官场故事，透过历史表象，揭示出隐藏在正式规则之下、实际上支配着社会运行的不成文的规矩，非常值得阅读。

这篇文章准确来讲并不是计算机 / 软件开发的潜规则，实际上是那些你可能在使用，却没有注意到的原理和规律，这些东西很重要，掌握了，能够指导你以后的开发和设计工作。

上帝的规矩：局部性原理

局部性原理讲的是：在一段时间内，整个程序的执行仅限于程序的某一部分，相应地，程序访问的存储空间也局限于某个内存区域。局部性原理具体分为两类。

（1）时间局部性：如果程序中的某条指令一旦执行，则不久之后该指令可能再次被执行；如果某数据被访问，则不久之后该数据可能再次被访问。

（2）空间局部性：是指一旦程序访问了某个存储单元，则不久之后，其附近的存储单元也将被访问。

为什么是这样的？也许和程序的结构有关，我认为它是计算机界的上帝定下的规矩。

这个原理的用处很大。例如 Java 虚拟机，本来用于解释执行 .class 文件，性能不怎么样，但是利用局部性原理，就可以找到那些常用的所谓热点（Hotspot）代码，然后把它们编译成本地原生代码（Native Code），这样执行效率就和 C/C++ 差不多了。

当然，这个原理更大的用处就是下面提到的缓存。

坐飞机的怎么和坐驴车的打交道：缓存

为什么需要缓存（Cache）？本质原因是速度的不匹配。

CPU 的运行速度比内存快一百多倍，比硬盘快几百万倍。

如果 CPU 每次做事的时候都等着内存和硬盘，那整台计算机的速度估计慢得要死了。

所以，根据局部性原理，操作系统会把经常需要用到的数据从硬盘取到内存中，CPU会把经常用到的数据从内存取到自己的缓存中。

采用这种办法，等待的问题能得到极大的缓解。

在 Web 开发中，缓存更是非常常见的。由于数据库（硬盘）太慢，大部分 Web 系统都会把最常用的业务数据放到内存中缓存起来，以此来加快访问速度。

抛弃细节：抽象

抽象是计算机科学中极为重要的武器之一，尤其是当我们遇到复杂问题的时候。

《深入理解计算机系统》一书中提到："指令集是对 CPU 的抽象，文件是对输入 / 输出设备的抽象，虚拟存储器是对程序存储的抽象，进程是对一个正在运行的程序的抽象，而虚拟机是对整个计算机（包括操作系统、处理器和程序）的抽象。"这段话总结得非常精辟。

CPU 集成电路硬件无比复杂，但是我们写程序肯定不用接触这些硬件细节。我们只要遵循 CPU 的指令集，程序就可以正确地运行，而不用关心指令在硬件层面到底是怎么运行的。

硬盘也是这样的，有磁道、柱面和扇区，我们写应用层程序也不用和这些烦人的细节打交道，在操作系统和设备驱动的配合下，我们只需要面对一个个"**文件**"，打开、读取、关闭就行了，操作系统会把逻辑的文件翻译成物理磁盘上的字节。

再比如，为了实现数据共享，以及数据的一致性和安全性，需要有大量的、复杂的程序代码，每个应用程序都实现一份肯定不是现实的。所以计算机科学抽象出了一个叫数据库的东西，你只需要安装数据库软件，使用 SQL 和事务，就能实现多用户对数据的安全访问。

不仅计算机系统层中有抽象，应用层中抽象更多，比如 Model-View-Control。再比如大家常用的日志工具，一般都会把接口抽象成 Logger、Formatter、Appender，让它们组合起来，达到最大的灵活性。

我只想和邻居打交道：分层

分层其实也是抽象的一种，它通过层次把复杂的、可能变化的东西隔离开来，某一层只能访问它的直接上层和下层，不能跨层访问。

如网络协议分层，如图 6-1 所示。

应用层	两个应用是如何交互的，如HTTP、SMTP、FTP
传输层	为应用程序建立连接，可靠地传递，如TCP
网络层	把一个分组从源主机移动到目标主机，跨越各个子网
链路层	将分组从一个节点（主机或路由器）移到下一个节点
物理层	传输介质：双绞线、同轴电缆、光纤

图 6-1　网络协议分层

又如 Web 开发的分层，如图 6-2 所示。

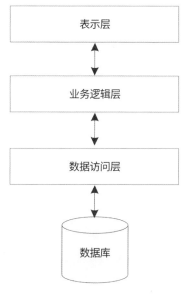

图 6-2 Web 开发的分层

分层的好处就是隔离变化，在接口不变的情况下，某一层的变化只局限于本层次内。即使接口变化，也仅仅会影响调用方。

我怕等不及：异步调用

当你的程序需要等待一个长时间的操作而被阻塞，无所事事的时候，异步调用就派上用场了。

异步调用简单地说就是：我等不及你了，先去做别的事情，你做完了告诉我一声。

回到最早的那个 CPU 的例子。CPU 速度太快，当它想读取硬盘文件的时候，是不会等待慢几百万倍的硬盘的，它会启动一个 DMA，不用通过 CPU，直接把数据从硬盘读到内存中，读完以后通过中断的方式来通知 CPU。

Node.js 和 Web 服务器 Nginx 也是这样的，一个或若干个线程处理所有的请求，遇到耗时的操作，绝不等待，马上去做别的事情，等到耗时操作完成后，再来通知这些干活儿的线程。

还有 Web 编程中著名的 AJAX，当浏览器中的 JavaScript 发出一个 HTTP 请求的时候，也不会等待从服务器端返回数据，只是设置一个回调函数，服务器响应数据返回的时候调用一下就行了。

大事化小，小事化了：分而治之

分而治之的基本思想是：将一个规模比较大的问题分解为多个规模较小的子问题，这些子问题相互独立且与原问题性质相同，求出子问题的解，最后组合起来就可得到原问题的解。

由于子问题和原问题性质相同，所以很多时候可以用递归。

归并排序就是一个经典的例子，数据结构与算法书上到处都是，这里就不再赘述了。

如果把分而治之泛化到软件设计领域，就可以认为是把一个大问题逐步分解的过程（见图 6-3）。

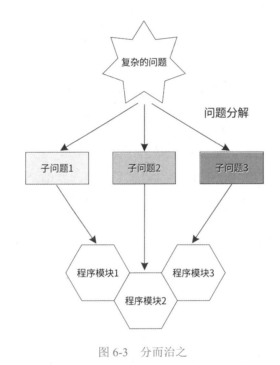

图 6-3　分而治之

15年编程生涯，一名架构师的总结

我和很多人交流过一个有趣的现象，那就是从刚毕业到 30 岁这段时间，会觉得时间过得很慢，总觉得自己还很年轻；但是一旦过了 30 岁，时间就如白驹过隙，一年又一年飞逝而过。

我自己也是，眼看着毕业快 15 年了，15 年间从一个刚毕业的菜鸟成长为技术骨干，做到架构师的职位，回头看看，当年听了亲戚的一句话，"误入"计算机行业，看来并没有走错。编程虽然枯燥辛苦，但是如果真的感兴趣，就能体会到其中的乐趣，并且获得可观的回报。

好奇心

刘慈欣在《朝闻道》中描绘过这样一个情节：在古老的非洲大陆上，有一个原始人无意间抬头仰望星空，凝视的时间稍微长了一些，超过了外星人设置的阈值，立刻拉响了人类即将产生文明的警报。因为外星人认为，人类已经产生了对宇宙的好奇心。有了好奇心，文明的产生、科技的发展不过是一瞬间的事情。

确实是这样的，好奇心驱动人类不断向前，在短短的几千年（相对于长达几十万年的原始时代）里就登上了月球，并且努力向其他行星拓展。

对于程序员来说也是如此，如果你看到新技术、新产品没有像小孩看到新玩具那样两眼放光，没有立刻在自己的电脑上试试的冲动，你就需要仔细考虑一下是否真的对软件开发有兴趣。如果根本没兴趣，那不要浪费时间，还是趁早转行，有更多适合你的职业在等着你。

没有好奇心，就不愿意追本溯源，追求技术的本质。

没有好奇心，就难以静下心来，耐得住寂寞，远离浮躁，更难以跨过这个行业所带来的种种挑战，走到架构师这个位置。

没有好奇心，就不愿意学习新技术。一名架构师，如果没有对技术的敏感度和前瞻性，一直抱着一套技术架构不变，估计很快就会被淘汰。

当然，自制力强大的人除外。但话说回来，靠着自制力让自己做自己不喜欢的事情，岂不非常痛苦？

在一堂关于领导力的培训课上，老师一直在说 Passion（激情）、Passion、Passion。但我一直觉得，没有好奇心，没有兴趣，怎么会产生 Passion 呢？

所以，对技术的好奇心 / 兴趣是一切的基础。

养成计算机的思维方式

举个例子，下面是一个 SimpleList 类，模仿 Java 的 ArrayList，已经定义好了接口，需要实现具体的功能。

代码清单 6-1　SimpleList 类

```java
/**
 * 自定义的一个模仿ArrayList的类，你需要实现其中的add、get、remove等方法
 */
public class SimpleList<T>{
    private Object[] elementData;
```

```
    private int size=0;
    public int size() {
        return -1;
    }
    public SimpleList(){
    }
    public boolean isEmpty() {
        return false;
    }
    public boolean add(T e) {
        return false;
    }
    public boolean remove(Object o) {
        return false;
    }
    public T get(int index) {
        return null;
    }
}
```

　　我拿这个类给几个半路出家的人测试，发现很少有人能够顺利地、完整地实现这几个方法，哪怕是非常粗糙的实现也没有。

　　感兴趣的同学也可以用你擅长的语言尝试一下。

　　这道题目不要求实现复杂的算法，不需要进行面向对象的设计，也不需要考虑多线程下的线程安全，况且已经给出了提示：用一个 Object 数组来实现。

　　如果说有一点语法层面的难度，那就是使用了一点泛型。

　　其实，如果我把泛型去掉，估计他们还是实现不了，因为这个类的核心逻辑不是泛型。

　　这个 SimpleList 类要求的是能对一个数组进行操作，核心逻辑就两点：

　　（1）能往数组里添加数据，记录 size。如果数组空间不够了，则需要增大空间。

　　（2）能删除数组指定位置的数据，并且把之后的数据往前挪动。

　　这里面有很多细节需要处理，一不留神就会出错——计算机编程就是这样的。

　　难吗？这其实是写代码的基本素养、编程的本质，和用什么语言实现没有关系。

　　如果你学的不是 Java，而是 C#，或者 Python，那我估计结果也差不多。

　　现在的计算机还很"弱智"，你不能这么说："电脑，我要创建一个类似 Java 的

ArrayList 的类，包含 get、add、remove 方法。而且这个 ArrayList 类的容量不是固定的，能够自增长。快点给我写出来！"

现在的电脑当然写不出来，悲观一点，在我的有生之年估计也看不到这样的电脑。

养成计算机的思维方式，流畅地把人类语言的需求转换成计算机语言，这是程序员的基本功。

很多人会语法，也懂框架，但是在基本功上却不过关，因而只能在初级程序员上踏步。

这个基本功的训练就是数据结构和算法，我的经验是多做习题，让这种思维在脑子里固化，以后的编程就可以信手拈来了。

扎实基础，融会贯通

我很久之前"参与"过开源软件的开发，有幸看到了一名老程序员的简历，让我震惊的是，他竟然在 Altair 这台最早的电脑上编过程序。

没错，Altair 就是那个连显示器和键盘都没有，靠拨动开关来输入，靠指示灯来输出的所谓"个人电脑"。比尔·盖茨和保罗·艾伦在上面写了一个 Basic 的解释器，从此开始了微软之路。

如果有过在这样的机器上编程的经历，那我相信这些"老家伙们"对硬件、驱动、操作系统、应用软件的理解肯定远远超过我们现在这些人。

我们在大学里都学过计算机的组成原理、操作系统、编译原理、计算机网络、数据库、汇编语言，能不能把这些知识融会贯通，打通任督二脉，在我们的脑海里建立一幅计算机运算的图景？

能把这些知识融为一体，我相信就能超越绝大多数程序员。

现在的软件开发，封装的层次已经非常高了，只要学会 Java 就能完成一项编程工作。随着你做得越来越深、越来越专，这些基础的问题就会浮现出来。

更重要的是，计算机软硬件的基本思想在这几十年里其实变化不大，如缓存、增加抽象层等。有了这些基本思想的武装，去学习新的东西不但学得快，而且理解得会更透彻。

要透彻地理解一门技术的本质

先举一个 Ant 中的例子。大部分人学习 Ant 只是学会了怎么使用，认识到 Ant 提供了很多内置的 task 来帮助我们方便地完成自动化的构建，例如下面这个命令。

代码清单 6-2　　Ant 的 copytodir 命令

```
<copy todir="../backup/dir">
    <filesetdir="src_dir"/>
    <filterset>
        <filtertoken="TITLE"value="FooBar"/>
    </filterset>
</copy>
```

很少人会思考，为什么 Ant 的 task 是以 XML 来描述的？ 为什么 Ant 不提供一套 Java 类库 /API 来让程序员使用，那样不是更自然吗？

其中的一个重要原因就是 XML 可以自定义标签，所以表达力无与伦比！

如果用 Java，因为它的语法不允许自定义一个像 copy、fileset 这样的关键字，只能定义一些类来模拟这些 copy、fileset，所以就没有这么简单明了了。

Ant 给我们的重要启示就是 : 用 XML 来描述任务能极大地扩展语言的能力。但是 Ant 的问题就是需要程序员处理太多的细节，指定源码路径，指定编译文件的路径，指定资源文件的路径，指定需要的 JAR 包及其位置，很烦心。

于是 Maven 出现，使用“约定重于配置”的方式解决了 Ant 的问题。

理解了技术的本质以后就能够触类旁通，就能够快速学习，这在技术更新很快的软件行业尤为重要。

只是学会使用是不行的，不但要知道 How，还要知道 Why。

停下来，思考，才是进步的本质。

能写漂亮的代码

架构师不是高高在上，脱离代码只说不做的人。有一种说法是 PPT 架构师，说的就是只能在 PPT 上讲解方案，但是没法落地。

架构师首先是一名优秀的程序员，要能够编写项目或产品中的核心功能，随时能够撸起袖子去解决项目中的问题。

代码写得不漂亮怎么能拿得出手？ 怎么能够服人？

所谓漂亮代码不仅仅要实现功能，更要清晰、易懂、优雅，没有 Bug 或者只有极少 Bug。

其实，如果代码简单优雅，那一般没什么问题。

写出漂亮代码并不容易，需要思路清晰，有良好的编程基础，有优秀的抽象能力，以及对一门语言的熟练掌握。

抽象的能力

抽象思考的能力怎么强调都不为过。

现实的需求纷繁复杂，如果架构师不能把这些乱无头绪的需求抽象成一些"概念"，在概念的层次进行思考，那么系统根本就无法设计。

我认为，把纷杂的事物抽象到数学层面是最高的抽象。也许有人会说哲学层面才是，但到数学层面已经非常难了。

我在之前的公司有幸遇到一次，把针对税务领域的 Credit、Debit 等概念抽象为在一个二维坐标下点的运动，问题一下子简化了很多，实现简单，并且非常安全可靠。

但是抽象成数学模型和算法通常是可遇而不可求的，在这种情况下，我们需要退而求其次，试图抽象成若干个正交的概念，以此来降低复杂度。

"正交"在数学上指的是线性无关，最常见的例子就是坐标系下的 x 轴和 y 轴。对于一个点来讲，它的 x 值的变化不会影响到 y，y 值的变化不会影响到 x，即 x 和 y 是正交的。

正交的威力在于互不影响、扩展方便。单用一个 x 轴可以表示一条直线上的所有点；再加一个 y 轴就能表示平面上的所有点；再加一个 z 轴，三维空间中的所有点都能表示出来。

人类的大脑在思考问题的时候是有容量限制的，难以同时驾驭太多复杂的概念。如果我们的软件系统也能做成 x、y、z 坐标这样，就带来了无与伦比的好处。你在处理与 x 轴相关的事情时，不用考虑与 y 轴和 z 轴相关的事情，因为你知道它们不会受到影响。这样问题的复杂度就从三维一下子下降到一维，更容易把握了。

抽象能力的训练没有捷径，就是经验的积累，勤于思考和学习。例如：

学习 Java Web 开发的可以思考一下为什么 Spring 有 Controller、ViewResolver 这样的概念？学习 Android 的可以思考一下 Android 是怎么对未知的、纷繁复杂的应用程序进行抽象的？为什么有 Activity、Service、BroadcastReceiver、ContentProvider 这四大组件？

技术领导力

我在 IBM 学到的重要一课就是：要用技术的影响力来领导人，而不是威权和职位。

换句话说，就是要能让技术人员服你。有了技术影响力，你在团队里发出的声音才会被倾听、被尊重。

但影响力不是很快就建成的，这是一个漫长的过程：你解决了一道技术难题，你提出的方案被证明可行……

这样的事情会一点一滴地积累起你在别人心目中的形象，建立你的个人品牌，最终大家会给你贴上一个标签：大牛。

对自己狠一点，开始写作吧

我时常会有这样的感觉：自己心里觉得对一个技术点已经掌握了，但是当我试图给别人讲述的时候，发现并不能轻松自如、深入浅出地讲出来。

这就说明了一个问题：自认为掌握了，其实并没有真正掌握，大脑只是对这个技术点建立了一个整体的概念，在一些细节处做了想当然的假设，等到你用语言再来表达的时候就会发现，原来这个假设并不完全成立，是有问题的。

估计大家都有这样的经验：如果你能把一门技术通俗易懂地给别人讲明白，那就说明你已经掌握了。这种"转教别人（Teach others）"的办法属于主动学习，效率是最高的。但是在工作和生活当中，你是很少有机会去给别人讲授的。

那怎么办？总不能拉着你正忙着的同事说："哥们儿，来，我刚学了 Java CAS，我给你讲讲吧。"

也许你的同事很有礼貌，耐着性子听你磕磕绊绊地讲完了，然后不知所云。前几次还行，次数多了，就对你敬而远之了。

既然没法给别人讲，那就退而求其次吧，把自己的理解写出来。

当然不是泛泛地记流水账，或者把几个孤立的点罗列在那里，而是要把思路理清楚，尤其要写出**为什么要有这门技术**、**这门技术解决了什么问题**，然后才是这门技术是怎么使用的。

当你逼着自己去回答这些问题的时候，很快就会发现，自己的理解还不够，还需要查找更多的资料。

在你从网上查找资料的时候，你会发现，网上的这些文章怎么这么差劲，重复的内容这么多，大部分都是复制、粘贴的，大部分都在讲述怎么使用，对于"为什么"从来都是只字不提，或者犹抱琵琶半遮面，羞羞答答地不说出来。

这个整理资料和思考的过程是很珍贵的，只有这样才能把信息变成你自身的知识。

如果实在搞不定，就带着问题去论坛提问，去 QQ 群发言，找大牛请教，总是可以解决的。

举个例子，你接触到一个新的知识点：Java 动态代理。

你也看了书或视频中的代码，知道了这个技术点是怎么使用的，接下来想要写一篇文章，首先要努力阐明的问题就是"为什么要用 Java 动态代理"。这玩意儿到底要干吗？我已经知道了它能够对一个类进行增强，还是在运行时进行增强的，但是增强一个类有什么用处？我完全可以新写一个类对原有的类进行增强啊？为什么要在运行时进行增强呢？

如果你顺着这个思路挖掘下去，则会在通道的尽头找到一个宝贝：AOP。

具体到技术层面，还有一个问题，就是为什么 Java 动态代理只能对 interface 进行操作，而不能对 class 进行操作？这个问题如果也深挖下去，那么你会发现另一个宝贝：动态字节码的生成。

继续深挖就能看到 ASM、CGLib 这样的东西，看到它们怎么在内存中操作 .class 文件的字节码。至于字节码的格式是什么样子的，只好去看看 Java 虚拟机了。

到了最后，你也许会体会到，原来 Java 是一门静态语言，在运行时不能对现有的方法逻辑进行修改，不能添加方法，所以必须用别的手段，如 ASM、动态代理等创建一个新类来做一点"额外"的事情。

赶紧写一篇文章吧，把挖掘的结果记录下来，别人只学会了什么是 Java 动态代理，这只是冰山一角，而你则看到了整座冰山。

有人可能要问了：我也可以按照这个思路去学习，为什么要写下来呢？原因很简单，不写出来，很容易放弃深度思考。你会觉得，我已经知道是怎么回事儿了——其实一些关键的细节被大脑给忽略了。

我们已经进入了一个碎片化的时代，我们的大脑已经养成了碎片化的习惯，一天不看碎片化的信息就觉得不舒服，这样下去会慢慢地丧失深度思考的能力。

写作会逼着你去思考，梳理知识体系，防止自己被碎片所填满。

其实很多人都知道写作是一件很好的事情，就是犯懒，执行不下去。还是行动起来吧！逼自己一把，对自己狠一点！有自制力的人、能够坚持的人才更有可能成功！

学习编程的四兄弟

IT 很火爆，编程很热门，刘家四兄弟纷纷入坑，他们学得如何？听听他们的自述吧！

摇摆不定的老大

我是老大，最早的时候是 Java 爱好者，因为大家都说 Java 应用面广，既能做 Web，又能做 Android，还可以开发大数据应用，就业需求量大，学 Java 绝对没错，于是就兴冲冲地开始了 Java 学习之路。

Java 才开了一个头，Java SE 勉强看完，我又在网上看到抨击 Java 的文章：傻大笨粗，老气横秋，人家 Python 一行顶你十行，云计算、大数据样样在行，非常适合做小白的"初恋"语言。我转念一想，还是投入 Python 的怀抱吧。

Python 刚入门，网上又热炒 Go 语言，说是增长最快的语言，是 21 世纪的 C 语言，还有一个财大气粗的亲爹 Google，前途不可限量，赶紧去学。

某天半夜，无意中看到一篇介绍 JavaScript 的文章，说 JavaScript 是前端之王，那些前端框架又酷又炫，比呆板的后端编程强太多了，于是又动了看 JavaScript 的心思。

就这么来来回回、反反复复，我被网络舆论带着，游走在各大语言边缘，每门语言都学了皮毛，了解了优缺点，拿来和人吹牛是足够了，但是没有一门精通的，这可怎么办啊？

"小仓鼠"老二

我排行老二，人称"小仓鼠"，以集齐各种电子书 / 视频为乐。看到论坛、群里推荐书就两眼放光，千辛万苦也要找一个电子版下载下来。

计算机组成原理、数据结构、操作系统、网络、数据库……每个主题都有好几本，不带重样的。

翻译的、原版的、中文的、英文的，还有好几本是日文的，应有尽有。

进阶、高级、解密、白话、大话、实战、Head First 系列，一个都不能少！

每当我看到各培训机构泄露出来的教学视频时，简直欣喜若狂，什么基础班、就业班、一头扎进 xxx ……赶紧保存到自己的网盘里，反正那里有好几 TB 的空间，不用白不用！什么？现在下载限速了？买个会员！我还治不了你？

闲来无事，欣赏一下满满一硬盘的电子书和好几 TB 的视频，我心满意足，安全感极强，世界尽在掌握。

但我就是不去看、不去学，原因很简单：看电子书太累，看视频太慢，还有就是工作太忙，哪有时间啊？

不看书的老三

我排行老三，我最喜欢网络学习。现在是信息大爆炸时代，所有的知识在网络上都有，还看书干吗？

不信你说一个知识点，我分分钟给你找出几百篇文章。对了，我用的都是手机，电脑都派不上用场。

我可以一边看技术文章，一边刷朋友圈，和朋友们互相打个招呼，学习、娱乐两不误！

我网络快餐吃得快，很少深度思考，也记不住多少东西，但是没关系，等到想不起来的时候再搜一下。

不过我最烦的是网络文章一大抄，你抄我的，我抄你的，实在让人烦。前两天我看到某知名技术网站上关于 JVM 的文章，读了一遍以后觉得似曾相识，原来是照抄的《深入理解 Java 虚拟机》这本书。嗯，也许看书好一点吧。

我原来还嘲笑那些在图书馆里静静地捧着一本书看的同学，都什么年代了，还看书？

我慢慢地发现他们的知识体系似乎更加完整、理解更有深度，而我似乎一直浮在表面，知识点支离破碎的。后来一问才知道，人家不但深入思考，还写笔记、写博客，把自己的理解整理了出来，不仅仅是一个内容的消费者，已经变成了内容的生产者。

半途而废的老四

我是老四，没有前面几位哥哥的毛病，我专心致志，一门心思地学 Java，耐心看书，耐心看视频。我还知道，好的程序员都是代码喂出来的，动手实践必不可少，所以我还经常写代码。

但我有一个毛病，凡事三分热度，无法坚持，半途而废。

我也知道数据结构和算法很重要，也看了前面的队列、栈等基本内容，可让我坚持把所有内容看完，把习题做完，实在是要了我的老命。

　　我也知道读优秀源码很重要，于是去看 JDK 中的 ArrayList 源码。刚开始还觉得挺好，可看了一会儿，稍微遇到一点困难就打退堂鼓了。

　　优秀和平庸的差别可能就是那一点点坚持吧！坚持不懈地做一件事，每天前进一点点，最后量变会发生质变。

　　我听说，每个季度定一个小目标，努力达成，获得成就感，就能刺激自己更进一步。我决定实验一下，希望能改善一下我这半途而废的毛病。